未来を動かすソフトアクチュエータ
―高分子・生体材料を中心とした研究開発―

Soft Actuators which Drive Future Technologies
―Recent R&D Activities Focused on Polymers and Biomaterials―

《普及版／Popular Edition》

監修 長田義仁・田口隆久

シーエムシー出版

はじめに

　人工筋肉や高分子アクチュエータに関する成書の出版は，古くは『メカノケミストリー』（丸善，1989）や"Polymer Sensors and Actuators"（Springer-Verlag，2000），『ソフトアクチュエータ開発の最前線―人工筋肉をめざして』（エヌ・ティー・エス，2004）あたりまでさかのぼることができるが，最近では"Chemomechanical Instabilities in Responsive Materials"（Springer，2009）が目新しい。また，『ゲルハンドブック』（エヌ・ティー・エス，1997），『バイオミメティックスハンドブック』（エヌ・ティー・エス，2000）中にも大部なページが割かれて詳細な記述がなされているし，雑誌特集号やモノグラフのチャプターをふくめれば，まさに枚挙にいとまがないくらいである。このことはとりも直さず，この分野が高分子科学の中に確固たる学術領域を作り上げたことを示しているだけでなく，その枠を超えて，材料科学はもちろん，電気工学，ロボット工学，制御工学，生物物理など広く他分野にまたがる新しい融合学術領域を作りあげつつあることを示している。

　今回上梓する『未来を動かすソフトアクチュエータ』の目次をご覧になられても，そのことを明瞭によみとることができる。たとえば第2編で高分子アクチュエータ材料が紹介されているが，素材を高分子に限ってみてもその駆動力は，磁場，熱，光（電磁波），イオン電導，電子電導，誘電，圧電，と実に多彩である。したがって，素材そのものもイオン性ゲル，電子電導性ゲル，金属分散ゲル，液晶エラストマー，圧電・電歪性ポリマー，誘電ポリマー，カーボンナノチューブと幅広く，ますます多面的な材料科学的アプローチが展開されているのである。当然の事ながら，それらの応用も第4編にあるように，ロボット，ディスプレイ，ポンプ，触覚デバイス，トランスデューサーというように，すでにエンジニアリングの世界に広がっている。これらの状況をうけて，第1編には出版社編集部の手になる最新の開発・市場動向調査が紹介されている。

　本書は，モデリング・制御（第3編）とバイオアクチュエータ（第5編）が編纂されていることにも特徴がある。ソフトアクチュエータの動きや運動がモデル化や制御の対象になりつつあることは大変喜ぶべきことで，この分野の成果はあらたなアクチュエータ設計を促すだけでなく，非線型非平衡のダイナミックスや散逸構造形成の視点からの自律振動，チューリング型パターン形成など自然を包括的に捉える自然科学の発展を促すことが期待される。バイオアクチュエータに関しても生物が有する運動原理と階層性を特徴とする生体材料を考え深く活用することによって，高効率バイオマシンの作製が期待でき，次世代生物型エンジニアリング社会のさきがけとな

る可能性があるのである。

　本書は第4回人工筋肉国際会議（4th Conference on Artificial Muscles, 2009年11月25～27日，於大阪，5th World Congress on Biomimetics, Artificial Muscles and Nano-Bioとの合同開催）における講演内容に基づいて，各著者に書き下ろして頂いたものを編纂したものである。この忙しい時代に身をおく著者の方々が貴重な時間を割いて玉稿をお寄せくださったことに，監修者として心より御礼の言葉を述べたい。

　本書出版にあたり㈱シーエムシー出版 編集部の渡邊 翔氏には大変お世話になった。ここに記して御礼申し上げたい。

　平成22年12月

理化学研究所・基幹研究所副所長　長田義仁
産業技術総合研究所・関西センター所長　田口隆久

普及版の刊行にあたって

　本書は2010年に『未来を動かすソフトアクチュエータ―高分子・生体材料を中心とした研究開発―』として刊行されました．普及版の刊行にあたり，内容は当時のままであり加筆・訂正などの手は加えておりませんので，ご了承ください．

　2016年12月

シーエムシー出版　編集部

執筆者一覧（執筆順）

長田 義仁	㈱理化学研究所　基幹研究所　副所長／分子情報生命科学特別研究ユニット　ユニットリーダー
田口 隆久	㈱産業技術総合研究所　関西センター　所長
三俣 哲	山形大学　大学院理工学研究科　機能高分子工学専攻　助教
山内 健	新潟大学　工学部　機能材料工学科　教授
須丸 公雄	㈱産業技術総合研究所　幹細胞工学研究センター　主任研究員
高木 俊之	㈱産業技術総合研究所　幹細胞工学研究センター　主任研究員
杉浦 慎治	㈱産業技術総合研究所　幹細胞工学研究センター　主任研究員
金森 敏幸	㈱産業技術総合研究所　幹細胞工学研究センター　研究チーム長
菊地 邦友	和歌山大学　システム工学部　光メカトロニクス学科　助教
安積 欣志	㈱産業技術総合研究所　健康工学研究部門　人工細胞研究グループ　研究グループ長
土谷 茂樹	和歌山大学　システム工学部　光メカトロニクス学科　教授
金藤 敬一	九州工業大学　大学院生命体工学研究科　教授
奥崎 秀典	山梨大学　大学院医学工学総合研究部　准教授
杉野 卓司	㈱産業技術総合研究所　健康工学研究部門　人工細胞研究グループ　主任研究員
清原 健司	㈱産業技術総合研究所　健康工学研究部門　人工細胞研究グループ　主任研究員
石橋 雅義	㈱日立製作所　中央研究所　ライフサイエンス研究センタ　計測システム研究部　主任研究員
平井 利博	信州大学　繊維学部　教授
千葉 正毅	SRIインターナショナル　先端研究開発プロジェクト担当本部長
田實 佳郎	関西大学　システム理工学部　電気電子情報工学科　教授／副学部長
渡辺 敏行	東京農工大学　大学院工学研究院　教授
吉原 直希	東京農工大学　大学院工学府
草野 大地	東京農工大学　大学院工学府
甲斐 昌一	九州大学大学院　工学研究院　エネルギー量子工学部門　教授

立間　　徹	東京大学　生産技術研究所　教授	
山上　達也	㈱コベルコ科研　技術本部　エンジニアリングメカニクス事業部 主任研究員	
都井　　裕	東京大学　生産技術研究所　機械・生体系部門　教授	
高木　賢太郎	名古屋大学　大学院工学研究科　機械理工学専攻　助教	
釜道　紀浩	東京電機大学　未来科学部　ロボット・メカトロニクス学科　助教	
佐野　滋則	豊橋技術科学大学　機械工学系　助教	
大武　美保子	東京大学　人工物工学研究センター　准教授	
関谷　　毅	東京大学大学院　工学系研究科　講師	
加藤　祐作	東京大学大学院　工学系研究科	
福田　憲二郎	東京大学大学院　工学系研究科	
染谷　隆夫	東京大学大学院　工学系研究科　教授	
向井　利春	㈱理化学研究所　ロボット感覚情報研究チーム　チームリーダー	
郭　　書祥	香川大学　工学部　知能機械システム工学科　教授	
伊原　　正	鈴鹿医療科学大学　臨床工学科　教授	
渕脇　正樹	九州工業大学大学院　情報工学研究院　機械情報工学研究系　准教授	
昆陽　雅司	東北大学　大学院情報科学研究科　准教授	
和氣　美紀夫	㈱HYPER DRIVE　取締役副社長　技術開発本部長	
森島　圭祐	東京農工大学　大学院工学研究院　先端機械システム部門　准教授	
藤里　俊哉	大阪工業大学　工学部　生命工学科　教授	
角五　　彰	北海道大学　先端生命科学研究院　先端融合科学研究部門　助教／JST PRESTO	
JianPing Gong	北海道大学　先端生命科学研究院　先端融合科学研究部門　教授	
佐野　健一	㈱理化学研究所　基幹研究所　分子情報生命科学特別研究ユニット 副ユニットリーダー	
川村　隆三	㈱理化学研究所　基幹研究所　分子情報生命科学特別研究ユニット 特別研究員	

執筆者の所属表記は，2010年当時のものを使用しております。

目　次

【第1編　ソフトアクチュエータの開発状況と市場動向】

第1章　人工筋肉技術の開発状況と市場動向　　シーエムシー出版　編集部

1　概要 …………………………………… 1
2　研究開発の状況 ……………………… 2
　2.1　高分子材料を利用するアクチュエータ …………………………… 2
　2.2　形状記憶材料を利用するアクチュエータ ………………………… 4
　2.3　空気圧を利用するアクチュエータ …………………………………… 4
　2.4　静電力を利用するアクチュエータ …………………………………… 5
3　市場・企業動向 ……………………… 6

【第2編　高分子アクチュエータの材料】

第2章　磁場駆動による磁性ゲルアクチュエータ　　三俣　哲

1　はじめに ……………………………… 9
2　伸縮運動 ……………………………… 9
3　回転運動 ……………………………… 12
4　可変弾性ゲル ………………………… 14
5　おわりに ……………………………… 18

第3章　熱，電磁波駆動によるゲルアクチュエータ　　山内　健

1　はじめに ……………………………… 20
2　発熱体としてのナノ・マイクロ材料 … 20
3　ナノ・マイクロ材料の複合化 ……… 22
4　おわりに ……………………………… 25

第4章　光駆動ゲルアクチュエータ　　須丸公雄，高木俊之，杉浦慎治，金森敏幸

1　はじめに ……………………………… 27
2　光応答収縮ゲルの構造と物性 ……… 28
3　ロッド状ゲルアクチュエータの光屈曲制御 ……………………………… 29

4	シート状ゲルアクチュエータへの微小パターン照射による表面形状制御 …… 30	5	マイクロ流路の光制御への応用 ………	30
		6	おわりに ………………………………	32

第5章　イオン導電性高分子アクチュエータ　　菊地邦友，安積欣志，土谷茂樹

1	はじめに ……………………………… 34	3	水系イオン導電性高分子アクチュエータの特性，モデル ………………	37
2	イオン導電性高分子アクチュエータの作製・加工，評価法 …………… 34	4	イオン液体系イオン導電性高分子アクチュエータの特性，モデル …………	38
	2.1　作製・加工法 ………………… 34	5	まとめ …………………………………	40
	2.2　評価法 ………………………… 36			

第6章　導電性高分子ソフトアクチュエータ　　金藤敬一

1	はじめに ……………………………… 42		の学習効果 …………………………	47
2	導電性高分子の電解伸縮 …………… 43	6	電解伸縮のトレーニング効果と形状記憶 …………………………………	48
3	電解伸縮の増大化 …………………… 44			
4	電解伸縮による伸縮率―応力曲線 …… 45	7	おわりに ………………………………	50
5	ポリアニリンの過荷重下での電解伸縮			

第7章　空気中で電場駆動する導電性高分子アクチュエータ　　奥崎秀典

1	緒言 …………………………………… 52	3.3	電気収縮挙動 ………………………	55
2	実験 …………………………………… 53	3.4	収縮応力と体積仕事容量 …………	57
3	結果と考察 …………………………… 53	3.5	直動アクチュエータとポリマッスル ………………………………………	58
	3.1　フィルムの比表面積 …………… 53			
	3.2　水蒸気吸着特性 ………………… 54			

第8章　カーボンナノチューブ・イオン液体複合電極の伸縮現象を利用した高分子アクチュエータ　　杉野卓司，清原健司，安積欣志

1	はじめに ……………………………… 61		ズム ……………………………………	63
2	アクチュエータの作成法と駆動メカニ	3	アクチュエータの評価と性能改善 ……	64

3.1	イオン液体の選択 ……… 65	3.3	ナノカーボン材料の影響 ……… 69
3.2	電極膜への添加物の導入 ……… 66	4	今後の展望 ……………………… 70

第9章　炭素ナノ微粒子（CNP）コンポジットアクチュエータ　　石橋雅義

1	はじめに …………………………… 72	3	大気中動作CNPコンポジットアクチュ
2	溶液中動作CNPコンポジットアクチュ		エータ ……………………………… 77
	エータ ……………………………… 72		

第10章　誘電性ポリマーアクチュエータ—膨潤ゲルから結晶性ポリマーフィルムまで—　　平井利博

1	はじめに …………………………… 82	4.1	可塑化PVCの電場による可逆的な
2	電場で駆動する誘電性ポリマー柔軟材		クリープ変形 ……………………… 88
	料の分類 …………………………… 82	4.2	ポリウレタン（PU）の電場による
3	誘電性ポリマーゲルの変形 ……… 83		屈曲変形特性 ……………………… 91
3.1	誘電ポリマーゲルの電場駆動 …… 84	4.3	ポリエチレンテレフタレート
4	低誘電率ポリマー柔軟材料の電場駆動		（PET）の振動運動など ………… 93
	…………………………………… 88	5	まとめ ……………………………… 93

第11章　誘電エラストマートランスデューサー　　千葉正毅

1	はじめに …………………………… 96	5	EPAMアクチュエーターの応用展開
2	開発背景 …………………………… 96		…………………………………… 100
3	EPAMアクチュエーターの原理 …… 97	6	EPAM発電の原理 ………………… 101
4	EPAMアクチュエーターの素材，性能	7	革新的直流発電システムへの展開 … 103
	および開発動向 …………………… 98	8	EPAMアクチュエーターの将来 … 104

第12章　圧電ポリマーアクチュエータ　　田實佳郎

1	はじめに …………………………… 107	2.1	結晶の圧電性 ……………………… 108
2	圧電ポリマーの圧電性基礎 ……… 108	2.2	圧電ポリマーフィルム …………… 109

2.3	配向制御の実際 ……………… 111	4.3	セルフセンシングアクチュエータ ……………………………………… 117
3	アクチュエータとしての圧電ポリマーの基本性能 ………………………… 112	4.4	多孔性エレクトレット ………… 117
4	実用化に近づけるアクチュエータ材料の開発例 …………………………… 113	4.5	配向制御 ………………………… 118
		4.6	蒸着重合 ………………………… 119
4.1	Macro Fiber Composite ………… 115	4.7	分子制御 ………………………… 120
4.2	キラル圧電ポリマー繊維素子 … 116	5	おわりに ………………………… 120

第13章　光駆動高分子ゲルアクチュエータ　　渡辺敏行，吉原直希，草野大地

1	はじめに ………………………… 124	5.2	ポリアミド酸ゲルの光照射による吸光度変化 ……………………… 129
2	光応答性部位の設計 …………… 124		
3	高分子ゲルとは ………………… 125	5.3	6FDA/DAA棒状ポリアミド酸ゲルの屈曲挙動 ……………………… 130
4	分子レベルの変形を如何にマクロな変形へとシンクロさせるか ……… 126		
		5.4	ゲルの調整時濃度依存性の測定 … 131
5	光応答性高分子ゲルの光応答挙動 … 128	5.5	光応答速度の向上 ……………… 133
5.1	光応答性ポリアミド酸ゲルの合成 ……………………………………… 128	6	おわりに ………………………… 134

第14章　電界駆動型液晶エラストマーアクチュエータの物性と応用　　甲斐昌一

1	はじめに ………………………… 135	3.2	膨潤した液晶エラストマーの電気光学効果 ……………………… 142
2	電界応答する液晶エラストマーの構造 ……………………………………… 136		
		3.3	液晶エラストマーの磁気効果 ……………………………………… 142
2.1	基本構造 ………………………… 136		
2.2	ポリドメインとモノドメイン … 137	4	膨潤液晶エラストマーの物性的特徴のまとめ ……………………… 142
2.3	液晶エラストマーの熱物性 …… 138		
3	液晶エラストマーの電気力学効果 … 140	5	電界駆動型液晶エラストマーの応用 … 143
3.1	ネマチック液晶エラストマーの電界応答 …………………………… 140	6	おわりに ………………………… 144

第15章　高分子ゲルを用いた電気化学および光電気化学アクチュエータ　　　立間　徹

1　はじめに …………………………… 146
2　高分子ゲルを用いた電気化学アクチュエータ ……………………………… 146
3　光触媒反応に基づくアクチュエータ … 147
4　部分的な形状変化 ………………… 149
5　プラズモン光電気化学反応の利用 … 150
6　Ag^+を利用する光電気化学アクチュエータ ……………………………… 150
7　おわりに …………………………… 152

【第3編　高分子アクチュエータのモデリング・制御】

第16章　高分子アクチュエータの分子論的メカニズム　　　清原健司，杉野卓司，安積欣志

1　序 …………………………………… 153
2　現象論 ……………………………… 154
3　分子論 ……………………………… 157
4　まとめ ……………………………… 160

第17章　連続体的手法によるアクチュエータモデリング　　　山上達也

1　はじめに …………………………… 163
2　電気的な応力拡散結合モデル ……… 164
　2.1　基礎方程式 …………………… 164
　2.2　電気的な応力拡散結合モデル … 165
3　高分子電解質ゲルのオンザガー係数 … 166
　3.1　イオンサイズの効果 ………… 166
　3.2　流動電位の実測値との比較 …… 167
4　ゲルの曲げと緩和のメカニズム …… 169
　4.1　基礎方程式 …………………… 169
　4.2　初期の曲げ …………………… 171
　4.3　緩和時間 ……………………… 172
5　実験との比較 ……………………… 172
6　結論 ………………………………… 174

第18章　高分子アクチュエータの材料モデリング　　　都井　裕

1　イオン導電性高分子アクチュエータ … 175
2　イオン導電性高分子アクチュエータの電気化学応答の計算モデリング ……… 176
　2.1　前方運動 ……………………… 176
　2.2　後方運動 ……………………… 177
3　イオン導電性高分子アクチュエータの

三次元変形応答解析 …………… 178
4　導電性高分子アクチュエータ ………… 179
5　導電性高分子アクチュエータの電気化学・多孔質弾性応答の計算モデリング ……………………………………… 180
　5.1　多孔質弾性体の剛性方程式 ……… 180
5.2　圧力に対するポアソン方程式 …… 181
5.3　体積ひずみ速度の発展方程式 …… 182
5.4　イオン輸送方程式 ………………… 182
5.5　計算手順 …………………………… 182
6　固体電解質ポリピロールアクチュエータの電気化学・多孔質弾性応答解析 … 183

第19章　イオン導電性高分子アクチュエータの制御モデル
　　　　　　　　　　　　　　　　高木賢太郎，釜道紀浩

1　はじめに ………………………………… 186
2　高分子アクチュエータのモデリング … 187
　2.1　モデリングの手法 ………………… 187
　2.2　IPMCアクチュエータのモデリング ……………………………… 187
3　力制御のための伝達関数モデル ……… 188
　3.1　IPMCアクチュエータの力計測 … 188
　3.2　電気系モデルおよび電気機械変換系モデル ……………………… 189
　3.3　力計測系全体のモデル …………… 189
4　物理原理（電場応力拡散結合）に基づく状態方程式モデル ………………… 191
　4.1　状態方程式とは …………………… 191
　4.2　電場応力拡散結合モデルとその状態空間表現について ……………… 191
　4.3　電気系 ……………………………… 192
　4.4　電気機械変換系 …………………… 192
　4.5　機械系 ……………………………… 193
　4.6　全体の系の状態方程式 …………… 194
　4.7　シミュレーション ………………… 195
5　まとめ …………………………………… 196

第20章　イオン導電性高分子アクチュエータの制御手法
　　　　　　　　　　　　　　　　釜道紀浩，佐野滋則

1　はじめに ………………………………… 199
2　変形量の制御 …………………………… 200
　2.1　ハードウェア構成例 ……………… 200
　2.2　PID制御 …………………………… 201
　2.3　ブラックボックスモデルを用いた2自由度制御系 …………………… 201
3　IPMCセンサ統合系を用いたフィードバック制御 ……………………………… 202
4　力制御のためのロバストなPIDフィードバック ………………………………… 204
　4.1　IPMCアクチュエータの不確かさの表現と制御系設計手法 ………… 204
　4.2　実験 ………………………………… 206
5　まとめ …………………………………… 208

第21章　高分子ゲルアクチュエータの電場による制御　　大武美保子

1　はじめに ………………………………… 210
2　イオン性高分子ゲルの変形モデル …… 211
　2.1　高分子ゲルの基本モデル ………… 211
　2.2　吸着解離方程式に基づくイオン性高分子ゲルの変形モデル ……… 213
3　一様電場によるイオン性ゲルの形状制御 ……………………………………… 214
　3.1　一様電場におけるイオン性高分子ゲルの波形状パタン形成 ……… 214
　3.2　極性反転によるイオン性高分子ゲルの形状制御 ………………… 216
4　空間分布電場によるイオン性高分子ゲルの変形運動制御 ………………… 217
　4.1　一列に配置した電極により生成される電場によるイオン性高分子ゲルの屈曲反転運動制御 ……… 217
　4.2　二次元配列状に配置した電極により生成される電場によるヒトデ型ゲルロボットの起き直り運動制御 ……………………………………… 219
5　まとめ …………………………………… 220

【第4編　高分子アクチュエータの応用】

第22章　有機アクチュエータと有機トランジスタを用いた点字ディスプレイの開発　　関谷　毅，加藤祐作，福田憲二郎，染谷隆夫

1　はじめに ………………………………… 223
2　研究背景 ………………………………… 224
　2.1　有機トランジスタとエレクトロニクス …………………………… 224
　2.2　点字ディスプレイ ………………… 225
3　デバイス構造および作製プロセス …… 228
　3.1　デバイス構造と動作原理 ………… 228
　3.2　有機トランジスタの作製プロセス ……………………………… 228
　3.3　イオン導電性高分子アクチュエータ ……………………………… 229
　3.4　アクチュエータシートとトランジスタシートの集積化 …………… 230
4　電気特性 ………………………………… 231
　4.1　トランジスタ ……………………… 231
　4.2　イオン導電性高分子アクチュエータ ……………………………… 232
　4.3　有機トランジスタと高分子アクチュエータを集積化しての素子特性 ……………………………… 232
5　点字ディスプレイのデモンストレーション ……………………………… 235
6　課題 ……………………………………… 236
7　低電圧駆動の点字ディスプレイの開発状況 ……………………………… 236
　7.1　デバイス構成 ……………………… 236

7.2 3V駆動可能なドライバー用有機トランジスタおよび有機SRAMの作製プロセス ……………… 237
7.3 ドライバー有機トランジスタの電気特性と集積化 ……………… 237
7.4 有機SRAMの特性 ……………… 237
7.5 考察 ……………… 238
8 今後の展望 ……………… 238

第23章　高分子アクチュエータのソフトロボットへの応用　　向井利春

1 これからのロボットに求められる柔らかさ ……………… 241
2 表面電極分割によるIPMCの多自由度化 ……………… 242
3 ソフトなヘビ型水中ロボット ……………… 243
4 双安定アクチュエータ構造 ……………… 245
5 IPMCアクチュエータとセンサの同時使用 ……………… 246

第24章　高分子アクチュエータのマイクロロボットへの応用　　郭　書祥

1 研究の背景 ……………… 248
　1.1 背景 ……………… 248
　1.2 開発目標 ……………… 248
2 首振り型水中マイクロロボット ……… 249
　2.1 首振り型水中マイクロロボットの動作原理 ……………… 249
　2.2 首振り型水中マイクロロボットの特性評価 ……………… 249
3 2PDLを用いた多自由度水中歩行ロボット ……………… 250
　3.1 2PDLを用いた多自由度水中歩行ロボットの動作原理 ……………… 250
　3.2 2PDLを用いた多自由度水中歩行ロボットの特性評価 ……………… 250
4 八足水中マイクロロボット ……………… 252
　4.1 八足水中マイクロロボットの動作原理 ……………… 252
　4.2 八足水中マイクロロボットの特性評価 ……………… 252
5 多機能水中ロボット ……………… 253
　5.1 多機能水中ロボットの動作原理 ……… 253
　5.2 多機能水中ロボットの特性評価 …… 254
6 赤外線制御による水中マイクロロボット ……………… 255
　6.1 赤外線制御による水中マイクロロボットの動作原理 ……………… 255
　6.2 赤外線制御による水中マイクロロボットの特性評価 ……………… 255
7 まとめと今後の展望 ……………… 257

第25章 高分子アクチュエータ／センサの医療応用　　伊原　正

1 はじめに …………………………… 259
2 アクチュエータ …………………… 259
　2.1 カテーテル関連駆動機構としての高分子電解質膜 …………… 260
　2.2 ポンプ駆動機構としての高分子電解質膜 ………………………… 261
　2.3 運動機能補助・器具操作補助機能としての高分子電解質膜 ………… 262
　2.4 その他の導電性高分子のアクチュエータ応用 ………………… 263
3 センサ ……………………………… 264
　3.1 動作用センサ …………………… 265
　3.2 pHセンサ ……………………… 265
　3.3 SMIT　スマート生地 ………… 265
　3.4 ガスセンサ ……………………… 266
4 導電性媒体としての高分子電解質膜の医療応用 ……………………………… 266
　4.1 植込型生体用電極コーティング … 266
5 生体適合性 ………………………… 267

第26章 高分子アクチュエータのマイクロポンプへの応用　　渕脇正樹

1 緒言 ………………………………… 271
2 実験装置および方法 ……………… 272
3 結果および考察 …………………… 273
　3.1 開閉運動する導電性高分子ソフトアクチュエータ ……………… 273
　3.2 導電性高分子ソフトアクチュエータを駆動源とするマイクロポンプ …………………………………… 274
4 マイクロポンプの基礎性能 ……… 275
5 まとめ ……………………………… 279

第27章 高分子アクチュエータの触覚ディスプレイへの応用　　昆陽雅司

1 はじめに …………………………… 281
2 イオン導電性高分子アクチュエータ … 281
3 IPMCアクチュエータの触覚ディスプレイへの適用 ……………………… 282
4 布のような手触りを呈示する触感ディスプレイ ………………………………… 283
5 局所滑り覚呈示による把持力調整反射の誘発 ……………………………… 285
6 おわりに …………………………… 286

第28章　誘電エラストマートランスデューサーの様々な応用　和氣美紀夫，千葉正毅

1　はじめに ································ 288
2　開発背景 ································ 288
3　アクチュエーター，センサーとしての誘電エラストマー ····· 289
　3.1　ロボット，介護，リハビリ用アクチュエーター，センサー ····· 289
　3.2　音響機器等への応用 ·············· 290
　3.3　その他のアプリケーション ······· 292
4　EPAM発電デバイスへの応用 ········ 293
　4.1　EPAM波力発電 ···················· 293
　4.2　EPAM水車発電 ···················· 295
　4.3　持ち運び可能な小型発電機の開発 ···································· 295
　4.4　ウエアラブル発電 ················ 295
　4.5　人工筋肉発電の将来 ············· 295
5　今後の展開 ····························· 296

【第5編　次世代のソフトアクチュエータ―バイオアクチュエータ―】

第29章　3次元細胞ビルドアップ型バイオアクチュエータの創製　森島圭祐

1　はじめに ································ 299
2　細胞外基質を用いた心筋細胞の3次元培養方法の確立 ················· 300
3　心筋細胞ゲルのマイクロ化 ········· 301
4　マイクロ心筋細胞ゲルの性能評価 ····· 302
　4.1　変位，周波数測定 ················ 302
　4.2　収縮力測定 ························ 303
　4.3　寿命評価 ··························· 303
　4.4　ゲル組織切片の構造観察 ········ 303
　4.5　まとめ ······························ 304
5　マイクロ心筋細胞ゲルの制御方法の検討 ···································· 304
　5.1　電気パルス刺激に対する応答性の評価 ······························ 304
　5.2　化学刺激に対する応答性の評価 ··· 305
6　バイオアクチュエータへの応用 ····· 306
　6.1　マイクロピラーアクチュエータ ··· 306
　6.2　チューブ型マイクロポンプ ······· 307
7　結言と今後の展望 ···················· 308

第30章　組織工学技術を用いたバイオアクチュエータの開発　藤里俊哉

1　はじめに ································ 313
2　筋細胞を用いたバイオアクチュエータ ···································· 313
3　我々の骨格筋細胞を用いたバイオアク

	チュエータ ………………………… 315	6	バイオアクチュエータによる物体の駆動
4	組織学および分子生物学的評価 ……… 316		………………………………………… 318
5	収縮力 …………………………… 317	7	おわりに ………………………… 319

第31章　ATP駆動型ソフトバイオマシンの創製　　角五　彰, JianPing Gong

1	はじめに ………………………… 322	5	分子モーター集合体における自発的秩
2	分子モーターの受動的自己組織化 …… 324		序構造形成 ………………………… 329
3	分子モーターの能動的自己組織化 …… 327	6	おわりに ………………………… 331
4	自己組織化の時空間制御 ……………… 328		

第32章　バイオアクチュエータとしての細胞骨格トレッドミルマシン　　佐野健一, 川村隆三, 長田義仁

1	はじめに ………………………… 332		層性ゲルとトレッドミルアクチュエー
2	トレッドミルとは？ …………………… 333		タの可能性 ………………………… 336
3	トレッドミルマシン研究の現状 ……… 334	5	おわりに ………………………… 338
4	細胞骨格タンパク質で創る超高分子階		

第1編
ソフトアクチュエータの開発状況と市場動向

第1章　人工筋肉技術の開発状況と市場動向

シーエムシー出版　編集部

1　概　　要

　人工筋肉は生体の筋肉組織を工学的に模倣することを目指したアクチュエータで，電気，磁気，化学，光などさまざまな入力エネルギーを利用するものが研究開発されている。人工筋肉の材料には，高分子材料，形状記憶材料，空気圧，静電力などが利用されるが，最近では合成樹脂など高分子材料を用いたものが注目を集めている。高分子アクチュエータは利用される素材がやわらかく，動作が柔軟なことからソフトアクチュエータともいわれている。

　高分子アクチュエータは，外界刺激により変形を起こす高分子の総称であり，高分子ハイドロゲル，高分子オルガノゲルなどの高分子ゲル，イオン導電性高分子（高分子電解質ゲル），導電性ポリマー，圧電ポリマー，電歪ポリマーなどさまざまな材料が利用されている。駆動信号（作動原理）には，熱，光，磁気，電気およびpHの変化や含浸水分量の変化などの化学的刺激があるが，近年は電気的刺激によりポリマーを制御するアクチュエータに関する研究開発が進んでいる。高分子アクチュエータには，一般にエネルギー効率が高い，低コストで作製できるなど魅力的な点が多いが，単体では発生力が小さく，実用化には出力増大のための技術開発が求められる。また，研究開発段階の技術が多く，耐久性などの不安も存在している。

　形状記憶材料には，形状記憶合金（ワイヤー），形状記憶ポリマーなどがある。特にチタン－ニッケル合金は形状回復時の発生力と回復歪量が大きく，繰り返して起こすことができるため，アクチュエータとしての利用に適している。ウェアラブルアクチュエータとして用いる場合には，応答性の向上に加えて歪量を増大させる技術が必要になる。

　空気圧を利用するアクチュエータには，マッキベン型アクチュエータや縦方向繊維強化型アクチュエータなどがある。これらのアクチュエータは構造体がゴムなどの柔軟素材で形成されており，内部の空気室に圧縮空気を送り込むと，構造体がフレキシブルに変形する。空気圧で発生力と伸縮のバランスを自由に設計できるため，柔らかな動きを実現することができ，介護分野を中心に実用化へ向けた研究が進んでいる。一方，駆動に必要な圧縮空気を得るための別ユニットが必要であり，システムの小型化が求められている。

　静電力を利用するアクチュエータは，電荷と電荷の間に働く吸引・反発力（クーロン力）を利用して物体を駆動する仕組みで，高速応答，高伸縮であるという長所を有している。原理上は小

表1 おもな人工筋肉材料，デバイス

人工筋肉材料		駆動原理	特徴	一般的な課題
高分子材料	ハイドロゲル オルガノゲル	熱，光，電気，pHなど	伸縮量が大きい 形状保持性が高い	応答性の向上 耐久性の向上
	イオン導電性高分子 (高分子電解質ゲル)	電気	高速応答が可能 印加電圧が低い	発生力の向上 空気中での駆動
	導電性ポリマー	電気	応答性が高い	空気中での駆動
	カーボンナノチューブ (バッキーゲル)	電気	高速応答が可能 耐久性が高い	
	圧電ポリマー	電気	高速応答が可能	発生力/伸縮率の向上
	電歪ポリマー	電気	高速応答が可能	印加電圧の低減
形状記憶材料	形状記憶合金	熱，電気	発生力が高い 高伸縮構造構成が容易である	応答性，エネルギー効率の向上
空気圧	マッキベン型	空気	発生力と伸縮のバランスがよい	外部駆動装置が必要
	縦方向繊維強化型	空気	高出力/高収縮率・高収縮力である	外部駆動装置が必要
静電力	EPAM	電気	高速応答が可能 高伸縮である	発生力の向上 印加電圧の低減

型化するほど出力が大きくなるので，マイクロマシンで応用されている。人工筋肉として利用するためには，数百V以上の駆動電圧が必要であり，安全性の問題から印加電圧の低減が課題として横たわっている（表1）。

2 研究開発の状況

2.1 高分子材料を利用するアクチュエータ

　高分子材料を利用するソフトアクチュエータは，ロボットや医療・福祉をはじめさまざまな分野で注目を集めつつある。特に電気駆動により高分子材料が変形する動作原理を利用する高分子アクチュエータは，柔軟で小型化することができるため，カテーテルなどの手術用デバイス，点字ディスプレイなどの福祉機器，携帯電話用カメラのオートフォーカス用レンズなど従来にないアクチュエータの用途を開発しつつある。

　電気駆動を動作原理とするアクチュエータは，材料特性から電場駆動型と電流駆動型に分けられる。電場駆動型は静電効果や逆圧電効果などの電場によって生じる力学的な効果を利用する原理で，材料にはシリコンゴムやアクリルゴム，ポリウレタンなどのエラストマーやフッ素系の強誘電体ポリマーに伸縮性の電極を接合したものがある。高速応答にすぐれている反面，発生率が低く大きな駆動電圧を必要とする。

第1章　人工筋肉技術の開発状況と市場動向

　電流駆動型アクチュエータには，イオン導電性高分子（高分子電解質ゲル）アクチュエータや電子導電性高分子アクチュエータなどがある。イオン導電性高分子アクチュエータは，イオン導電性高分子に金属電極を接合した構造体で，IPMC（Ionic Polymer Metal Composite），あるいはICPF（Ionic Conducting Polymer Gel Film）と呼ばれている。イオン導電性高分子に金属電極を接合し，電極間に電圧を加えた際に発生するイオン流によってゲルが変化する効果を利用する。数Vの駆動電圧で大きな変形を得ることが可能で，耐久性にもすぐれているが，発生力が低いことに加え，空気中での駆動に難点がある。

　電子導電性高分子はπ電子構造を持ち，金属のように電子を流すことができる性質を持つ高分子である。電子導電性高分子アクチュエータは電子導電性高分子を電解液中で電極として用い，対極に対して電圧を加えたときに導電性高分子が酸化還元する際に膨張収縮することを利用している。近年はポリピロール，ポリアニリン，ポリチオフェンなど優れた特性を持つ材料が生まれている。IPMCは産業技術総合研究所関西センターを中心として電子導電性高分子アクチュエータは九州工業大学金藤研究室を中心として開発が進められてきた。

　また，同センターではJST ERATO相田ナノ空間プロジェクトとの共同研究によって，カーボンナノチューブを用いた高分子アクチュエータの開発に成功している。カーボンナノチューブアクチュエータは，カーボンナノチューブとイオン液体を乳鉢でこねてゲル化させたバッキーゲルを材料としている。バッキーゲルは良好な電子導電体（カーボンナノチューブ）が電解質（イオン液体）に分散して複合化した材料で，カーボンナノチューブを電極として任意の形状に成形できる。また，バッキーゲル中ではナノチューブ表面と電解質との有効表面積も大きい。バッキーゲルをフッ素系高分子と複合化して固体化し，不揮発性電解質と電極との一体化による空中作動性，プリント法が適用可能な成形性，大きくしなやかに変形する応答性を兼ねた新しいアクチュエータを開発した。将来は在宅で使用できる補助循環ポンプやリハビリ用筋肉補助装置などへの展開を想定している。

　2010年1月，JST ERATO相田ナノ空間プロジェクトは高強度で自己修復性のあるアクアマテリアルの開発に成功した。このアクアマテリアルは95％以上の水分を含み，2～5％の層状粘土鉱物（クレイ）と0.4％に満たない有機高分子化合物と水を混ぜるだけで簡単に得ることができる。親水性の高分子の両末端をクレイと親和性の高い陽イオンのデンドロン基で修飾した高分子化合物を利用し，扇状に広がるデンドロン基とクレイの層（クレイナノシート）の表面との相互作用によってクレイナノシートを高度に均一に分散させた非共有結合性の架橋構造を実現している。従来の含水材料よりもはるかに高い強度と優れた形状保持性，自己修復性を有している。ほぼ同等の水分を有する天然物由来のアクアマテリアルであるこんにゃくの約500倍相当の強度があり，バイオリアクター材料，骨・軟骨などの再生材料や代替材料，アクチュエータ材料への応

用などが期待されている。

　北海道大学大学院のソフト＆ウェットマター研究室は，高分子ゲルの応用研究としてアクチン，ミオシンなどの生体由来のタンパク質を再構築した機能性ゲルを用いてATPをエネルギー源とした人工筋肉を研究している。生体由来で体内に入れても拒絶反応が起きないため，これらの技術が実現すれば医療面での活用が予想され，今後の研究成果が期待されている。

2.2　形状記憶材料を利用するアクチュエータ

　慶應義塾大学の稲見昌彦教授はコイル状にして伸縮性を高めたチタンとニッケルの形状記憶合金，光センサ，半導体励起固体レーザ，紙などで構成される紙ロボット「アニメイテッドペーパー」を開発している。狙った位置にレーザ光を照射するため，紙ロボットに反射材のマーカーをつけ，光センサでマーカーの位置を検知して照射する仕組みで，照射位置には熱変化を増幅するための銅箔がつけられている。高出力レーザプロジェクタ光と熱でエネルギーの供給と動きの遠隔制御をおこなうことができ，モーターや蓄電池に依存しないロボットに用いるアクチュエータの基本技術の開発を狙っている。

2.3　空気圧を利用するアクチュエータ

　マッキベン型人工筋肉は1961年に開発された空気圧式のアクチュエータで，ゴムチューブの周りをナイロン繊維で覆った形状をしており，圧縮空気を内部に加えることで収縮する。空気圧を用いるため柔らかな動きが実現でき，介護用途などで実用化が始まっている。

　東京理科大学の小林宏教授は，空気圧で動くアシストスーツ「マッスルスーツ」を開発している。マッスルスーツは着用により人間の動きをサポートする新しい動作補助ウェアで，ワイヤを通して空気圧式人工筋肉の収縮力を関節のプーリに伝えて関節を回転させる。素振り，スイングなどさまざまな動きを再現でき，要介護者の動きの補助や介護者の姿勢補助，筋力補助などの用途に利用されている。マッスルスーツはスイッチセンサ，空気圧式人工筋肉，電磁弁＋圧力センサ，制御装置からなる柔軟で簡易な構造体で，外部のコンプレッサから空気を注入して動作させる。また，同教授のマッキベン型人工筋肉は，英国のThe David Hart Clinic社で開発され，日本ではハートウォーカージャパンが販売している歩行補助装置「ハートウォーカー」に取り付けられて，「ハートステップ」として販売されている。圧縮空気で作動する人工筋肉の働きでハートウォーカーの関節をコントロールし，二分脊椎の子どもでも軽快な歩行動作がおこなえる。

　中央大学の中村太郎准教授は，縦方向繊維強化型ゴム人工筋肉の研究をおこなっている。縦方向繊維型ゴム人工筋肉は管の軸方向に直接ガラスロービング繊維を内包した構造になっており，空気圧の供給によって半径方向に膨張して縦方向へ収縮する。また，管に取り付けるリングによ

第1章 人工筋肉技術の開発状況と市場動向

って人工筋の長さと直径の比を調節することにより，人工筋の形状を変化させることができる。マッキベン型人工筋肉に比べて高出力で高い収縮率を持ち，最大収縮率はマッキベン型の約25％に対して約40％に達する。また，同じ圧力における収縮力でもマッキベン型の5倍以上の高い収縮力を持つ。最高圧力では約50gの人工筋肉でありながら，1000N（100kgf）程度出力し，世界最高水準にある。人工筋肉マニピュレータ，腸管構造を規範とした蠕動運動ポンプ，内視鏡搭載型移動機構，人工筋肉アクティブワイヤー（超細型人工筋肉）などが開発されており，医療・福祉分野での利用が期待されている。また，東京大学生産技術研究所の鈴木高宏研究室では，中村准教授の軸方向繊維強化型人工筋肉を用いてメカトロニック人工食道の開発を進めている。今後は内管としてより柔らかな材料を探索する一方で，人工筋肉の巻きつけかたの実験をおこなう予定にしている。

早稲田大学の藤江正克教授の研究室は，ロボットや身体アシスト装置に使われる筋電と空気圧で動くゴム製の人工筋肉を組み合わせ，がん患者の寝返り時の痛みを和らげるコルセットを開発した。脳から筋肉に送られる電気信号である筋電を受けてコルセットのゴムを硬くし，痛みの原因となる身体のねじれを抑えるもので，普段は身体を締めつけないため患者への負荷が軽減される。静岡がんセンターとの共同研究で，今後は実証実験を進めながら実用化を目指す。

2.4 静電力を利用するアクチュエータ

世界的な先端技術の研究機関であるSRIインターナショナルは，1990年代初頭からエラストマーを主材料とした人工筋肉EPAM（Electroactive Polymer Artificial Muscle）の研究開発を進めている。EPAMの構造は非常にシンプルで，エラストマーとその上下に位置する2枚の柔軟な電極で構成されている。電極に電位差を与えると，静電力（クーロン力）によって，両方の電極が引き合い，その結果フィルムが厚さ方向に収縮し，面方向に伸長する。EPAMは単層／多層EPAM膜をパターン化させることで各種応用が可能になる。

介護用デバイスを含む各種ロボティクス，流体・流量制御やフィルタレーション，ディスプレイや表面構造を瞬時に変化させるデバイス，インクジェットやマイクロ・ナノデバイス，指向性を有するスピーカー，逆位相を人工筋肉でつくり出す防振デバイス，人工装具（器官）を含む医療アプリケーションなどの用途開発が進められている。

また，東京工業大学バイオ研究基盤支援総合センターの実吉研究室では，人工筋肉への応用を目的とする収縮型の静電アクチュエータの開発を進めており，積層型静電アクチュエータ用の0.3mm幅リボンの製作に成功している。

3 市場・企業動向

　イオン導電性高分子アクチュエータと電子導電性高分子アクチュエータは，高分子アクチュエータの中で実用化が最も進んでいる分野である。これら2つの素材技術を有し，研究開発，製品開発を活発におこなっているのがイーメックスで，同社は産業技術総合研究所関西センター内に設置されたNEDOの5年間の研究プロジェクトのメンバーが2001年に設立したベンチャー企業である。電子導電性高分子アクチュエータは，高性能アクチュエータ特性を有するしなやかで強靭なポリピロール膜で，ダイヤフラム膜として使用することで小型ポンプとしての応用が期待できる。また，曲部に沿った任意の形状への加工が可能なため，指構造体などを作製できる。さらに，金属板との複合体の開発を通じて，既存のモーター，ソレノイド等の代替，介護機器，リハビリ機器，ロボット，センサ，キャパシタなどへの応用が進められている。

　同社では2009年，固体高分子電解質の表面に電極となる金属メッキを施した体積当たりのエネルギー密度が600Wh／Lのキャパシタの開発に成功した。同製品は電極の比表面積を増大させて物理吸着効果を高めるとともに，電解液の塩にLiイオンを用いる電気化学効果でエネルギー密度を高めたハイブリッド・キャパシタの一種である。現在は安定した性能を得られていないが，実用化へ向けて他の関連メーカーと共同開発を進めている。

　イオン導電性高分子アクチュエータ（製品名「イオン伝導アクチュエータ」）は，イオン交換樹脂に特殊メッキした金を電極として形成し，電極表面積を大きくして変位性能を大幅に向上させた複合材料のアクチュエータ素子である。応用用途として，ゲル可変レンズ，超小型AFカメラモジュールなどの携帯電話カメラ用デバイス，カテーテル，ガイドワイヤーなどの医療手術用デバイス，人工筋魚などのホビー製品などが開発されている。

　トキ・コーポレーションは自社開発した形状記憶合金バイオメタル®，BMF（バイオメタル・ファイバー）およびBMX（バイオメタル・ヘリックス）を販売している。バイオメタルはチタンニッケル系形状記憶合金を原料としたアクチュエータで，電流を流しニクロム線のように自己発熱させて動かす電気・熱駆動方式を採用している。バイオメタル・ファイバーは人工筋肉型の繊維状アクチュエータで，発生力が面積に比例するため，小型化によって体積や重量に対する発生力が強くなる特性があり，マイクロ・アクチュエータに適している。一方，バイオメタル・ヘリックスはバイオメタルのマイクロ・コイルで，大きな伸縮動作を特長とする直線運動型アクチュエータである。モーターや空圧シリンダーなどの代替デバイスとしての利用が想定されている。

　マッキベン型アクチュエータは神田通信工業が製造している（製品名「エアマッスル」）。エアマッスルは「マッスルスーツ」に使用されているほか，ハートウォーカージャパンの「ハートス

第1章 人工筋肉技術の開発状況と市場動向

テップ」にも使用されている。同社ではこれらの製品の製造も受託しており，今後も新たな用途開発を進めていく予定としている。

パナソニックの社内ベンチャー企業であるアクティブリンクは，空気圧式ゴム人工筋肉を開発している。同製品は軽量で高出力の直動型エアーアクチュエータで，同社では関係する事業会社に技術移転を終了し，上肢リハビリスーツの製品化へ向けて実証実験に取り組んでいる。

ハイパードライブはEPAM発電装置の開発，導入を目指す環境ベンチャー企業である。2006年に世界で初めてEPAMアクチュエータを搭載したブイ発電装置を開発，SRIインターナショ

表2 人工筋肉のおもな応用開発

人工筋肉材料	応用用途	開発元	概要
イオン導電性高分子アクチュエータ	携帯電話カメラ用デバイス 医療手術用デバイス ホビー製品など	イーメックス	製品名：イオン伝導性アクチュエータ イオン交換樹脂と金を特殊メッキした電極で構成される複合材料である。電極表面積を大きくし，変位性能を大幅に向上させた複合材料である。
電子導電性高分子アクチュエータ	既存のモーター，ソレノイド等の代替 介護機器，リハビリ機器 ロボット センサ キャパシタなど	イーメックス	高性能アクチュエータ特性を有するポリピロール膜で，おもに金属板との複合体として利用する。 しなやか，強靭であり，指構造体などを作製できる。
形状記憶合金	モーターや空圧シリンダーの代替デバイス	トキ・コーポレーション	製品名：バイオメタル バイオメタル・ファイバーとバイオメタル・ヘリックスが製品化されている。
マッキベン型アクチュエータ	マッスルスーツ ハートステップ	東京理科大学 ハートウォーカージャパン	製品名：エアマッスル（製造元：神田通信工業） いずれも介護用製品であり，神田通信工業ではそれらの製品の製造も受託している。
空気圧式ゴム人工筋肉	上肢アシストスーツ	アクティブリンク	同社はパナソニックの研究開発型社内ベンチャー企業である。現在製品化を目指して実証実験中である。
静電アクチュエータ（EPAM）	EPAM発電装置	ハイパードライブ	同社はEPAM発電装置の実用化を目指す環境ベンチャー企業である。SRIインターナショナルと提供して事業化を進めている。
	高周波用MEMSメカニカルリレー	エイアールブイ	同社は早稲田大学との共同研究を通じて，EPAMの工業用ロボットアームの駆動装置や指向性スピーカーへの実用化を目指している。

未来を動かすソフトアクチュエータ

ナルと共同で原理実験を実施したのをはじめ，翌年には米国フロリダ州タンパやカリフォルニア州で，自然波を用いて発電する海洋実験を実施している。EPAMは本来小型ロボットの駆動源などの用途開発がおこなわれてきたが，同社ではSRIインターナショナルから発電用途での独占使用権を取得し，積極的な事業展開を目指している。EPAMの強みは小型で低コストの発電装置をつくれることで，EPAMを使った波力発電ならば，出力2kW程度の発電装置を100万円以下でつくることができる。発電効率も一般的な波力発電設備の2〜3倍あり，周辺海域への影響も少ない。同社では2010年度中に出力25kW程度の小型発電機を商品化し，ブイの照明や定置網用センサなどの電源として発売する予定にしている。

エイアールブイは早稲田大学大学院と共同で，EPAMアクチュエータの実用化を進めている。同社ではEPAMをアクチュエータとする高周波用MEMSメカニカルリレーを開発し，工業用ロボットアームの駆動装置や指向性スピーカーなどへの製品化を進めている（表2）。

第2編
高分子アクチュエータの材料

第2章　磁場駆動による磁性ゲルアクチュエータ

三俣　哲*

1　はじめに

　高分子ゲルに磁性流体や磁性粒子を分散させたコンポジットゲル（図1）を磁性ゲルと呼び，磁場に応答して伸縮，回転などの運動や硬さの変化を示す。これらの現象は，磁性粒子間，あるいは，磁性粒子の磁化と外部磁場との磁気的相互作用に基づく。他の刺激応答性ゲルと比較して，大きな発生力，速い応答速度が特徴である。ゲルには水分などの液体が多く含まれるため，ゴムやエラストマーよりも大変柔らかい。このため伸縮させたときの変形量や弾性率の変化量が顕著になる。磁性粒子の磁気特性を活用できることも大きな特徴である。残留磁化を持つ粒子を用いると，永久磁石で伸縮するアクチュエータができる。磁性ゲルの伸縮運動は人間に優しいソフトアクチュエータ，高効率なソフトマシンに，硬さの変化は振動制御材料や触覚提示装置としての応用が期待されている。

2　伸縮運動

　磁性ゲルの伸縮運動はアクチュエータへの応用が期待され，ポリビニルアルコールゲルに磁性流体を内包させたゲルの伸縮運動[1~3]がその代表例である。磁性ゲルを磁極中心から離れた不

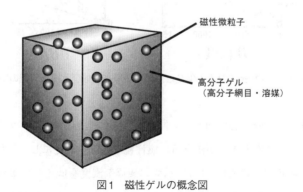

図1　磁性ゲルの概念図

---

*　Tetsu Mitsumata　山形大学　大学院理工学研究科　機能高分子工学専攻　助教

未来を動かすソフトアクチュエータ

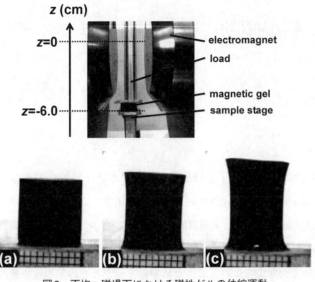

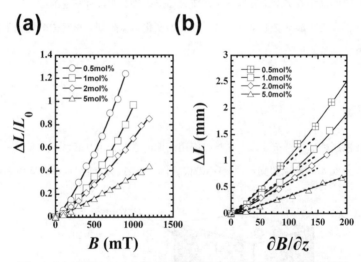

図2 不均一磁場下における磁性ゲルの伸縮運動
(a)0, (b)0.7, (c)1T

図3 (a)自然長に対する伸びと磁場の関係 (b)伸びと磁場勾配の関係

均一磁場中に配すると，磁極中心に向かって伸びる（図2）[4]。基本的に，ゲルが磁場から引かれる力とゲルの復元力で伸びの大きさが決まる。磁性粒子濃度を一定にして，架橋剤濃度を変えたときのゲルの伸びと磁場の関係を図3(a)に示す。架橋剤濃度を低くして柔らかくすると，大きな伸びを示す。このデータを磁場勾配（$\partial B/\partial z$）でプロットすると，伸びと磁場勾配が比例することがわかる（図3(b)）。磁性粒子の濃度を高くするにつれて，伸びは大きくなるが，高濃度で頭打ちになる。これはゲルの弾性率が高くなり，ゲルの復元力が大きくなるからである。伸縮性

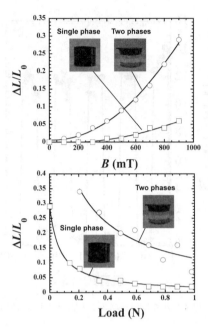

図4 自然長に対する伸びと磁場の関係（上図），自然長に対する伸びと負荷の関係（下図）

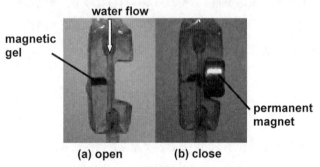

図5 磁性ゲルの伸縮運動を用いたバルブ
バルブが開いている状態(左)と閉じている状態(右)。

に富む非磁性ゲルと磁性ゲルの2層型磁性ゲルを用いることで，伸びを大きくすることができる（図4(a)）[4]。以上は負荷をかけずに測定した結果である。負荷をかけたときの2層型磁性ゲルの伸びと磁場の関係を図4(b)に示す。同じ負荷でも，2層にすることで伸びが増加する。1.4kPaの負荷で33％の伸びを示し，10kPaで10％の変形を示す。10％の伸びを示すとき，1層ゲルでは0.15N，2層ゲルでは1Nである。これは，2層化することで応力が50倍になることを意味する。

磁性ゲルの伸縮運動を利用して磁場で開閉するバルブを作ることができる（図5）[5]。バルブの

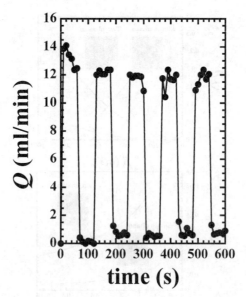

図6 磁性ゲルを用いたバルブの開閉による流量変化

直径は800μmである。永久磁石を近づけると磁性ゲルが伸びて流路を塞ぐ。遠ざけるとゲル弾性による復元力で元に戻り，流路が開く。やわらかい材料なので，流路の形状に合わせて流路を塞ぐことができる。このバルブを60秒置きに開閉したときの流量を図6に示す。一般水道の水圧がかかっていても開閉できる。

3 回転運動

磁性微粒子に残留磁化をもつ粒子を用いると，ゲルを着磁させることができる。着磁した磁性ゲルに回転磁場を与えると，磁性ゲルは回転運動を示す（図7)[6]。写真はバリウムフェライトを含むアルギン酸ナトリウムゲルビーズである。回転磁場を与え，高速回転させるとゲルビーズは徐々に小さくなって崩壊していく。黒い紐状の物体はバリウムフェライトで，残留磁化のため連なった紐状になる。このビーズに消炎鎮痛剤であるケトプロフェンを内包させると，回転運動によりケトプロフェンを加速放出させることができる。同図にリン酸緩衝溶液中でのケトプロフェンの放出量の経時変化を示す。回転速度が速くなるにつれて，ケトプロフェンが短時間で大量に放出される。

回転運動するゲルの表面にドリル状の溝を加工すると液体を輸送することができる[7]。回転運動する磁性ゲルを用いたポンプを図8に示す。ポンプは着磁した磁性ゲルの回転子が入った流路，永久磁石がついたモーターで構成される。単位時間あたりの流量とゲルの直径の関係を図9に示

第2章　磁場駆動による磁性ゲルアクチュエータ

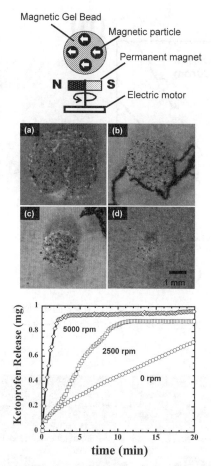

図7　磁性ゲルビーズの回転運動の原理（上図）回転によるビーズの崩壊の様子，(a)回転前，(b)30秒後，(c)60秒後，(d)90秒後。各回転速度でのケトプロフェン放出量の経時変化（下図）

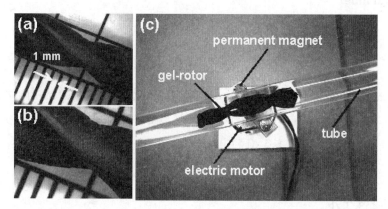

図8　螺旋状に加工した磁性ゲルと，磁性ゲルの回転運動を利用した送液ポンプ

13

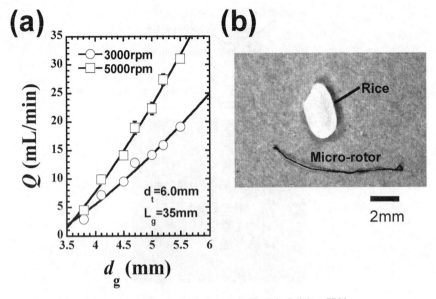

図9　(a)送液ポンプによる送液量と回転子直径の関係
　　　(b)磁性ゲルでできたマイクロローター

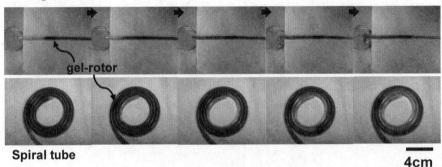

図10　回転運動を利用したポンプ
直線の流路(上図)，渦状流路(下図)。

す．毎分34mlで水を送液する．直径200μmまでマイクロ化でき，毛細管でも回転できる（同図右）．このポンプの特徴はゲルに直接触れることなく駆動できること，曲がりくねった流路でも使用できることが大きな特徴である（図10）．

4　可変弾性ゲル

磁性ゲルの他の機能として，磁場に応答してやわらかさが変化する性質がある．磁場で柔らか

第2章 磁場駆動による磁性ゲルアクチュエータ

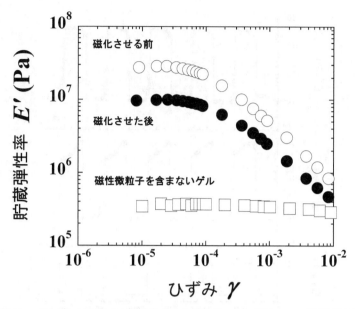

図11 バリウムフェライトが分散されたカラギーナン磁性ゲルの貯蔵弾性率のひずみ依存性

さが変化する材料の研究は，振動制御材料への応用を狙い，主としてゴムやエラストマーなどの材料で行われてきた。近年，著者らの研究グループでは，ナマコをヒントに弾性率が500倍変化する磁性ゲルを創成した。弾性率の変化率はこれまで元の3倍程度が最高であった[8〜12]。

弾性率が500倍変化するゲルでは，磁性粒子が互いに接触した構造が大きな変化を産み出している。磁性粒子が接触した状態で磁場をかけると，これとは逆に弾性率が劇的に低下する[13〜15]。図11に弾性率とひずみの関係を示す。磁化させる前に弾性率を測定し，磁束密度1(T)の磁場中にゲルを30秒間置き，ゲルを磁化させている。その後，再び弾性率を測定した。磁性微粒子を含まないカラギーナンゲルの弾性率は10^5Paオーダーで，実験したひずみ領域では，ひずみに依存しない。ゲルに磁性微粒子を充填すると，弾性率は劇的に増加する（〜10^7Pa）。10^{-5}程度の非常に小さいひずみから非線形粘弾性を示す。これは，Payne効果[16]と呼ばれるもので，磁性微粒子が互いに接触し，力学的に不安定な構造をとっていることに起因する。ゲルを磁化させると，弾性率は$2×10^7$Paも低下する。磁性粒子の接触を利用すれば，MPaオーダーの劇的な変化が実現できることを示唆している。

磁性微粒子がゲル中で均一に分散する粒子を用いると，磁場のオンオフに伴って弾性率が劇的に，かつ可逆的に変化する磁性ゲルが得られる[17]。このゲルに60秒ごとに磁場をオン・オフし，複素弾性率を測定した結果を図12に示す。磁場を印加していないときの貯蔵弾性率G'は10kPa，磁場を印加すると5MPaに増加する。磁場を印加すると磁性微粒子は磁化し，磁力線に沿って配

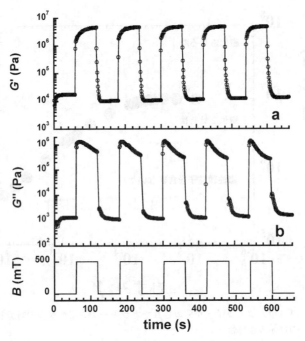

図12 カルボニル鉄が分散されたカラギーナン磁性ゲルの貯蔵弾性率 (a), 損失弾性率 (b) の磁場応答性

列する。この配列によって磁性微粒子どうしが接点を形成する。その結果，粒子間で応力の伝達が起こり，弾性率が増加する。また，損失弾性率 G" も貯蔵弾性率と同じようにパルス的に変化する。弾性成分だけでなく粘性成分も広範囲に磁場で変化させることができる。応答速度は磁性粒子の種類や磁性粒子とゲルの組合せなどによって異なるが，500msで倍の弾性率になる。

このゲルの弾性率が変わる様子を図13に示す[18]。このゲルは磁場がかかっていないと非常に柔らかく，200gのおもりをのせると，おもりはゲルにめり込む（左図）。しかし，ゲルの下に永久磁石を置くと，おもりをしっかり支えることができる（右図）。ゲルの硬さは300倍にもなっている。このように，弱い磁場で大きな応力を発生する。大がかりな磁場発生装置を必要としないので，応用範囲が広い材料である。

磁場による弾性率の増分と磁場強度の関係を図14に示す。弾性率は磁場とともに増加し，800mT付近で飽和する。図中の実線は，磁化曲線を元に計算した理論値である。磁性粒子間に働く磁気的相互作用で弾性率が増加する場合，弾性率の変化量 ΔG は，$\Delta G = \mu_0 (M\phi)^2$ [17] で書ける。ここで，μ_0 は真空の透磁率，M は磁化，ϕ は体積分率である。実験値は理論値よりもはるかに大きく，粒子同士の接点形成による効果が支配的であることを示唆している。

上述の多糖からなる磁性ゲルは劇的な弾性率変化を示すが，力学強度が低いことが欠点である。

第2章 磁場駆動による磁性ゲルアクチュエータ

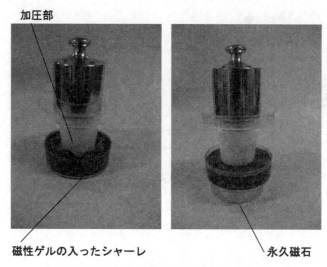

図13　磁性ゲルにおもりをのせたときの様子
（左）磁石なし，（右）磁石あり。（磁場強度320mT）

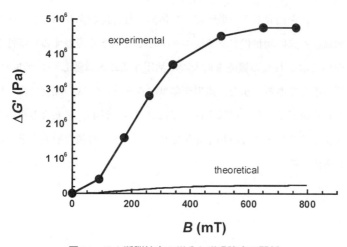

図14　せん断弾性率の増分と磁場強度の関係

例えば，カラギーナン磁性ゲルの破壊ひずみは35％，破壊応力は10kPa程度である。合成高分子であるポリビニルアルコールをマトリックスに用いると，80％ひずみでも破壊しない磁性ゲルが得られる[19]。図15にこのゲルの弾性率の変化率とゲルの合成時の弾性率の相関を示す。ゲルの合成時の弾性率が低いほど変化率は大きくなる。架橋剤濃度を低くすることで，カラギーナンよりはるかに柔らかく，変化率の大きいゲルが得られた。

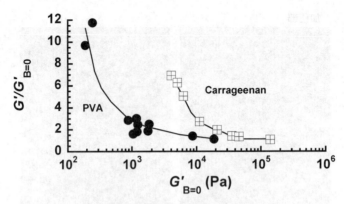

図15 弾性率の変化率とゲルの弾性率の相関

5 おわりに

　磁性微粒子と高分子ゲルをコンポジット化した磁性ゲルが，磁場で伸縮，回転運動すること，可変弾性機能を示すことを紹介した．低摩擦，生体適合性，開放系材料など，ゲル本来の特徴も考慮すると，付加価値の高い次世代アクチュエータとして大きく発展する可能性がある．しかしながら，ドライ環境ではこれらの機能を最大限に活用することは難しい．ゲルの封止技術など，乾燥に対する対策が重要である．また，磁場駆動型アクチュエータの開発では，材料のみならず磁場発生装置の開発も重要である．磁場を作るにはコイル，鉄心，磁石など重いものばかりを必要とする．巻数が少なくても大きな磁場を発生できるコイル，軽量な磁石など，磁場作りの新しい技術の発展にも期待する．

文　　献

1) M. Zrinyi, L. Barsi, A. Buki, *Polym. Gels Networks*, **5**, 415（1997）
2) D. Szabo, G. Szeghy, M. Zrinyi, *Macromolecules*, **31**, 6541（1998）
3) L. Barsi, D. Szabo, A. Buki, M. Zrinyi, *MAGYAR KEMIAI FOLYOIRAT*, **103**, 401（1997）
4) T. Mitsumata, Y. Horikoshi, K. Negami, *Jpn. J. Appl. Phys.*, **47**, 7257（2008）
5) Y. Horikoshi, T. Mitsumata, J. Takimoto, *Trans. Mater. Res. Soc. Jpn.* **32**, 3, 843（2007）
6) T. Mitsumata, Y. Kakiuchi, J. Takimoto, *Res. Lett. Phys. Chem.* ID671642（2008）
7) T. Mitsumata, Y. Horikoshi, J. Takimoto, *e-Polymers*, **147**, 1（2007）

8) T. Mitsumata, K. Ikeda, J. P. Gong, Y. Osada, D. Szabo, M. Zrinyi, *J. Appl. Phys.*, **85**, 8451 (1999)
9) J. M. Ginder, S. M. Clark, W. F. Schlotter, M. E. Nichols, *Int. J. Mod. Phys.*, *B*, **16**, 2412 (2002)
10) G. Bossis, C. Bellan, *Int. J. Mod. Phys.*, *B*, **16**, 2447 (2002)
11) M. Lokander, B. Stenberg, *Polym. Test.*, **22**, 245 (2003)
12) T. Shiga, A. Okada, T. Kurauchi, *J. Appl. Polym. Sci.*, **58**, 787 (1995)
13) T. Mitsumata, A. Nagata, K. Sakai, J. Takimoto, *Macromol. Rapid Commun.* **26**, 1538 (2005)
14) T. Mitsumata, K. Sakai, J. Takimoto, *J. Phys. Chem.* **110**, 20217 (2006)
15) T. Mitsumata, T. Wakabayashi, T. Okazaki, *J. Phys. Chem.* **112**, 14132 (2008)
16) Payne, A. R., *J. Appl. Polym. Sci.* **3**, 127 (1960)
17) T. Mitsumata, N. Abe, *Chem. Lett.*, **38**, 922 (2009)
18) 三俣哲, 高分子, **59**, 716 (2010)
19) T. Mitsumata, K. Negami, *Chem. Lett.* **39**, 550 (2010)

第3章 熱,電磁波駆動によるゲルアクチュエータ

山内 健*

1 はじめに

　熱エネルギーは構造相転移,金属―絶縁体相転移,磁気相転移などユニークな転移現象を引き起こす。このような熱による転移現象を利用したアクチュエータが開発されている[1~5]。例えば形状記憶合金のマルテンサイト転移を利用することで,フレキシブルで変形量に優れたアクチュエータが数多く開発されている。マイクロ加工技術の発達とともに医療用カテーテルなど様々な医用材料としての実用化もなされており,最近では心筋細胞シートを接着した形状記憶合金を利用して,通電加熱による変形で心臓の拍動をアシストする完全埋め込み型のアクチュエータなども開発されている。また,高分子材料の親水―疎水性転移現象を利用したソフトアクチュエータも実用例が多く,例えばポリ(N-イソプロピルアクリルアミド)ゲルは相転移温度(32～38℃)を境に低温側で膨潤し,高温側で収縮,白濁する。このアクチュエータ機能を利用して,DDS,細胞培養シート,などユニークな医用材料への応用が実用化されている[6~10]。しかしながら,これらの温度応答性を有する材料は外部の温度変化に対応して機能する材料である。材料自体が発熱する機能を付与することで,電磁波,光などの外部刺激を熱エネルギーに変換できるため遠隔操作によりアクチュエータ―機能を操作することが可能となり,次世代型のスマート材料として機能する(図1)。

　ここでは,発熱体としてナノ・マイクロカーボンを利用したアクチュエータの開発について報告する。

2 発熱体としてのナノ・マイクロ材料

　カーボンナノチューブやカーボンマイクロコイルなどの炭素系ナノ・マイクロ材料は,高い導電性,機械強度などを持っており,次世代の機能性材料として期待されている[11~12]。

　カーボンマイクロコイルは熱伝導性も高く,電磁波吸収特性を有している。また,直径0.1－0.5μmのカーボンファイバーがコイル状に巻かれた構造をしており,コイル径1－10μm,長さ

---

* Takeshi Yamauchi 新潟大学 工学部 機能材料工学科 教授

第3章 熱，電磁波駆動によるゲルアクチュエータ

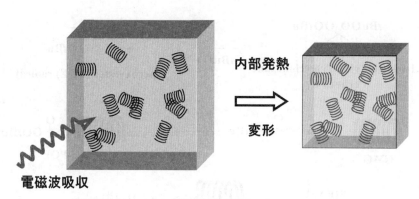

図1 ナノ・マイクロ発熱材料を利用したアクチュエータ

は数cmと極めてアスペクト比の大きい材料である。このヘリックス構造によりカーボンマイクロコイルは電磁波を照射すると誘導電流の抵抗熱によって発熱という機能を有しており，2.45GHzのマイクロ波照射により，数秒で表面温度が100℃以上にもなる。

しかし，これらのナノ・マイクロ材料は分子間の相互作用による凝集が起こりやすく，複合化した際に均一分散することが極めて困難である。この問題点の解決については硫酸などにより表面に官能基を化学修飾する方法や，高分子をグラフトする手法など，様々な研究報告例がある[13〜16]。さらに外部のpH，電場，磁場，温度，溶媒などに自立応答する「スマートポリマー」[17〜19]をナノ・マイクロ材料にグラフトすることで，分散安定性の向上に加え，ポリマーの持つ機能の付加したスマート・ナノ・マイクロ材料の創製が可能となる。例えば1,1-bis-(*t*-butyldioxy) cyclohexane（Perhexa-C）を60℃で10時間加熱することで生じるペルオキシエステル基含有ラジカルをカーボンナノチューブ表面に捕捉させることでカーボンナノチューブへペルオキシエステル基を導入できる。その後にモノマーを加えて真空下，100℃で24hほどグラフト反応を行うことで炭素表面に様々な高分子をグラフトさせることができる（図2）。また，配位子交換反応を利用した高分子グラフト法，アゾ基を有する高分子の利用なども有効である。熱応答性高分子をグラフト化したナノ・マイクロカーボン材料は，相転移温度以下では未処理のナノ・マイクロカーボン材料に比べて，水への分散安定性の向上がみられた。一方，相転移温度以上では温度に応答してナノチューブの集積体を形成した。このように表面改質したナノ・マイクロ材料に対しても外部からの熱，電磁波，光など物理エネルギーによる刺激は効率的に作用するので，優れたスマート・ナノ・マイクロ材料として機能する長所を有している。例えば中嶋らはカーボンナノチューブ/熱応答性高分子ゲル複合体をレーザー照射で加熱することでナノ材料を膨潤—収縮させてナノスケールのアクチュエータ機能を実現している[20]。

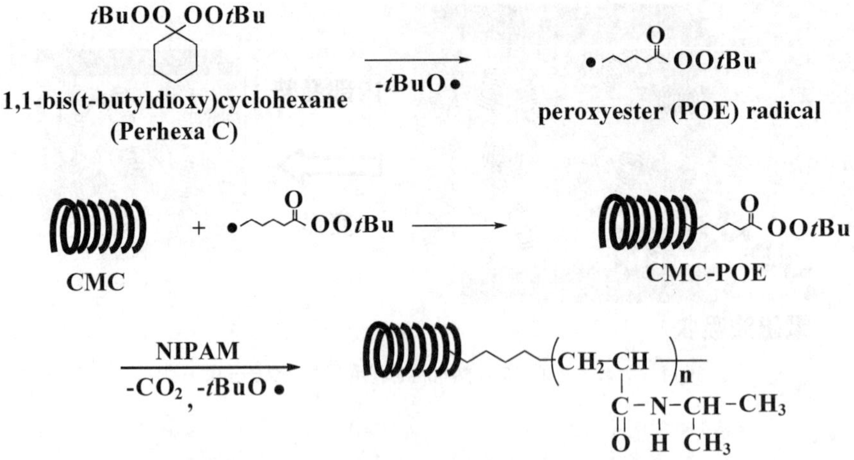

図2 カーボンマイクロコイル表面への高分子グラフト

3 ナノ・マイクロ材料の複合化

グラフト技術を利用して表面処理を施したナノ・マイクロ材料と機能性高分子ゲルとを複合化させることで，優れた多機能性高分子ゲルの創出が期待できる。ここではカーボンマイクロコイルを均一分散させた熱応答性高分子ゲルについて説明する。カーボンマイクロコイルは電磁波を吸収して短時間で発熱するため，アクチュエータ機能に加えて，ハイパーサーミア機能を有したスマートゲルとしての機能も付与することが可能である。ハイパーサーミアとは，がんの温熱療法のことで，がん組織を41.5℃以上に加熱して死滅させる臨床法のことである[21]。このような特性を付与させることで，医用材料としての多機能アクチュエータの開発が期待できる。

モノマーにN-イソプロピルアクリルアミド，架橋剤としてメチレンビスアクリルアミド，開始剤を溶解した水溶液中に熱応答性カーボンマイクロコイルを分散させ，光重合法によってカーボンマイクロコイルを包括したポリ（N-イソプロピルアクリルアミド）ゲルを作製した（図3）。得られた複合ゲルは未処理のカーボンマイクロコイルを包括したゲルに比べてカーボンマイクロコイルが均一に分散しており，カーボンマイクロコイルの溶出は全くみられなかった。この複合ゲルは単独ゲルに比べて膨潤率が増加し，破壊強度も0.37Nから0.49Nまで向上した。未処理のマイクロコイルを包括すると，複合体の不均一性から破壊強度が大きく減少することから，グラフト高分子がゲルの3次元網目の構造に組み込まれ，強い相互作用により固定されていることが推定される。一方でナノ材料の不均一な分散は局所的なひずみが発生しやすく，材料の強度は低下する。

マイクロコイル包括高分子ゲルの温度変化に対する体積変化率は，高分子ゲルと同程度の体積

第3章 熱，電磁波駆動によるゲルアクチュエータ

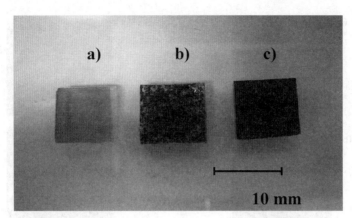

図3 カーボンマイクロコイルを複合した熱応答性高分子ゲル
(a)熱応答性高分子ゲルのみ，(b)未処理カーボンマイクロコイルを複合化，
(c)高分子をグラフトしたカーボンマイクロコイルを複合化．

変化を示し，32℃付近で大きな体積変化が生じて，元の体積の10％程度となった．この手法の利点として材料の主成分である水に様々な機能性物質を含浸できる点にある．例えば抗生物質であるゲンタマイシンなどを容易に担持させることができ，得られた複合ゲルも単独ゲルと同様の温度応答特性を示した．

そこで電磁波（2.45GHz）を照射し，複合ゲルの電磁波に対する応答挙動を観察した（図4）．このときのゲルの温度を放射温度計によって測定した．複合ゲルに電磁波を照射すると60秒後に疎水性相互作用による材料の色変化と収縮現象が観察された．収縮率は電磁波照射時間に依存して，60秒の照射で約90％まで体積が減少した．同様の条件で，ポリ（N-イソプロピルアクリルアミド）ゲルに60秒間電磁波を照射しても変化はみられなかった．また，電磁波を照射したときのゲルの温度を測定したところ，60秒後では単独ゲルでは相転移温度（32～38℃）に達していなかったが，複合ゲルは相転移温度付近まで加熱されていた（図5）．このようにカーボンマイクロコイルを発熱させることで，バルクのゲルを内部から短時間で加熱でき，リモートタイプのアクチュエータとして機能することがわかった．このアクチュエータは外部からの電磁波を吸収して内部の温度変化のみで作動することがわかった．電磁波は体内にも侵入するため，医用材料としての応用も期待できる．体内で患部を加熱できるハイパーサーミア効果と薬物徐放効果を併せ持った新規材料への応用も期待できる．

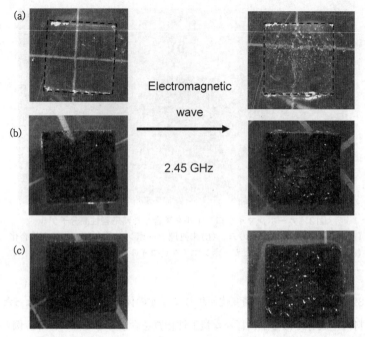

図4 カーボンマイクロコイルを複合した熱応答性高分子ゲルの電磁波応答特性
(a)熱応答性高分子ゲルのみ，(b)未処理カーボンマイクロコイルを複合化，
(c)高分子をグラフトしたカーボンマイクロコイルを複合化。

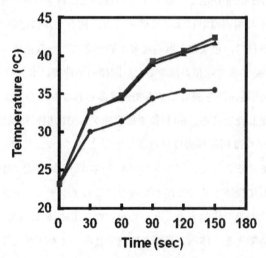

図5 カーボンマイクロコイルを複合した熱応答性高分子ゲルに電磁波
を照射した際のゲル表面温度
●熱応答性高分子ゲルのみ，▲未処理カーボンマイクロコイルを複合化，
■高分子をグラフトしたカーボンマイクロコイルを複合化。

4 おわりに

ここでは,ナノ・マイクロ材料をポリマーで表面修飾することで,高分子ゲルと複合化してアクチュエータへ応用する手法について説明した。スマートポリマーと複合化することでマイクロアクチュエータとして機能するだけではなく,ミクロな運動を組織的に行うことで,マクロな駆動力を生み出すことが期待できる。今後,形成自己組織化,構造規則性の制御などにより,ナノ・マイクロ材料を規則正しく並べることで,さらなる高機能化が期待できる。

【謝辞】
本研究を遂行するにあたり,貴重なご意見および材料提供をいただきました新潟大学工学部の坪川紀夫教授,岐阜大学名誉教授の元島栖二氏,シーエムシー技術開発株式会社の菱川幸雄氏,河邊憲次氏に深く感謝致します。

文　献

1) 宮崎修一,佐久間俊雄,渋谷壽一郎編,形状記憶合金の特性と応用展開,シーエムシー出版,233 (2001)
2) 長田義仁編,ソフトアクチュエータ開発の最前線,エヌティーエス,365 (2004)
3) G. Lim, K. Park, K. Minami, and M. Esashi, *Sensors and Actuators A*, **56**, 113 (1996)
4) T. Mineya, T. Mitsui, Y. Watanabe, S. Kobayashi, Y. Haga, and M. Esashi, *Sensors and Actuators A*, **97-98**, 632 (2002)
5) 山家智之,白井泰之,福井康博,阿部裕輔,増澤徹,岡本英治,公開特許2010-154892 (2010)
6) 長田義仁,梶原莞爾,ゲルハンドブック,エヌティーエス,494 (1997)
7) 吉田亮,高分子先端材料 One Point 2 高分子ゲル,共立出版,85 (2004)
8) 柴山充弘,梶原莞爾,高分子ゲルの最新動向,シーエムシー出版,3 (2004)
9) T. Okano, N. Yamada, M. Okuhara, H. Sakai, and Y. Sakurai, *Biomaterials*, **16**, 297 (1995)
10) T. Yoshida, T. Aoyagi, E. Kokufuta, T. Okano, *J. Polym. Sci., Part A, Polym. Chem.*, **41**, 6, 779 (2003)
11) 元島栖二,驚異のヘリカル炭素,シーエムシー技術開発,70 (2007)
12) N. Tsubokawa, *J. Jpn. Sci. Colour Mater.*, **80**, 26 (2007)
13) T. Lui, R. Casadio-Portilla, J. Belmont, K. Matyjaszewski, *J. Polym. Sci. : PartA : Polym. Chem.*, **43**, 4695 (1995)
14) G. Wei, K. Fujiki, H. Saito, K. Shirai, N. Tsubokawa, *Polym. J.*, **36**, 4, 316 (2004)
15) N. Tsubokawa, *Polym. J.*, **37**, 9, 637 (2005)

16) H. Wakai, T. Shinno, T. Yamauchi, and N. Tsubokawa, *Polymer*, **48**, 1972 (2007)
17) H. Furukawa, K. Horie, R. Nozaki, M. Okada, *Phys. Rev. E.*, **68**, 031406 (2003)
18) T. Fukushima, K. Asaka, A. Kosaka, T. Aida, *Angew. Chem. Int. Ed.*, **44**, 2410 (2005)
19) 大武美保子, 日本ロボット学会誌, **24**, 4, 460 (2006)
20) T. Fujigaya, T. Morimoto, Y. Niidome, and N. Nakashima, *Adv. Mater.*, **20**, 3610-3614 (2008)
21) T. Matsuda, "Cancer Treatment by Hyperthermia, Radiation and Drugs", Taylor & Francis, 1 (1993)

第4章　光駆動ゲルアクチュエータ

須丸公雄[*1], 高木俊之[*2], 杉浦慎治[*3], 金森敏幸[*4]

1 はじめに

　光は，対象に対して局所的・遠隔的・即時的に作用させることができるため，多数の微小な対象を独立かつ並列的に制御することのできる極めて強力な制御手段であり，この特徴を活用した制御技術が幾つか開発されている。例えば，光ピンセットは，高倍率の対物レンズで絞り込んだ光を直接作用させて，周囲との異なる屈折率を有する微小な物体をレンズの焦点位置に捕捉する技術であり[1]，浮遊細胞の操作に応用する検討が進められている[2]。また，パルスレーザーの照射により，細胞を選択的に死滅させたり，細胞膜の特定箇所に穴を空けたり，基材に接着している細胞を剥離したりする技術が開発され，そのための装置が製品化されるに至っている[3,4]。さらに最近では，光照射に応答して蛍光強度が変化するタンパク質[5,6]や生理活性を発現する化合物（ケージド化合物）[7,8]が，細胞や組織の働きを解析する手段として盛んに用いられるようになってきている。

　しかしながら，光を直接作用させて操作するこれらの手法は，その操作対象自体に光に対する何らかの感受性が備わっていることが前提条件となってしまう。そこで筆者らは，基本的にそのような性質を持たない対象を，光応答性を有する材料，即ち，「光」という制御入力を「物性の変化」に変換（翻訳）する材料を介して操作するスキームを提案，フォトクロミック色素を組み込んだウェットでソフトな光応答性材料とその応用技術の開発を進めている。本章では，酸性水溶液中において可視光照射に応答して素早く収縮し，暗所下で元の状態に戻るスピロピラン修飾ハイドロゲルの構造と物性，および光駆動アクチュエータとしての微小システムの光自在制御への応用検討について述べる。

[*1] Kimio Sumaru　㈱産業技術総合研究所　幹細胞工学研究センター　主任研究員
[*2] Toshiyuki Takagi　㈱産業技術総合研究所　幹細胞工学研究センター　主任研究員
[*3] Shinji Sugiura　㈱産業技術総合研究所　幹細胞工学研究センター　主任研究員
[*4] Toshiyuki Kanamori　㈱産業技術総合研究所　幹細胞工学研究センター　研究チーム長

2　光応答収縮ゲルの構造と物性

1980年代以降，様々な光応答性のゲルの開発が報告される中で[9,10]筆者らは，スピロピランで修飾したポリ（N-イソプロピルアクリルアミド）（pNIPAAm）からなるハイドロゲルが，pH＝4以下の酸性水溶液中において，20℃から30℃の温度範囲で，顕著な光応答収縮を示すことを見出した[11,12]。暗所下において溶液中のスピロピラン残基は，そのほぼ全てが開環化・プロトン化し，鮮やかな黄色を呈する一方で，波長400-460nmの青色光を照射すると，色素残基がプロトン解離を伴って閉環化して無色となる[13,14]。荷電状態が変化することに加え，こうした変化がほぼ全てのスピロピラン残基において引き起こされるため，色素導入率がモノマー比でわずか1mol％程度であるにもかかわらず，pNIPAAm主鎖の水和環境に大きな変化を及ぼし，顕著な光応答性脱水和が誘起され，元の体積の30％にまで素早く収縮する。その後暗所下で放置すると，色素の自発的な再開環化・プロトン化によって，徐々に元の水和膨潤状態に戻り，同様の光応答収縮を繰り返し行える（図1）。これほど素早く顕著な体積変化を，可視光照射によって可逆的に誘起できるハイドロゲルは他に報告例がなく，光で自在に制御可能なウェットでソ

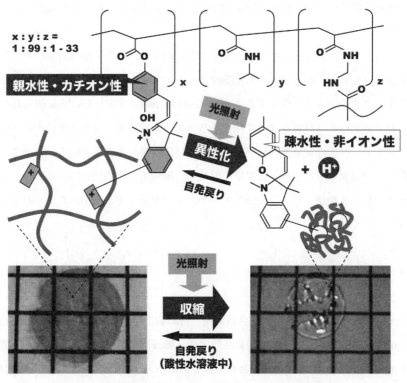

図1　光応答収縮ゲルの構造と光照射による収縮の様子

第4章 光駆動ゲルアクチュエータ

フトなシステムを構築する上で，有用な構成材料となることが期待される。以下では，この優れた光一体積変換機能を，新しい光駆動アクチュエータとして応用すべく，筆者らが現在までに行ってきた実験的検討について紹介する。

3 ロッド状ゲルアクチュエータの光屈曲制御

まず，上記光応答収縮ゲルを直径0.5mmのガラス管内で調製することで，ロッド状のゲルアクチュエータを作製，酸性水溶液中で一方の端を保持した状態で，ロッドの側面の一方向から1秒間，青色光照射を行った。その際のロッド状ゲルアクチュエータの形状変化を写真1に示す。非対称に光が照射されることにより(写真1a)，開環プロトン化色素の閉環率の分布も非対称となり，非イオン性で疎水性の閉環色素が多い部分でゲルが大きく収縮する一方で，光が直接照射されない側面のゲルはほぼそのままの膨潤率を保つ。その結果ゲルロッドは，照射された方向に速やかに屈曲し始め(b)，照射停止後もしばらく保持される非対称な閉環率分布によって引き続き屈曲し続け(c)，1分経過するまでに先端は1周半回転し，内径1mm程度のループを形成した(d)。

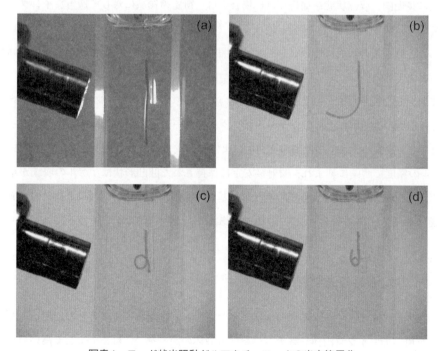

写真1 ロッド状光駆動ゲルアクチュエータの光応答屈曲
(a)照射開始直後（照射時間：1秒），(b)照射開始から5秒後，(c)照射開始から20秒後，(d)照射開始から60秒後。

わずか1秒の光照射によって，非常に大きな変形を遂げるこの特性は，色素が元の状態に自発的に戻るタイムスケールが長く，照射時の閉環率分布がその間保持（メモリー）されることによるが，その結果として，ゲルアクチュエータの光駆動が一方向のみの制御となってしまう。この点について筆者らは，スピロピラン色素の構造を改変することにより，戻り速度を大幅に短縮，これを用いて，光照射している間のみ屈曲，照射をやめると屈曲を停止，しばらく放置すると戻り始めるロッド状ゲルアクチュエータが調製できることを確認している。

4 シート状ゲルアクチュエータへの微小パターン照射による表面形状制御

さらに筆者らは，上で述べた光応答収縮ゲルを用いて，サブミリスケールの材料形状を光で即時的に制御する技術の検討を行った[12]。まず，メタクリル基を表面に有するガラス基板上での in situ 重合により，シートの片面はガラス基板の表面に固定された厚さ250μmのシート状光駆動ゲルアクチュエータを調製した。局所領域に光照射を行うと，シートの厚さは照射された領域で急速に減少し始め，それから数分の間元の約半分にまで減少，その後10分程度収縮状態を安定に保持した後，色素が自発的に元の構造に戻るのに伴い，約2時間かけて元の厚さまで回復した。さらに長期間，収縮状態を保持したい場合には，所定の領域に対して適当なインターバルで光照射を繰り返すか，連続的に照射し続けるか（この場合，光強度はかなり低くてよい）すればよい。また，回復後の表面に再びパターン光を照射することにより，全く異なる形状を同じ個所に刻むこともできる。

独自に開発した微小パターン光照射装置を用いて，所定の微小パターンで光照射を行った結果，わずか1秒程度の光照射によって，シート状アクチュエータの表面に明瞭な微小凹凸レリーフが刻まれることが確認された。多階調の光照射によって形成された微小レリーフ像を写真2に示す。μmレベルの精度で明確に刻まれ，照射後安定に保持された凹凸形状は，ゲルの収縮が単なる光熱変換（「ヒートモード」）による熱的相転移に基づくものではなく，スピロピランの光異性化に基づく純粋な「フォトンモード」のプロセスであることを明らかに示している。

5 マイクロ流路の光制御への応用

シート状ゲルアクチュエータの表面形状がオンデマンドに制御できることの応用として筆者らは，これを用いてマイクロ流体システムにおける液体の流れを，これまでになく高い自由度で光制御するスキームの提案，2次元平面内の任意の経路に沿って流路を即時形成する技術を開発した[15]。原理を図2に示す。この技術を実現するシステムは，ガラス基板上に固定化された上述の

第4章　光駆動ゲルアクチュエータ

写真2　多階調パターン光照射によってシート状光駆動ゲルアクチュエータ表面に即時形成した微小レリーフ

シート状アクチュエータの上面に，複数の注入ポートと排出ポートを備えたガラス面を密着，2枚のガラス基板の間にゲルシートが挟まれた構造となっている（①）。これに，任意の注入ポートと排出ポートを結ぶ任意の経路に沿って光を照射すると（②），照射域でゲルが局所的に収縮して流路を形成，注入ポートから供給された液が排出ポートに導かれる（③）。

このような構造を有するシステムを作製して検討した結果，注入ポートから所定の圧力で試料溶液を供給した状態で，排出ポートに導く任意の経路に沿って局所的に光照射を行うと，照射域でのゲルの収縮に伴って即時的に流路が形成され，それに沿ってラテックス分散液が導かれることが実際に観察された（図2下）。光応答収縮ゲルの光－体積変換機能に基づくこのスキームは，任意の経路，太さ（流路抵抗），形状の流路を，外部からの光照射によって任意のタイミングで自在に指定することが可能であり，自由度の高い物質移動制御の手段を提供することが強く示唆された。

上述の通り，ゲルの光応答収縮は純粋なフォトンモードで駆動されるので，集積度の高いシステムにおいて多数のバルブを同時に操作しても，近接するバルブ同士が熱的に干渉するおそれがない。1cm角の領域に10個の光応答性バルブを組み込んだ最近の検討においても，それらを独立に光制御できることが実際に確かめられている[15]。

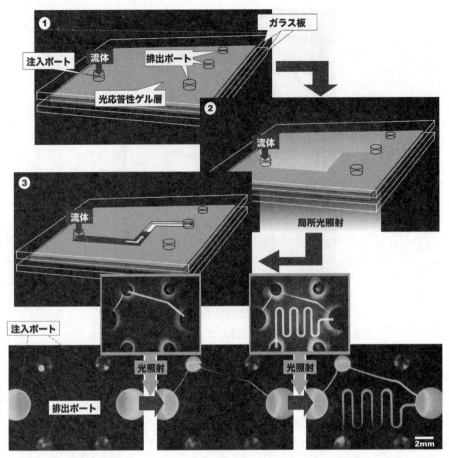

図2 シート状光駆動ゲルアクチュエータで構成されるマイクロ流体制御システムにおける即時的自在流路形成

6 おわりに

　光応答性ポリマー材料を介して微小な対象を光制御する別の試みとして筆者らは，培養細胞を光で精密に操作する基材を独自に開発，上述の微小パターン照射システムを用いて，細胞の高次機能を引き出すためのパターン共培養系の構築や，接着状態にある細胞の顕微鏡観察下でのオンデマンドな分別を，基材の細胞接着性の光制御によって行う技術が開発されるに至っている[16〜18]。

　冒頭で述べた通り光は対象に対して局所的・遠隔的・即時的に作用させることができる唯一の制御手段であり，それによって駆動できるこれら新しい光応答性ポリマー材料は，IT技術との高いコンパチビリティを備えたソフトでウェットなマイクロ制御システムを実現する上で，有望なキーマテリアルとなることが大いに期待される。

第4章　光駆動ゲルアクチュエータ

【謝辞】

　スピロピランモノマーの合成，光応答ゲルロッドの調製および特性解析は，㈱産業技術総合研究所幹細胞工学研究センターの佐藤琢博士研究員，光応答ゲルシートの調製および応用検討は，ブダペスト経済工科大学のAndras Szilagyi博士の協力のもと，科研費（No.20350110）の助成を受けて行われました。また，微小パターン光照射システムの開発は，エンジニアリングシステム株式会社代表取締役・柳沢真澄氏と共同で，科学技術振興機構（JST）大学発ベンチャー創出推進事業（平成17年度採択課題）の助成を受けて行われました。関係諸氏にここで深く感謝致します。

文　献

1) A. Ashkin: *Phys. Rev. Lett.*, **24**, 156（1970）
2) A. Ashkin, J. M. Dziedzic: *Proc. Natl. Acad. Sci. USA.*, **86**, 7914（1989）
3) Y. Hosokawa, J. Takabayashi, C. Shukunami, Y. Hiraki, H. Masuhara: *Appl. Phys. A.*, **79**, 795（2004）
4) M. R. Koller, E. G. Hanania, J. Stevens, T. M. Eisfeld, G. C. Sasaki, A. Fieck, B. O. Paisson : *Cytometry*, **61A**, 153（2004）
5) R. Ando, H. Mizuno, A. Miyawaki: *Science*, **306**, 1370（2004）
6) R. Ando, H. Hama, M. Yamamoto-Hino, H. Mizuno, A. Miyawaki: *Proc. Natl. Acad. Sci. U S A.*, **99**, 12651（2002）
7) 船津高志: 生物物理, **35**, 43（1995）
8) 古田寿昭: バイオインダストリー, **23**, 58（2006）
9) M. Irie, D. Kunwatchakun : *Macromolecules*, **19**, 2476（1986）
10) A. Mamada, T. Tanaka, D. Kungwatchakun, M. Irie : *Macromolecules*, **23**, 1517（1990）
11) K. Sumaru, K. Ohi, T. Takagi, T. Kanamori, T. Shinbo: *Langmuir*, **22**, 4353（2006）
12) A. Szilagyi, K. Sumaru, S. Sugiura, T. Takagi, T. Shinbo, M. Zrinyi, T. Kanamori: *Chem. Mater.*, **19**, 2730（2007）
13) K. Sumaru, M. Kameda, T. Kanamori, T. Shinbo : *Macromolecules*, **37**, 4949（2004）
14) K. Sumaru, M. Kameda, T. Kanamori, T. Shinbo : *Macromolecules*, **37**, 7854（2004）
15) S. Sugiura, A. Szilagyi, K. Sumaru, K. Hattori, T. Takagi, G. Filipcsei, M. Zrinyi, T. Kanamori: *Lab Chip*, **9**, 196（2009）
16) K. Kikuchi, K. Sumaru, J. Edahiro, Y. Ooshima, S. Sugiura, T. Takagi, T. Kanamori: *Biotechnol. Bioeng.*, **103**, 552（2009）
17) Y. Tada, K. Sumaru, M. Kameda, K. Ohi, T. Takagi, T. Kanamori, Y. Yoshimi: *J. Appl. Polym. Sci.*, **100**, 495（2006）
18) J. Edahiro, K. Sumaru, Y. Tada, K. Ohi, T. Takagi, M. Kameda, T. Shinbo, T. Kanamori, Y. Yoshimi: *Biomacromolecules*, **6**, 970（2005）

第5章 イオン導電性高分子アクチュエータ

菊地邦友[*1], 安積欣志[*2], 土谷茂樹[*3]

1 はじめに

イオン導電性高分子アクチュエータ（Ionic Polymer Metal Composite（IPMC）or Ionic Conducting Polymer Gel Film（ICPF））は，高分子電解質ゲル（イオン導電性高分子）に電極を接合した構造をしており，3V以下の低電圧で大きく屈曲変形するアクチュエータである[1~4]。図1に示すように，接合体の電極間に電圧を加えると，カウンターイオンの流れに伴う電気浸透流による体積変化と，電極に吸着したイオンによって発生する浸透圧及び静電気力が，駆動力となって屈曲変形する。その優れた応答性，材料耐久性，また微細加工可能性も含めた加工性から，ソフトアクチュエータあるいはマイクロアクチュエータとして，様々な用途への応用が期待されている。本章では，そのイオン導電性高分子アクチュエータの作製・加工・評価法，および，高分子電解質ゲルの溶媒が水の場合の水系IPMCアクチュエータの特性・モデル，さらに，空中駆動を目的とした溶媒がイオン液体の場合のイオン液体系IPMCアクチュエータの特性・モデルについて解説する。

2 イオン導電性高分子アクチュエータの作製・加工，評価法

2.1 作製・加工法

イオン導電性高分子アクチュエータの基本構造は，高分子電解質ゲル（イオン導電性高分子，固体高分子電解質ゲル）に電極を接合した接合体である。その構成材料については，多くの可能性が検討されてきた[1~4]。現在のところ，高分子電解質ゲルとしてはフッ素系イオン交換樹脂，電極としては金を用いている場合が多い。

フッ素系イオン交換樹脂は，テトラフルオロエチレンにパーフルオロビニルエーテルを共重合

[*1] Kunitomo Kikuchi　和歌山大学　システム工学部　光メカトロニクス学科　助教
[*2] Kinji Asaka　㈱産業技術総合研究所　健康工学研究部門　人工細胞研究グループ
　　　　　　　　研究グループ長
[*3] Shigeki Tsuchitani　和歌山大学　システム工学部　光メカトロニクス学科　教授

第5章　イオン導電性高分子アクチュエータ

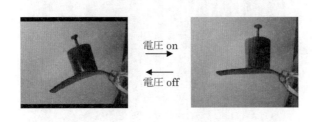

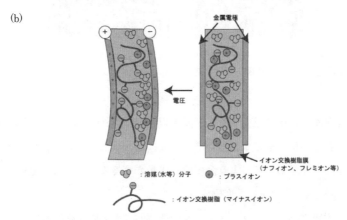

図1　(a)イオン導電性高分子アクチュエータ（ナフィオン／金接合体）が10gの分銅をのせて駆動している写真，(b)イオン導電性高分子アクチュエータの構造と電圧に対する変形の模式図

し，スルホン酸基やカルボン酸基のイオン交換基（荷電基）を導入して作製される。Dupontのナフィオン，旭化成のアシプレックス，旭硝子のフレミオンなどの製品がある。このうち，容易に入手可能な市販品は，ナフィオンである。既製の成膜品として，さまざまな厚み（乾燥厚み：25～254mm，イオン交換容量：0.90meq/g以上）のものが市販されている。また，ナフィオン分散溶液，熱可塑性の前駆体（イオン交換基がトリフルオロカーボンのもの）のビーズが市販されており，任意の厚みのフィルムや，チューブ・ロッドなどのさまざまな形状のイオン交換樹脂を成型することができる。これらの膜，あるいは複雑な形状に成型したイオン交換樹脂表面に電極を接合することにより，イオン導電性高分子アクチュエータが作製される。

イオン交換樹脂表面への電極の接合には，無電解めっき法が用いられる[1〜5]。はじめに，サンドブラスト法などにより樹脂表面を粗化し，表面積を大きくする。これは，めっき金属のはがれ強さを強くするために行う。次に，接合したい金属の錯体溶液（金の場合，金フェナントロリン錯体）中に12時間以上浸漬し，イオン交換によって錯体を樹脂内に吸着させる（吸着工程）。そ

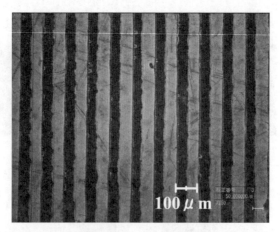

図2 フォトリソグラフィー技術を用いたフッ素系イオン交換膜（ナフィオン）への金電極パターン形成例 – 使用マスク：テストパターン（L/S＝50μm/50μm）

の後，適当な還元剤水溶液中で還元する（還元工程）。還元条件（還元剤，温度，pHなど）を適当に設定すれば，接合強度の強い金属層が樹脂表面に還元析出される。これら吸着・還元工程を数回繰り返す，または化学めっきにより金属層を成長させることにより，電極に用いるに十分抵抗が低い金属層（数十Ω/□以下）を形成する。

作製したイオン導電性高分子アクチュエータの機械的・電気的な応答特性は，内部のカウンターイオン種によって大きく異なる。このイオン種の交換は，交換したいイオンを含む溶液中にイオン導電性高分子アクチュエータを12時間以上浸漬することで行うことができる。これまでのイオン導電性高分子アクチュエータでは，カウンターイオンとしてNa^+やLi^+のような金属カチオンが用いられていたため，イオン導電性を得るために水で膨潤した状態での駆動に限定されていた。近年は，常温で液体であるイオン液体（常温溶融塩）をIPMCに含有させる研究も行われており，これにより空気中駆動が可能[6,7]であることも報告された。

最近では，フォトリソグラフィー技術やエッチング技術など微小電気機械システム（Micro Electromechanical Systems：MEMS）の作製に用いられる微細加工技術を応用したイオン交換樹脂の加工・成形[8]や電極のパターン化[9]が試みられており，複雑な形状のイオン導電性高分子アクチュエータの作製が試みられている。図2は，フォトリソグラフィー技術を応用して，フッ素系イオン交換膜上に金電極パターン（電極幅：約50μm）を形成した例である。イオン交換膜をフォトレジストパターンでカバーした後，無電解金めっきを行った。

2.2 評価法[1,3,4]

イオン導電性高分子アクチュエータの評価では，主に機械的特性と電気化学的特性の評価が行

第5章　イオン導電性高分子アクチュエータ

われる。前者の機械的特性の評価では，アクチュエータ特性，すなわち屈曲変位量や発生力，およびその応答特性の評価が行われる。また，後者の電気化学的特性の評価では，等価回路を決定するため，交流インピーダンス測定，ボルタンメトリー測定やクロノアンペロメトリー測定が行われる。

アクチュエータの屈曲量および発生力の測定には，アクチュエータに電圧を印加しながら，(A)レーザ変位計による屈曲量の測定，(B)ロードセルによる発生力の測定，(C)CCDカメラなどを用いた画像解析による屈曲量の測定，などがある。屈曲量と駆動電流を同時に計測すると，両者の関係がわかり，動作機構の考察に好都合である。安価で，比較的正確に測定できるのは，レーザ変位計による屈曲量測定である。

電気化学特性の評価では，ポテンショ/ガルバノスタットやインピーダンスアナライザを用いて交流インピーダンス分析を行い，等価回路の決定やそれに及ぼすイオン種や電極の影響などを評価することにより，動作モデル構築に必要な情報が得られる。

3　水系イオン導電性高分子アクチュエータの特性，モデル

イオン導電性高分子アクチュエータに用いられる高分子電解質ゲルであるフッ素系イオン交換樹脂は，通常，水で膨潤した状態でイオン伝導等が十分大きくなる。したがって，アクチュエータ性能も，水で膨潤した状態で，もっとも優れた性能が得られる。また，2節で述べたように，フッ素系イオン交換樹脂の特性はカウンターイオンの種類に大きく依存し，アクチュエータ性能もカウンターイオンの種類に依存する。一般的に，親水性のイオンほど，含水率が大きく，またイオン導電率も大きい[10]。

図3は異なるカウンターイオンのイオン導電性高分子アクチュエータにステップ電圧を加えたときの変位応答である[3]。すべてのイオンの場合で，アクチュエータは正極側に屈曲変形し，その後，負極側へのゆれ戻しがみられる。図3からわかるように，ナトリウムやリチウムのような親水性のイオンの方が，電圧を加えた時の立ち上がり応答が速い。これは，イオン導電率が親水性のイオン程大きく，カウンターイオンの分極速度が速いためである。また，変形の立ち上がりの大きさは，イオンの電気浸透量に比例することが分かっている[11]。例えば，フッ素系イオン交換樹脂において，電気浸透量が非常に大きい，4級アンモニウムカチオンをカウンターイオンとして用いると変形量が極めて大きいアクチュエータを得ることが可能となる[12]。一方，その後，電圧を加え続けた際の，変位のゆれ戻しについても，親水性のイオンほど，大きいことが分かる。ゆれ戻し現象は，様々な要因が重なっていると考えられるが，高分子電解質ゲルが屈曲変形したことによる静水圧によって，電気浸透流によって移動した水の逆移動が生じることが大きな原因

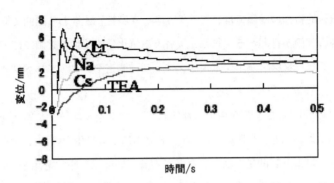

図3 カウンターイオンがリチウム (Li), ナトリウム (Na), セシウム (Cs), テトラエチルアンモニウム (TEA) の場合のナフィオン／金接合体イオン導電性高分子アクチュエータにステップ電圧を加えた場合の変位応答

と考えられる[11]。ゆれ戻し速度のイオン種による差は、ゲル変形の速度論による詳細な解析によって、理解されている[13]。他に、金電極あるいは白金電極の酸化反応による体積変化によって発生する応力により負極側への屈曲応答が発生するという考え方[14]や、次節で述べるイオン液体系では、マイナスイオンが動きうるイオンとして存在するので、電極層内におけるプラスイオンとマイナスイオンの分極速度の差における体積変化速度の差としてとらえる考え方[15]等がある。

アクチュエータ性能に影響を与える要因としては、カウンターイオン種以外に、用いるフッ素イオン交換樹脂の種類、接合金属種あるいはその量等がある。フッ素イオン交換樹脂としてはナフィオン以外では、カルボン酸系のフレミオンが詳細に調べられている。フレミオンはイオン交換容量が大きく、同じカウンターイオン種では、含水量も大きくなるので、変形量が大きいアクチュエータを得ることができる。また、すでに述べたように、アクチュエータの応答性は、導電性に比例することから、導電性の高い電極を用いる必要があり、その意味でも金、白金を十分量、接合する技術が重要となる。

4 イオン液体系イオン導電性高分子アクチュエータの特性，モデル

水系イオン導電性高分子アクチュエータは、水での膨潤のもとで動作が可能であった。このため、新たな反応溶媒として期待されているイオン液体を溶媒として、イオン導電性高分子アクチュエータ内部に取り込ませ、空気中でも駆動させることが提案された。水系アクチュエータで金属カチオンを用いた場合、空気中では長くても数分で動作しなくなるが、イオン液体を含有したものでは約180分以上の空気中駆動が実現できることが報告されている[6,7]。イオン液体は、蒸気圧がほとんどゼロ、難燃性、イオン性であるが低粘度、高い分解電圧、といった特徴がある。

第5章　イオン導電性高分子アクチュエータ

イオン導電性高分子アクチュエータに用いられる代表的なイオン液体として，図4に示す1-エチル-3-メチルイミダゾリウムテトラフルオロボーレート（EMIBF$_4$）や1-ブチル-3-メチルイミダゾリウムテトラフルオロボーレート（BMIBF$_4$）などがある。

これらイオン液体を溶媒としたイオン液体系イオン導電性高分子アクチュエータは空気中で動作可能である一方，屈曲特性が動作環境の湿度に影響を受けることも報告されている[16]。図5は，EMIBF$_4$水溶液中でイオン液体を含有させたナフィオンベースのイオン導電性高分子アクチュエータのステップ電圧（1.0V）印加に対する屈曲曲率，および駆動電流応答の湿度依存性の例であ

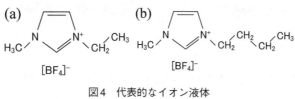

図4　代表的なイオン液体
(a)EMIBF$_4$，(b)BMIBF$_4$。

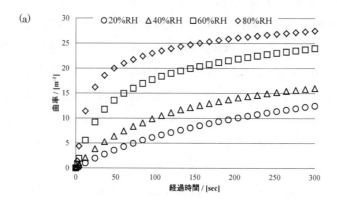

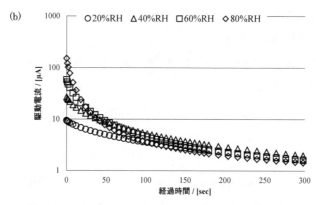

図5　ステップ電圧（1.0V）印加に対するイオン液体系イオン導電性高分子アクチュエータ（EMIBF$_4$）の変形の曲率変化量(a)と駆動電流応答(b)の湿度依存性

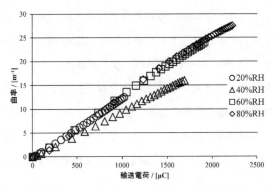

図6 ステップ電圧印加に対するイオン液体系イオン導電性高分子アクチュエータ（EMIBF$_4$）の変形の曲率変化量と駆動電流応答の湿度依存性

る。

相対湿度が高い環境で動作させた方が，屈曲曲率，駆動電流ともに大きくなることがわかった。これは，アクチュエータ素子が空気中の水分を吸着することで，基材であるイオン交換樹脂の伝導度が向上するとともに，その剛性（ヤング率）が低下したためと考えられる。

また，水系アクチュエータの場合と同様，正極側に屈曲したが，水系アクチュエータに比べ動作速度は遅かった。これは，イオン液体を構成するイオンのサイズが水分子のそれに比べて大きい（EMI$^+$の半径：0.33nm[17]，水分子の半径：0.15nm）ためであると考えられる。しかし，水系アクチュエータでは高分子内の圧力勾配による水の流れにより変位の負極側へのゆれ戻し現象が見られるが，空気中駆動のイオン液体系アクチュエータでは同現象は見られなかった。これは，同アクチュエータには若干の吸着水が含まれているものの，その影響は水系アクチュエータにおける水の影響ほど大きくないためであると考えられる。

図6は，屈曲曲率と電極に充電された電荷量の関係に対する湿度依存性の例である。充電された電荷量は，測定した駆動電流を積分することにより求められた。図からわかるように，屈曲曲率は充電電荷量にほぼ比例し，湿度の影響は小さいことがわかる。このことは，水系アクチュエータと同様，イオン液体系アクチュエータでは駆動電流の振る舞いが，そのアクチュエータ動作を決定することを示している。

5　まとめ

以上述べたように，イオン導電性高分子アクチュエータは，水中，空中，様々な環境下で用いることができ，様々な形状に容易に加工でき，複雑な動きをさせることが可能な低電圧駆動アクチュエータである。他のアクチュエータと比較して，決して大きなパワーが取れるわけではない

第5章　イオン導電性高分子アクチュエータ

が，きわめてユニークな特徴を有している．この特徴を生かすことで，今までにないマイクロアクチュエータや医療デバイス，あるいは生体模倣ロボットへの応用が開けることが期待される．

文　　献

1) 安積欣志，ソフトアクチュエータ開発の最前線（長田義仁編著），p.79，エヌ・ティー・エス（2004）
2) 大西和夫，ソフトアクチュエータ開発の最前線（長田義仁編著），p.96，エヌ・ティー・エス（2004）
3) K. J. Kim, Electroactive Polymers for Robotics Applications, K. J. Kim, S. Tadokoro Eds. Springer, p. 153（2007）
4) K. Asaka, K. Oguro, Biomedical applications of electroactive polymer actuators, F. Carpi, E. Smela（Eds.）, A John Wiley and Sond, Ltd, p. 103,（2009）
5) N. Fujiwara *et al.*, *Chem. Mater.*, **12**, 1750（2000）
6) M. D. Bennett *et al.*, *Sensors and Actuators A: Phys.*, **115**, 1, 15, 79（2004）
7) K. Kikuchi *et al.*, *J. Appl. Phys.*, **106**, 5, 053519（2009）
8) Z. Chen *et al.*, Proc. SPIE, 7642, 76420X（2010）
9) K. Kikuchi *et al.*, IEEJ Transactions on Electrical and Electronic Engineering（TEEE）, 3, 7, 452（2008）
10) K.Asaka *et al.*, *J. Electroanal. Chem.*, **505**, 24（2001）
11) K.Asaka *et al.*, *J. Electroanal. Chem*, **480**, 186（2000）
12) K.Onishi *et al.*, *Electrochim. Acta*, **46**, 1233（2001）
13) T. Yamaue *et al.*, *Macromolecules*, **38**, 1349（2005）
14) D. Kim, K. J. Kim, Proc. SPIE, Vol. 6524, 65240A（2007）
15) Y. Liu *et al.*, Proc. SPIE, Vol. 7642, 76421A（2010）
16) K. Kikuchi *et al.*, Proc. of ICCAS‐SICE 2009, 4747（2009）
17) A. P. Abbott *et al.*, *Phys. Chem. Chem. Phys.*, **8**, 4265（2006）

第6章 導電性高分子ソフトアクチュエータ

金藤敬一*

1 はじめに

　人工筋肉（ソフトアクチュエータ）は，将来モータに代わるロボットの駆動装置として開発が期待されている。家電，情報機器などを支えるエレクトロニクスが発達しているとは言え，筋肉のように柔軟に伸縮する駆動装置は実用化されていない。今のロボットの駆動装置は殆どがモータである。その理由は高いエネルギー変換効率，高出力と高い制御性である。産業用ロボットは正確で高速が必須であるが，介護など人と接するロボットは静かで人間親和性が高い。未来の福祉ロボットには，ソフトアクチュエータが不可欠である。モータは100年ほどで発達してきたが，筋肉は20－30億年かかっている。それも自然にできてきたということは，生命体の驚異である。

　アクチュエータは材料そのものが熱，光，電気，溶媒などの刺激によって形状が変化するもので，伸縮，膨潤・収縮，屈伸，およびヒネリの形状変化に分類される[1]。最近，ピエゾ素子，形状記憶合金などのアクチュエータを用いて，カメラ，インクジェットプリンター，産業用ロボットや医療機器などが開発されている。ピエゾ素子は高速で高精度の位置制御が可能であるが，高電圧による駆動で動伸縮率は1％以下である。形状記憶合金は，温度変化による相転移を用いるため，加熱と放熱で応答速度に問題があり伸縮率も数％以下である。電気刺激によって駆動するポリマーやゲルを用いた柔軟で大きい変位を示すソフトアクチュエータはElectro Active Polymers（EAP）と呼ばれ30年ほど前から研究が始められた。しかし，駆動環境，発生力，応答速度，繰り返し寿命など多くの問題があり，まだ実用化に至っていない。

　ソフトアクチュエータには，誘電エラストマー，電気泳動によるヒドロゲル，イオン伝導体と金属電極の複合によるIonic Polymer and Metal Composite（IPMC），ポリマーゲル，およびカーボンナノチューブなど各種のポリマー材料が使われている。ここでは導電性高分子を用いたソフトアクチュエータの負荷依存性，学習効果などについて，最近の研究成果を中心に解説する。詳細な原理や測定方法についてはすでに紹介[2]されているので割愛する。

＊　Keiichi Kaneto　九州工業大学　大学院生命体工学研究科　教授

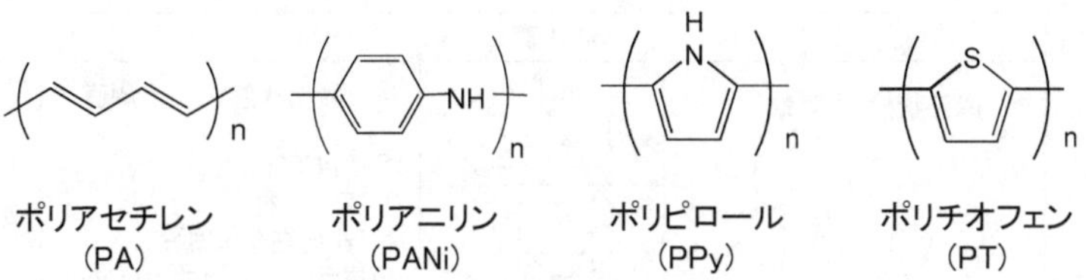

第6章 導電性高分子ソフトアクチュエータ

ポリアセチレン　ポリアニリン　ポリピロール　ポリチオフェン
　(PA)　　　　　(PANi)　　　　(PPy)　　　　　(PT)

図1　典型的な導電性高分子

2　導電性高分子の電解伸縮

典型的な導電性高分子は図1に示すポリアセチレン（PA），ポリアニリン（PANi），ポリピロール（PPy），ポリチオフェン（PT）などがある。比較的緩い環境で安定に動作できる材料はPANiとPPyである。

いずれもπ電子による二重結合と一重結合が交互（結合交替）に一次元に連なったポリマーである。π電子の結合交替による最高被占準位（HOMO）と最低空準位（LUMO）の差（バンドギャップ）は1〜3eVとシリコンなどの無機半導体より広い。ポリアセチレン（PA）を除いてモノマーを酸化重合して得られる。PAは大気中では酸素や水によってすぐに劣化するので，電解伸縮については調べられていない。ポリピロール（PPy），ポリアニリン（PANi），ポリチオフェン（PT）は電解重合によって，強靱なフィルムが得られる。生成物は図2に示すように負イオンを取り込んだ酸化状態で，π電子が広がるため分子は剛直になり電導度は数〜数100S/cm以上の高い値である。酸化状態では，負イオンはポラロン（バイポラロン）と静電引力で引き合いイオン架橋を形成するので，更に硬くなる。還元によってイオン架橋は消滅し，フィルムは柔軟になる。

電解重合に用いる負イオンが小さい場合，電解伸縮にアニオンが出入りするのでアニオン駆動型になる。一方，負イオンがドデシルベンゼンスルフォン酸（DBS）のように大きい分子では，フィルム内に閉じ込められて，還元しても外に出ることはできず，代わりに電解液中の正イオンがフィルムに出入りするカチオン駆動型となる。いずれの駆動型になるかは条件によって異なるが，概して長鎖アルキルなど，長いイオン分子がカチオン駆動型となる。

これまで調べられてきた主な導電性高分子の重合条件と電解伸縮特性を表1に示す。PPyは電解重合によって，良質で強靱なフィルムが得られ，また，電解液として水系では広いpH領域（1＜pH＜9）や非水系でも安定して動作するのでソフトアクチュエータの代表格として最もよく研究されている[3〜6]。PANiは原料が安価で化学重合によって得られ，有機溶媒に可溶で成形が容易にできることから，研究例も多い[7]。しかし，水系電解液では強酸中（pH＜3）での動作であるため，実用化では不利である。PTは非水系溶媒での駆動で，また，動作が非常に不安定[8]

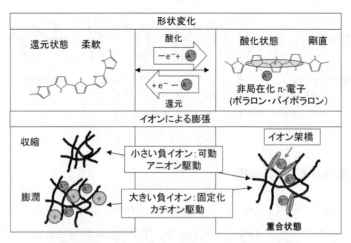

図2 導電性高分子の酸化還元による形状変化とイオンの出入り

表1 主な導電性高分子の重合条件による電解伸縮特性

導電性高分子	駆動電解液		伸縮率 (%)	発生力 (MPa)	合成条件	文献
PPy	TBATFSI/H_2O		26.5	6.7	Electrodep. TBATFSI/MB	[3]J. Mat. Chem. 14 (2004) 1516
	NaPF$_6$/H_2O		12.4	22	Electrodep. TBACF$_3$SO$_3$/MB	[4]Polym. J. 36 (2005) 151
	LiCl/H_2O		4.9	5	Electrodep. DBS/H_2O	[5]Bioins. Biomim. 2 (2007) S1
	NaCl/H_2O		0.4	-	Electrodep. PSS/H_2O	[6]Bioins. Biomim. 3 (2008) 035005
PANI	HCl/H_2O		6.7	-	Chemical	[7]Electrochim, Acta, 49 (2004) 4239
PAT	TBABF$_4$/ CH$_3$CN	R = C$_6$H$_{13}$	3.5	-	Chemical	[8]Mol. Crys. Liq. Crys., 374 (2007) 523
		R = C$_{12}$H$_{25}$	1.7	-		

なので研究例は殆どない。

3 電解伸縮の増大化

PPyについては，大きさの異なる負イオンを安息香酸メチル中で電解重合したゲル状のフィルムを用いて伸縮率の増大化の研究[3, 9]がなされ，興味ある結果が得られている。トリフルオロメタンスルホン化イミド（TFSI），及び，その類似分子を系統的に合成したPPyフィルムの表面形状の写真を図3に示す。水やプロピレンカーボネイト（PC）を溶媒に用いると，溶媒をフィ

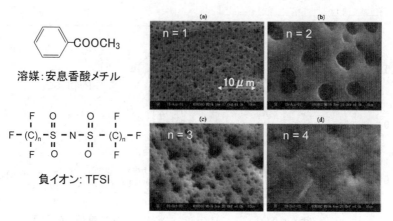

図3 ゲル状導電性高分子（PPy）の電解重合液と負イオンの炭素数と表面形態

表2 TFSIおよびその炭素数の異なる負イオンを用いて電解重合したPPyフィルムを同種の電解液として駆動した電解伸縮の伸縮率および物性

	走引速度 (mV/s)	溶媒	電解重合のLi $(C_nF_{2n+1}SO_2)_2N$			
			n＝1	2	3	4
電解伸縮率（％）	2	水	17	21	12	3.0
	0.2	水	23	29	19	8.4
	2	PC	23	30	35	40
電気化学発生力（MPa）	10		10.5		2.1	1.9
引張強度（MPa）			37		5-10	4-13
電導度（S/cm）			72	46	28	39

ムが取り込みゲル状になり，40％近い大きな電解伸縮率が得られる[9]。特に興味があるのは，表2に示すように，nが同じ大きさのイオンで重合して駆動すると最大の伸縮率が得られる点で，重合に用いた負イオンより，nの小さい負イオンを用いて駆動すると伸縮率はnに依存して大きくなるが，nが重合より大きいイオンを用いて駆動すると伸縮率は極端に小さくなる。このことは，重合時にフィルムの形態が図3のように多孔質化し，TFSIは剛性が高く大きくてもアニオン駆動として動作するものと考えられる。

4 電解伸縮による伸縮率－応力曲線

図4にドデシルベンゼンスルホン酸（H^+DBS^-）を電解液として電解重合したPPy/DBSフィルムの典型的な応力（σ）-歪（ε）曲線を示す。σ-ε曲線はEをヤング率として(1)式の関係から，ヤング率を求めることができる。

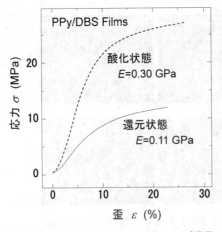 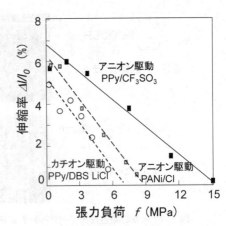

図4 PPy/DBSフィルムの酸化および還元状態での応力-歪曲線

図5 PPyおよびPANiの電解伸縮における伸縮率-張力負荷依存性

$$\sigma = \varepsilon E \tag{1}$$

ヤング率から，明らかに酸化状態が還元状態より約2倍以上の剛直さを持ちまた，破断に至る引っ張り強度（tensile stress）も2倍以上大きい。導電性高分子のヤング率は，他の汎用ポリマー，例えば，低密度ポリエチレンの$E=0.2$Gpaやテフロン（PTFE）の0.5GPaとほぼ同じ程度である。興味ある点は，酸化あるいは還元によってヤング率が変化する点で，世の中に，余り存在しない材料である。さらに，電解伸縮を行っている間は，イオンが流動的に動いているため還元状態より柔らかい状態にある。

図5に電解伸縮による伸縮率（$\Delta l/l_0$）-張力負荷（f Pa/m^2）特性を示す（ここで，l_0はフィルムの元の長さ，Δlは伸縮長）。伸縮率は無負荷時に最大で，張力が増加すると線形に減少する。荷重が増加して，収縮できなくなる最大荷重は発生力（blocking force：f_0）である。

無負荷時の電解伸縮長をΔl_0として，Spinksらは伸縮率の負荷依存性を(2)式で示した[10]。多くの場合，ヤング率は変形の途中で変わるが，簡単のため変わらないと仮定した。

$$\Delta l/l_0 = \Delta l_0/l_0 - f/E \tag{2}$$

機械的な出力エネルギーW_{Mout}は，伸縮率-張力負荷の曲線で囲まれる面積，即ち，(3)式の（Sはフィルムの断面積 m^2）で求められる。その最大値を与える張力負荷は(4)式となり，無負荷の伸縮率が半分，あるいは抗力が半分の負荷のとき，仕事量は最大となる。

$$W_{Mout} = fS\Delta l = fS\Delta l_0 - (fS)^2 l_0/E \tag{3}$$

$$f_{\max}=\Delta l_0 E/(2l_0) \tag{4}$$

図4の還元状態の曲線を左に応力が発生力と同じ7MPaまで平行移動して，グラフを右に90度回転すると，図5とほぼ同じ形になる。このことは電解伸縮による収縮と弾性メカニズムが同じであることを示唆している。

表3にアニオン駆動，カチオン駆動のポリピロールアクチュエータの酸化還元状態の物性と電解伸縮特性を示す。アニオン駆動の場合，収縮過程で電導度が減少，イオン架橋が消滅しながら結果的には収縮して柔らかくなる。また，一方，カチオン駆動では収縮過程で電導度が増加し硬くなるので，自然の筋肉と同じ傾向を持っている。収縮するアクチュエータとして利用する場合はカチオン駆動が適している。表3の$\Delta l_0/l_0$, f_0は図5から求め，E'は曲線の傾きから(2)式に従って評価したヤング率である。実測したヤング率とよく一致する。

電気的な入力エネルギーは，印加電圧（V）と酸化・還元電流（i）の積を時間積分した$W_\mathrm{Ein}=\int Vidt$から求められるので，電気的入力に対する機械的出力のエネギー返還効率（η）は，

$$\eta=W_\mathrm{Mout}/W_\mathrm{Ein} \tag{5}$$

から求めることができる。PPyやPANiの変換効率の負荷依存性を図6に示すように，最も高い変換効率は0.25％で，筋肉の数十％に比べると桁外れに悪い。電解伸縮の場合，酸化過程は電池の充電で，還元は放電となるので，殆どの電気的入力エネルギーは蓄電されており，そのエネルギーが回収されれば，効率は二桁以上高くなることが期待される。

5　ポリアニリンの過荷重下での電解伸縮の学習効果

大きい引張負荷の下で電解伸縮を繰り返すと図7に示すように，クリープが起こる。クリープ

表3　アニオン駆動，カチオン駆動におけるポリピロールの特性 E'＝$f_0/(\Delta l_0/l_0)$

	アニオン駆動　PPy/CF$_3$SO$_3$		カチオン駆動　PPy/DBS	
	電導度 (S/cm)	剛直・柔軟性 (ヤング率：GPa)	電導度 (S/cm)	剛直・柔軟性 (ヤング率：GPa)
酸化状態	伸張　高 (100)	剛 (0.48)	収縮　高 (60)	剛 (0.26)
還元状態	収縮　低	軟 (0.29)	伸張　低	軟 (0.15)
$\Delta l_0/l_0$ (％)	6.8		5.2	
f_0 (MPa)	15.2		7.1	
E' (GPa)	0.22		0.13	

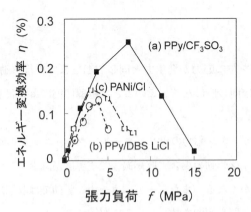

図6　PPyとPANiにおけるエネルギー変換効率の
　　　張力負荷依存性

とは応力に対して材料が弾性変形の域を超えて，不可逆（塑性）変形に至ることで，応力を取り除いても元の形状に戻らない変形である[11,12]。図7(a)に示すように周期的に繰り返される伸縮は電解伸縮で，②～③で1～3MPaの引張荷重をかけるとΔlが引き伸ばされるようすがクリープである。しかし，図7(a)の⑤⑥で示すように荷重を取り除いて電解伸縮を繰り返すとクリープが回復する。また，図7(b)に示すように，矩形波で駆動するとクリープは完全に回復する。クリープには張力による(1)高分子鎖の一軸配向（形状変化），(2)分子間の滑り，および(3)架橋や高分子鎖の切断などの原因がある。クリープが回復することから，クリープの主な原因は高分子の一軸配向によるものと考えられる。回復のメカニズムは分子鎖が一軸配向して伸びていたロッド状態から熱緩和によって元のランダムコイルへ戻るためである。

6　電解伸縮のトレーニング効果と形状記憶

　興味ある結果は，図7に示すように電解伸縮長（Δl）が，3MPaの引張荷重を印加した後の方が，荷重を印加する前より大きくなることである。これは学習効果あるいはトレーニング効果と考えられる。図8はPANiフィルムの荷重下での注入電荷量に対する伸縮長を示す。図8(a)は酸化過程における伸長で，引張加重が大きいほど伸びが大きくクリープが重なっていることを示している。図8(b)は還元過程における収縮で，電荷量に対してほぼ比例して収縮しており，特に，荷重印加後の④～⑥の伸長が増加した原因は，電荷量が増加したためである。酸化と還元の電荷のバランスについて詳細は判らないが，このトレーニング効果はフィルムの電気化学的活性が高くなったことによる。すなわち，クリープにより一軸配向が起こりπ電子系の広がりが大きくなり，エネルギー状態が安定化してπ電子系が活性化されたと解釈できる。学習効果は，無負荷で

第6章　導電性高分子ソフトアクチュエータ

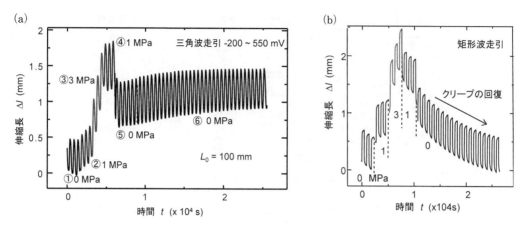

図7　PANiフィルムの張力荷重下での電解伸縮のサイクル数依存性
(a)駆動電圧が三角波，(b)駆動電圧が矩形波。

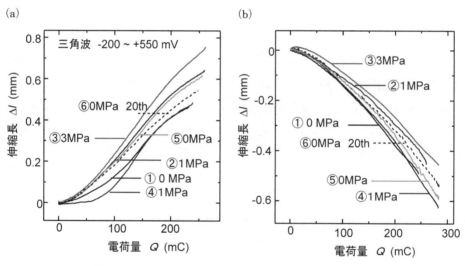

図8　PANiフィルムの荷重下での注入電化量に対する伸縮長
(a)酸化過程，(b)還元過程。

も電解反応を繰り返すことで，イオンの出入りが起こり易くなる場合もある。

　図9に引張荷重下でのPANiフィルムのクリープと形状記憶のメカニズムを示す。荷重下で電解サイクルを行うと高分子鎖の一軸配向によるクリープが起こる[12]。酸化状態で電解サイクルを停止すると，ポラロン（あるいはバイポラロン）と負イオンとの間でイオン架橋が起こり，形状は記憶される。これは応用上，位置止め（ポジショニング）として利点である。この状態は半永久的に保持されるが，無負荷で電解サイクルを行うと，クリープの回復によって初期の当方的な状態に戻る。

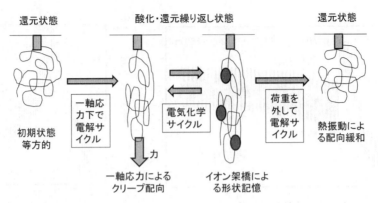

図9　引張荷重下でのPANiフィルムのクリープと形状記憶のメカニズム

7　おわりに

　低電圧駆動で大きな変位と発生力を持つ導電性高分子の実用化に向けての課題は，繰り返し安定性である。電解反応は低い電圧で容易に起こるが，π電子系の酸化劣化，イオンの出入りによる機械的ストレスなどによって電気化学反応は失活する。イオン液体による駆動によって安定化が期待できるが，今のところ，本質的な解決には至っていない。人工筋肉のための新規導電性高分子材料の開発が望まれる。

【謝辞】
　本研究は九州工業大学の高嶋授准教授，学生末松崇浩，橋本光君らの協力，およびイーメックス社との共同研究である。また学術振興会の科学研究費の補助の下に行われた。

文　　献

1) 金藤敬一，「人工筋肉の実現を目指したソフトアクチュエータ開発の最前線」，応用物理，**76**(12), 1356 (2007)
2) 長田義仁 編者代表，「ソフトアクチュエータ開発の最前線」，エヌ・ティー・エス (2004)
3) S. Hara, T. Zama, W. Takashima and K Kaneto, "TFSI-doped Polypyrrole actuator with 26% strain", *J. Material Chemistry.* **14**, 1516 (2004)
4) S. Hara, T. Zama, W. Takashima and K Kaneto, "Artificial Muscles based on Polypyrrole Actuators with Large Strain and Stress Induced Electrically", *Polymer*

Journal, **36**（2），151（2004）

5) H. Fujisue, T. Sendai, K. Yamato, W. Takashima and K. Kaneto, "Work behaviors of soft actuators based on cation driven polypyrrole", *Bioinsp. and Biomim.*, **2**, S1（2007）
6) K. Kaneto, H. Suematsu, K. Yamato, "Training effect and fatigue in polypyrrole based artificial muscles", *Bioinsp. Biomim.*, **3**, 035005（2008）
7) W. Takashima, M. Nakashima, S. S. Pandey, and K. Kaneto, "Enhanced electrochemomechanical activity of polyaniline films towards high pH region: contribution of Donnan effect", *Electrochimica Acta*, **49**, 4239（2004）
8) M. Fuchiwaki, W. Takashima and K. Kaneto, "Soft actuators based on poly（3-alkylthiophene） films upon electrochemical oxidation and reduction", *Mol. Crys and Liq. Crys.*, **374**, 513（2002）
9) S. Hara, T. Zama, W. Takashima and K. Kaneto, "Gel-like Polypyrrole Based Artificial Muscles with Extremely Large Strain", *Poly. J.*, **36**（11），933（2004）
10) G.M. Spinks, V.- Tan Truong, *Sensors and Actuators*, **A 119**, 455（2005）
11) K. Kaneto, H. Fujisue, K. Yamato, W. Takashima, "Load dependence of soft actuators based on polypyrrole tubes", *Thin Solid Films*, **516**, 2808（2008）
12) K. Kaneto, and H. Hashimoto, "Training of Artificial Muscle based on Conducting Polymers" ACTUATOR 10, CONFERENCE PROCEEDINGS, 12th International Conference on New Actuators/6th International Exhibition on Smart Actuators and Drive Systems, JUN 14-16, 2010 Bremen GERMANY, 423（2010）

第7章 空気中で電場駆動する導電性高分子アクチュエータ

奥崎秀典*

1 緒言

　高分子材料の体積変化を外部刺激でコントロールすることができれば，しなやかに動くロボットやソフトなアクチュエータ，人工筋肉などへの応用が期待できる。中でもポリピロール，ポリチオフェン，ポリアニリンに代表される導電性高分子は主鎖にπ共役系をもち，容易に酸化・還元され可逆的な体積変化を示すことから，電場駆動型高分子（electro-active polymer：EAP）アクチュエータとして注目されている[1~3]。その際，①溶媒和したドーパントイオンの高分子マトリクスへの挿入，②電子状態の変化による高分子鎖の構造変化，③高分子鎖内および高分子鎖間の静電反発により体積膨張が起こると考えられている。しかしながら，そのほとんどは電解液中か膨潤状態でのみ動作する電解アクチュエータであった。また，空気中で使用可能な導電性高分子アクチュエータでも，レドックスガスや高分子電解質ゲル，イオン液体などが必要であった[4~6]。

　以前我々は，電解重合により合成したポリピロール（PPy）フィルムが水蒸気の吸脱着により高速変形する現象を見出し[7]，吸着にともなう自由エネルギー変化を直接回転運動に変換する高分子モーターの作製に成功している[8, 9]。さらに，PPyフィルムが電圧印加により水蒸気を脱着しながら空気中で収縮することを見出した[10, 11]。電気化学的ドープ・脱ドープで駆動する従来の導電性高分子アクチュエータと異なり，本システムは空気中で動作し，電解液や対電極，参照電極が不要である。しかしながら，PPyフィルムの収縮率は1%程度であり[11]，他のEAPアクチュエータより小さい。さらに，電解重合法はキャスト法や印刷法に比べて時間もコストもかかり，大量生産などの効率化には不向きであるなどの課題があった。

　そこで，水分散可能な導電性高分子であるポリ（3,4-エチレンジオキシチオフェン）／ポリ（4-スチレンスルホン酸）（PEDOT/PSS）に着目した。PEDOT/PSSは高い導電性や耐熱性，優れた安定性や力学特性を有することから，帯電防止剤や固体電解コンデンサ，有機エレクトロルミネッセンスのホール輸送層[12]として既に用いられており，タッチパネルや有機太陽電池の

＊　Hidenori Okuzaki　山梨大学　大学院医学工学総合研究部　准教授

第7章　空気中で電場駆動する導電性高分子アクチュエータ

フレキシブル透明電極[13]，有機トランジスタ[14]などへの応用も期待されている。本稿では，キャスト法により作製したPEDOT/PSSフィルムの比表面積，水蒸気吸着特性，EAPアクチュエータについて，これまで得られた知見を中心に紹介する。

2　実　験

実験にはPEDOT/PSSのコロイド水分散液Clevios P AG（エイチ・シー・スタルク）を用いた。エチレングリコールを3％加え，空気中60℃で6時間乾燥させた後，160℃で1時間真空乾燥することによりキャストフィルムを作製した。PEDOT/PSSフィルムの比表面積は，Belsorp-aqua3（日本ベル）を用い，77KにおけるKrの吸着等温線から算出した。25℃と40℃における水蒸気吸着等温線は，同装置を用いて容量法により測定した。測定直前にフィルムを窒素気流下160℃で6時間熱処理し，吸着水を完全に除去した。電導度はロレスタ（MCP-T610，ダイアインスツルメンツ）を用い四探針法により測定した。PEDOT/PSSフィルム（長さ10〜50mm，幅2mm，厚さ17μm）の電場応答特性は，変位センサ（EX-416V，キーエンス）を組み込んだセルを恒温高湿槽内に設置して測定した。フィルム表面温度は赤外温度計（THI-500S，タスコ）で測定し，温度分布はサーモグラフィー（CPA-2200，チノー）を用いて撮影した。フィルム表面近傍の湿度は温湿度計（THP-728，神栄テクノロジー）で測定した。フィルムの収縮応力は測定セルにストレインゲージ（LTS-500GA，共和）を装着して測定した。

3　結果と考察

3.1　フィルムの比表面積

PEDOT/PSSフィルムの形状変化は可逆的な水蒸気の吸脱着によって引き起こされるため[15]，まずは77KにおけるKr吸着等温線から比表面積の評価を試みた。図1に示すように，Kr吸着等温線の形状はIUPACでII型に分類され，Brunauer-Emmett-Teller（BET）式[16]で表されることがわかった。

$$\frac{P}{V(P_0-P)} = \frac{1}{V_m C} + \frac{(C-1)P}{V_m C P_0} \tag{1}$$

ここで，V_mおよびVはそれぞれKr分子の単層吸着体積と全吸着体積である。PとP_0はKrの蒸気圧と飽和蒸気圧であり，Cは吸着熱に関する定数である。図中のBETプロットはKrの相対蒸気圧0.04〜0.31で直線となり，BET比表面積（A_{BET}）はV_m値（0.025cm^3（STP）/g）を用いて

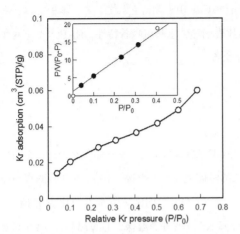

図1　77KにおけるPEDOT/PSSフィルムのKr吸着等温線とBETプロット

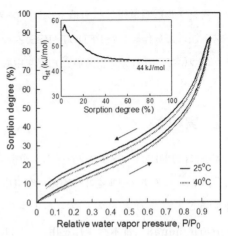

図2　25℃（実線）と40℃（破線）におけるPEDOT/PSSフィルムの水蒸気吸着等温線と等量微分吸着熱（q_{st}）の吸着量依存性

次式より算出される。

$$A_{BET} = \frac{V_m}{22414} \times 6.02 \times 10^{23} \times a_{Kr} \tag{2}$$

ここで，a_{Kr}はKr分子の断面積（$0.202\mathrm{nm}^2$）である。得られたA_{BET}値（$0.13\mathrm{m}^2/\mathrm{g}$）はシリカゲル（$300\sim500\mathrm{m}^2/\mathrm{g}$）[17]やアルミナ（$200\sim400\mathrm{m}^2/\mathrm{g}$）[18]など多孔質材料に比べ3桁小さいことから，PEDOT/PSSフィルムはほぼ無孔質であることがわかった。PEDOT/PSSコロイド粒子の凝集により生じた隙間には，溶液中のPSSがガラス状に充填されていると考えられる[19]。

3.2　水蒸気吸着特性

PEDOT/PSSはスルホン酸基を有する親水性高分子のPSSを約70％含んでいるため，キャストフィルムもまた高い吸湿性を示すと考えられる。図2に25℃と40℃におけるPEDOT/PSSフィルムの水蒸気吸着等温線を示す。相対水蒸気圧（P/P_0）の上昇とともに水蒸気吸着量は増加し，$P/P_0=0.95$で87％に達した。これはPPyフィルムに比べて10倍以上高く[20]，PSSの高い親水性に起因すると考えられる。同じ相対水蒸気圧において，吸着過程より脱着過程で水蒸気吸着量が高いことからヒステリシスが見られた。これは，フィルム内における水分子の凝縮や水和によるPSS鎖のコンホメーション変化が熱力学的に不可逆な過程を伴うためと考えられる。また，25℃から40℃に昇温すると水蒸気吸着量が減少することから，PEDOT/PSSフィルムへの

第7章 空気中で電場駆動する導電性高分子アクチュエータ

水蒸気吸着が発熱過程であることがわかる。Clausius-Clapeyron式を用い，水蒸気吸着等温線の温度依存性から等量微分吸着熱（q_{st}）を算出した[21]。

$$q_{st} = \frac{RT_1T_2}{T_2-T_1}(\ln P_2 - \ln P_1) \tag{3}$$

ここで，Rは気体定数，P_1とP_2はそれぞれ温度T_1とT_2における水蒸気圧である。図2中に，25℃と40℃の水蒸気吸着等温線から算出した等量微分吸着熱（q_{st}）と水蒸気吸着量の関係を示す。3.5％の低吸着量でq_{st}は58.2kJ/molに達したが，吸着量の増加とともに43.9kJ/molまで低下し，水の凝集熱（44kJ/mol）と一致した[22,23]。すなわち，低吸着領域において，水分子は最初にPSSのスルホン酸基など親水的な活性サイトに直接吸着し，単分子吸着層を形成することで高い吸着熱を放出する。活性サイトが覆われると，さらなる水分子の吸着は活性の低いサイトか既に吸着した水分子上で起こり，多分子吸着層を形成する。一方，高吸着領域では高分子―水相互作用よりも水分子間の相互作用が支配的となり，等量微分吸着熱は水の凝集熱に漸近すると考えられる。

3.3 電気収縮挙動

PEDOT/PSSフィルム（長さ50mm，幅2mm，厚さ17μm）に25℃，50％RHにおいて10Vの直流電圧を印加したときの収縮率，電流値，表面温度および表面近傍の相対湿度変化を図3に示す。電圧印加によりフィルムは1.2mm（2.4％）収縮し，PPyフィルム（約1％）に比べ2倍以上大きいことがわかった[24]。ここで，PEDOT/PSSフィルムの収縮には電解液やレドックスガスが不要なことから，電気化学的あるいは化学的酸化還元によるドープ・脱ドープとは異なるメカニズムに基づくことがわかる。95mAの電流がフィルムを流れ，表面温度は25℃から64℃に上昇した。フィルム表面近傍の相対湿度が電圧印加により急激に上昇することから，フィルムに吸着していた水分子が脱着・拡散したと考えられる。一方，相対湿度が徐々に低下するのは，フィルム近傍の温度上昇に伴う飽和水蒸気圧の増大に起因する[25]。これに対し，電圧を切ると一時的に相対湿度が低下するのは，フィルムが周囲から水蒸気を再吸着したためである。

フィルムの収縮メカニズムを詳細に調べるため，印加電圧を変化させたときの電気収縮挙動を測定した。得られた結果を図4に示す。電流値は印加電圧に直線的に比例することから良好なオーミック特性を示し，勾配から求めた抵抗値（113Ω）は電導度（150S/cm）から算出した値と一致した。一方，フィルムの表面温度は電圧の2乗に比例して上昇し，図4中のサーモグラフィーからもフィルム全体から発熱していることがわかる。フィルムの収縮率は印加電圧とともに増大し，10Vで最大2.4％に達した。しかし，10V以上で収縮率が逆に低下したことから，

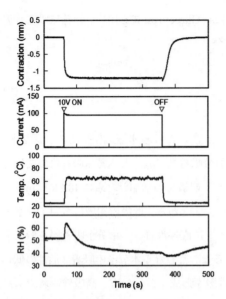
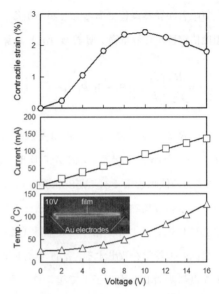

図3 PEDOT/PSSフィルム（長さ50mm，幅2mm，厚さ17μm）に10V印加したときの電気収縮量，電流値，表面温度およびフィルム表面近傍の相対湿度変化（25℃，50％RH）

図4 PEDOT/PSSフィルム（長さ50mm，幅2mm，厚さ17μm）の電気収縮量，電流値，表面温度の電圧依存性（25℃，50％RH）

PEDOT/PSSフィルムの熱膨張が起こったと考えられる[24]。図5に示すように，長さの異なるフィルムでも同様の傾向が見られ，フィルム長の増加は収縮量を増大させるだけでなく，抵抗値（R）の上昇に伴い最大収縮電圧を高電圧側にシフトさせる。ここで，電流（I），電圧（E），フィルム体積（V_{film}）から，単位体積当たりの電力密度（ρ_p）は次式で表される。

$$\rho_p = \frac{EI}{V_{film}} = \frac{I^2 R}{V_{film}} \tag{4}$$

興味深いことに，電気収縮率とρ_pの関係はフィルム長によらず，同一曲線上に乗ることがわかった（図5）。ρ_pはジュール加熱による発熱速度を表すことから，フィルムの体積変化は二つのメカニズムで説明される。一つは水分子の脱着による収縮であり，もう一つは高分子鎖の熱膨張である。これに対し，電圧を切るとフィルムが元の形状に回復するのは，水蒸気の再吸着による膨張と熱拡散による冷却・収縮に基づく。形状記憶合金アクチュエータも電圧印加によるジュール加熱で駆動するが[26]，マルテンサイト／オーステナイト相間の熱相転移により変形するため，合金組成で決まる相転移温度や二相間の中間状態を制御することは困難である。これに対し，PEDOT/PSSアクチュエータは印加電圧により任意の収縮状態をとることができる。さらに，

第7章　空気中で電場駆動する導電性高分子アクチュエータ

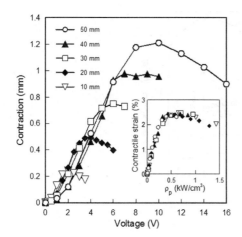

図5　長さの異なるPEDOT/PSSフィルム（幅2mm，厚さ17μm）の電気収縮量と印加電圧の関係（25℃，50％RH）
挿入図：電気収縮率の電力密度依存性

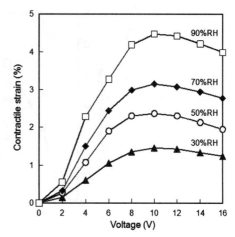

図6　異なる相対湿度におけるPEDOT/PSSフィルム（長さ50mm，幅2mm，厚さ17μm）の電気収縮率と印加電圧の関係（25℃）

水蒸気吸着量の増加により収縮率を向上させることも可能である。図6に示すように，相対湿度が30％RHから90％RHに上昇することで電気収縮率は3倍以上増大し，90％RHで最高4.5％に達した。

3.4　収縮応力と体積仕事容量

定長下でPEDOT/PSSフィルムに電圧印加すると，収縮応力を発生する。図7に示すように，25℃，50％RHにおいて収縮応力は印加電圧とともに増大し，自重（2.5mg）の1万倍以上の応力に相当する17MPa（59gf）に達した。これは動物の骨格筋（0.3MPa）[27]や電解アクチュエータ（3～5MPa）[28]よりも大きく，PEDOT/PSSフィルムの弾性率（1.8GPa）が筋肉（10～60MPa）[29]や電解アクチュエータ（0.6～1.2GPa）[28]よりも高いことに起因する。体積仕事容量（W）はフィルムに蓄えられる最大の弾性エネルギーを表し，電圧印加によるフィルムの収縮率（γ）と収縮応力（σ）から算出される[11, 24]。

$$W = \frac{1}{2} \times \sigma \times \gamma \tag{5}$$

50％RHで10V印加したときのW値は174kJ/m³であり，動物の骨格筋（8～40kJ/m³）[29]やイオン伝導性高分子―金属複合体アクチュエータ（5.5kJ/m³）[30]，電解アクチュエータ（73kJ/m³）[28]に比べ大きいことから，PEDOT/PSSフィルムは優れたEAPアクチュエータ材料として

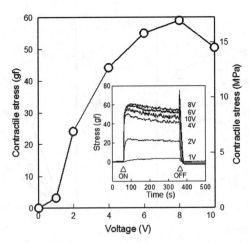

図7 定長下におけるPEDOT/PSSフィルム(長さ50mm，幅2mm，厚さ17μm)の収縮応力と印加電圧の関係(25℃，50％RH)

期待できる。

3.5 直動アクチュエータとポリマッスル

PEDOT/PSSフィルム(長さ50mm，幅2mm，厚さ17μm)の一端を固定チャックに，もう一端をシャフトと一体化した可動チャックに固定した直動アクチュエータを作製した(図8)。電圧印加によりフィルムが収縮し，シャフトを押し上げる。一方，可動チャックには復元バネが取り付けられており，電圧を切った際にフィルムが伸長し，シャフトがスムーズに元の位置まで戻る。直動アクチュエータの耐久性を評価するため，50％RHにおいて10Vを5秒間オン／15秒間オフを繰り返した。最初の1,000サイクルまではクリープによりフィルムが伸び，電流値と収縮率は共に約80％まで低下した。約80,000サイクルでフィルムは破断したが，電流値と収縮率は1,000サイクル以降ほとんど変化しなかったことから，PEDOT/PSSフィルムは電気・力学的にきわめて安定であることがわかった。成膜時の膜厚のばらつきやフィルムを切り出した際に生じた構造欠陥への応力集中によりフィルムが破断したと考えられ，フィルムの均質性を高めることでさらなる耐久性の向上が期待できる。また，直動アクチュエータの変位をテコの原理で拡大した人工筋肉素子「ポリマッスル」を試作した(図9)。PEDOT/PSSアクチュエータは電解液や対電極，参照電極が不要であり，水蒸気の吸着平衡を電気制御することにより空気中で可逆的に伸縮することから，クリーンなアクチュエータといえる。また，誘電エラストマー[31]や圧電アクチュエータ[32]が数kVの高電圧で駆動するのに対し，PEDOT/PSSアクチュエータは100分の1の低電圧で駆動する。このように，導電性高分子の電気伝導性と吸湿性の協同効果に

第7章 空気中で電場駆動する導電性高分子アクチュエータ

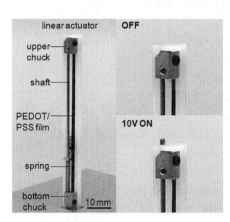

図8 PEDOT/PSSフィルムを用いた直動アクチュエータ

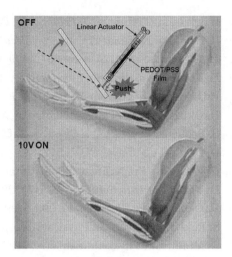

図9 PEDOT/PSS直動アクチュエータを用いた人工筋肉素子「ポリマッスル」

より，空気中で駆動する新規なEAPアクチュエータや人工筋肉への応用が期待できる。

【謝辞】

本研究は，NEDO産業技術研究助成事業（08A07205d），NEDO大学発事業創出実用化研究開発事業（0930004）ならびに科学研究費補助金（基盤（C））（22550192）の研究成果である。

文　献

1) E. Smela *et al.*, *Science*, **268**, 1735（1995）
2) R. H. Baughman *et al.*, Molecular Electronics, Kluwer Academic Pub., Netherlands（1991）
3) T. F. Otero, J. Rodriguez, Intrinsically Conducting Polymers, Kluwer Academic Pub., Netherlands（1993）
4) Q. Pei, O. Inganäs, *Synth. Met.*, **55-57**, 3730（1993）
5) J. M. Sansinena *et al.*, *Chem. Commun.*, 2217（1997）
6) W. Lu *et al.*, *Science*, **297**, 983（2002）
7) H. Okuzaki, T. Kunugi, *J., Polym. Sci., Polym. Phys.*, **34**, 1747（1996）
8) H. Okuzaki, T. Kunugi, *J. Appl. Polym. Sci.*, **64**, 383（1997）
9) H. Okuzaki *et al.*, *Polymer*, **38**, 5491（1997）

10) H. Okuzaki, T. Kunugi, *J. Polym. Sci., Polym. Phys.*, **36**, 1591 (1998)
11) H. Okuzaki, K. Funasaka, *Macromolecules*, **33**, 8307 (2000)
12) M. Granström et al., *Science*, **267**, 1479 (1995)
13) D. Hohnholtz et al., *Adv. Funct. Mater.*, **15**, 51 (2005)
14) H.Okuzaki et al., *Synth. Met.*, **137**, 947 (2003)
15) H. Okuzaki et al., *Sensors Actuators A*, **157**, 96-99 (2010)
16) S. Brunauer et al., *J. Am. Chem. Soc.*, **60**, 309 (1938)
17) D. Dutta et al., *Chem. Phys.*, **312**, 319 (2005)
18) G. Ertl et al., Preparation of Solid Catalysis, Wiley-VCH, Weinheim (1999)
19) H. Yan et al., *Thin Solid Films*, **517**, 3299 (2009)
20) H. Okuzak et al., *Polymer*, **40**, 995 (1999)
21) S. Ross, I. P. Oliver, On Physical Adsorption, Interscience, New York (1964)
22) G. M. Barrow, Physical Chemistry, McGraw-Hill, New York (1961)
23) H. Okuzaki et al., *Synth. Met.*, **159**, 2233 (2009)
24) H. Okuzaki et al., *J. Phys. Chem. B*, **113**, 11378 (2009)
25) H. Okuzaki, K. Funasaka, *Synth. Met.*, **108**, 127 (2000)
26) M. Bergamasco et al., *Sens. Actuators*, **17**, 115 (1989)
27) R. M. Alexander, Exploring Biomechanics: Animals in Motion; Freeman, W. H. Company Pub.: New York (1992)
28) A. D. Santa et al., *Synth. Met.*, **90**, 93 (1997)
29) J. D. W. Madden et al., *IEEE J. Oceanic Eng.*, **29**, 706 (2004)
30) S. N. Nasser, Y. X. Wu, *J. Appl. Phys.*, **93**, 5255 (2003)
31) R. Pelrine et al., *Science*, **287**, 836 (2000)
32) J. K. Lee, M. A. Marcus, *Ferroelectrics*, **32**, 93 (1981)

第8章 カーボンナノチューブ・イオン液体複合電極の伸縮現象を利用した高分子アクチュエータ

杉野卓司[*1], 清原健司[*2], 安積欣志[*3]

1 はじめに

わが国で急速に進む高齢化社会において,近年,老々介護あるいは介護疲れなど介護現場の人手不足が社会問題化している。そこで,介護者および被介護者のQOL(Quality of Life)を向上させるため,介護支援ロボットなど,医療・福祉を支える周辺技術の開発,普及に大きな期待が寄せられている。2009年の経済産業省の介護支援ロボットに関する報告書によると,介護支援ロボットの国内市場は2025年までに4.2兆円規模に拡大すると予測されている。これら介護支援ロボットは介護をする人,あるいは,介護をされる人と接する場面で使われることが多く,よりヒューマンフレンドリーなものが望まれる。このような観点から,従来の金属製のモーターやロボットアームなどに比べ,軽量で柔らかく,人間の筋肉のようにしなやかに動作することが可能な高分子アクチュエータが,近年,ロボットの指や足などを動かす人工筋肉材料として注目されている[1,2]。

高分子アクチュエータを構成する高分子としては,イオンゲルや導電性高分子,燃料電池の高分子電解質に用いられるナフィオンなどが代表的であり,高分子アクチュエータは,pH,光,磁場,温度,電場など様々な外部刺激により動かすことが可能である。なかでも電気的な刺激により駆動可能なアクチュエータは電気活性高分子アクチュエータ(Electroactive Polymer(EAP)actuator)と呼ばれ,その駆動メカニズムにより大きく二つのグループに分類される。すなわち,一つはイオンの移動に伴う高分子構造あるいは体積変化により変形するイオン性EAPアクチュエータ,もう一つは高分子の誘電性や電歪性により変形する電気性EAPアクチュ

[*1] Takushi Sugino ㈱産業技術総合研究所 健康工学研究部門 人工細胞研究グループ 主任研究員

[*2] Kenji Kiyohara ㈱産業技術総合研究所 健康工学研究部門 人工細胞研究グループ 主任研究員

[*3] Kinji Asaka ㈱産業技術総合研究所 健康工学研究部門 人工細胞研究グループ 研究グループ長

エータである。アクチュエータの発生力は一般的に電気性EAPアクチュエータのほうがイオン性EAPアクチュエータよりも大きく，応答性も速い特徴がある。しかしながら，電気性EAPアクチュエータを駆動するためには高電圧（百ボルト～数百ボルト）が必要なのに対し，イオン性EAPアクチュエータは1～5ボルト程度の低電圧で駆動可能である。高分子アクチュエータを介護支援ロボットや我々の日常生活の身の回りで応用するという観点からすると，高電圧を必要とするものより，低電圧で駆動するアクチュエータのほうが安全であると考えられる。代表的なイオン性EAPアクチュエータとしては，ナフィオンなどのイオン交換膜の表面に貴金属を化学めっきにより接合したイオン導電性高分子（IPMC：Ionic Polymer Metal Composite）アクチュエータ[3]，ポリアニリン，ポリピロールなどの導電性高分子の伸縮現象を利用した導電性高分子（Conductive Polymer）アクチュエータ[4]があり，それぞれ，電圧印加によるイオンの移動に伴う溶媒分子の移動によるイオン導電性高分子の体積変化，および，イオンのドーピング，脱ドーピングによる導電性高分子の構造変化により伸縮，変形応答が生じている。イオン導電性高分子アクチュエータは，国内外の多くの研究者や企業により，数多くの研究報告がなされており，実用化にかなり近づいている。例えば，2002年には，イーメックス株式会社（日本）から世界で初めてイオン導電性高分子アクチュエータを利用した商品が販売された。その商品は，イオン導電性高分子アクチュエータを魚のひれを動かす筋肉として利用した「人工筋魚」であった。しかし，一方で金などの貴金属が高価であることや発生力が弱い点が問題である。これに比べ，導電性高分子アクチュエータは発生力が10MPaを越え，最近では，伸縮率も大きく改善され20％を超えるものが報告されており，人間の筋肉の性能（伸縮率：20％，発生力：0.35MPa）[5]を凌ぐ人工筋肉となってきたが，その駆動メカニズムがレドックス反応であるため，繰り返し安定性に問題がある。また，これらのアクチュエータは一般的に，水溶液や溶媒中で駆動させるため，空中では溶媒が乾燥し，性能が大きく落ちてしまう点が問題であった。

　高分子アクチュエータの空中駆動時の溶媒乾燥の問題を克服するため，我々のグループはERATO相田ナノ空間プロジェクトの福島，相田らと共同で研究を行い，電解質中のイオン源として難燃性で不揮発性の溶媒であるイオン液体（IL：Ionic Liquid）を用い，これを近年，高い電気特性と軽量でありながら強靭な機械的強度を有するため注目されているカーボンナノチューブ（CNT：Carbon Nanotube）と支持高分子（BP：Base Polymer）中に分散させることにより，しなやかに曲がる電極を作ることに成功した[6]。また，この電極に1～3ボルト程度の低電圧を印加すると，空中で安定に駆動可能なアクチュエータとして機能できることを見出した。

　本章では，このカーボンナノチューブとイオン液体からなるアクチュエータの最近の研究例を紹介する。

第8章　カーボンナノチューブ・イオン液体複合電極の伸縮現象を利用した高分子アクチュエータ

2　アクチュエータの作成法と駆動メカニズム

　カーボンナノチューブはその高い導電性と大きな比表面積，それに加え，軽量で高い機械的強度を有するため，スーパーキャパシタの電極材料あるいは高分子の強度補強材，医療分野への利用など幅広い分野での応用が期待されているが[7]，その潜在的な機能を引き出すためには種々の材料中に均一に分散させることが重要である。カーボンナノチューブは一本一本のチューブが複雑により合わさったバンドル構造を有しているため，これを超音波などを用いて溶媒等に分散する必要がある。我々の研究グループが開発したカーボンナノチューブ・イオン液体複合電極からなるアクチュエータは，図1に示すような三層構造からなっている。電極膜は，単層カーボンナノチューブ，イオン液体，支持高分子からなっており，これらを超音波等を用いてN, N－ジメチルアセトアミド（DMAC）中に分散させることにより，ゲル状の電極膜液が得られる。この電極膜液を型にキャストし，溶媒を真空下乾燥することにより，黒色の自立した電極膜が得られる。三層構造の真ん中にある電解質膜は，イオン液体と支持高分子を適当な溶媒に溶かし，電極膜同様にキャスト，溶媒乾燥することにより，ゲル状の柔らかい電解質膜として得ることができる。三層構造のアクチュエータは，電解質膜を二枚の電極膜で挟み，加熱圧着することにより得られる。また，電極膜液と電解質膜液を交互にキャスト・乾燥することによっても得ることができる。ここで，イオン液体としては種々のイオン液体が使用可能であるが，イオン液体の中でも

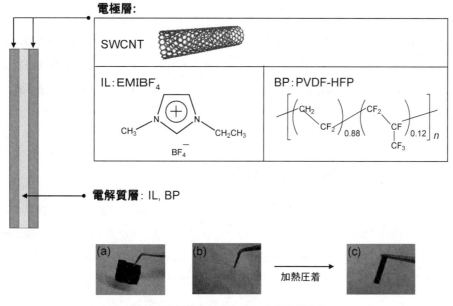

図1　三層構造アクチュエータ素子の構成
　実際に乾燥後得られる電極膜(a)，電解質膜(b)および三層構造アクチュエータ素子(c)の写真。

粘度が低く，高い導電性を示す1－エチル－3－メチルイミダゾリウムテトラフルオロボレート（EMIBF$_4$）が有効なイオン液体の一つである。また支持高分子としては，適度な強度と柔らかさを兼ね備え，しかも，高分子電解質膜中でイオンの移動が比較的スムーズに起こるようなものが要求される。この様な観点から，我々はイオン液体との相溶性が良く，リチウム二次電池の電解質膜にも用いられているフッ化ビニリデン－六フッ化プロピレン共重合体（PVDF－HFP）を選んだ。この三層構造のアクチュエータの両電極に電圧を印加すると，常に，正極側に屈曲変形を示す。そのメカニズムについては，いくつかの要因が考えられる。以下に主な要因を挙げる。

① イオンの排除体積効果

両側のカーボンナノチューブ・イオン液体複合電極に電圧を印加することにより，カーボンナノチューブに正負の電荷がチャージされる。その為，正に帯電した電極には電解質膜中あるいは電極膜中の陰イオンであるBF$_4$アニオンが，一方，負に帯電した電極には陽イオンであるEMIカチオンが移動し，界面に電気二重層が形成される。この時，正極に集まるBF$_4$アニオンと負極に集まるEMIカチオンでは，EMIカチオンのほうが大きく，その為，負極が正極に比べ，より伸びることで三層構造のアクチュエータ素子は正極側に屈曲変形しているものと考えられる。

② カーボンナノチューブの炭素骨格の伸縮

電圧を印加することによりカーボンナノチューブにチャージされる電荷により，カーボンナノチューブの炭素骨格自身が伸び縮みする。その伸縮は，正に帯電することにより収縮し，負に帯電することにより伸びる。

①②が協奏的に起こることにより，結果として三層構造のアクチュエータは正極方向に曲がることになる。特に，②のメカニズムはカーボンナノチューブのアクチュエータ特性を最初に発見したR. H. Baughmanらにより提唱されている[8]。メカニズムの詳細については，第2編，第16章で解説されているので参照されたい。

3 アクチュエータの評価と性能改善

カーボンナノチューブ・イオン液体複合電極からなるアクチュエータの性能評価はポテンシオスタット，波形発生装置，レコーダーとレーザー変位計により，アクチュエータの屈曲変形を直接測定することにより行った。図2に実験装置の概略を示す。アクチュエータの変位（δ）は三層素子の素子厚（d）と素子の長さ（L）に依存する値であるので，異なるアクチュエータ素子の性能を比較するために，両電極の伸び縮みの差である伸縮率（ε）を比較することによりアクチュエータの性能評価を行った。伸縮率（ε）は以下の式で求められる。

第8章　カーボンナノチューブ・イオン液体複合電極の伸縮現象を利用した高分子アクチュエータ

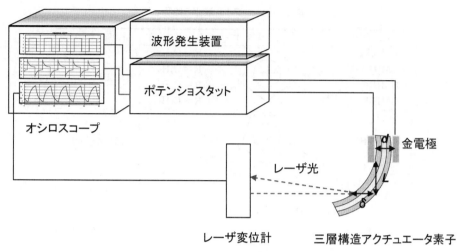

図2　アクチュエータ素子の変位測定の実験系

$$\varepsilon = 2d\delta / (L^2 + \delta^2) \tag{1}$$

アクチュエータの応答性能としては，変位が大きく，素早く，力強く動くアクチュエータが良いアクチュエータであると言えるが，これらの3つの性能の1つを改善すると，残る1つあるいは2つの性能が犠牲になってしまい，3つの性能を同時に改善していくことは，極めて難しい。アクチュエータの性能を改善する方針としては，材料面では，電極膜および電解質膜の両方に用いているイオン源であるイオン液体の改良，電極膜中に使用するナノカーボンを改良する，あるいは，支持高分子を改良することなどが考えられる。

3.1　イオン液体の選択

そこで，我々は，まず，アクチュエータ特性に及ぼすイオン液体の影響について調べた[9]。我々は，表1に示すような7種のイオン液体を用いてアクチュエータ素子を作成し，その性能比較を行うことにより最適なイオン液体を調べた。実験から得られた最大変位，キャパシタンス，イオン導電性および電極膜の電子導電性から等価回路解析を行った結果，アクチュエータ応答速度はイオンの導電性と電極の導電性が高いものほど良いことが明らかになった。この時，アクチュエータの伸縮率は変形応答中に素子中に貯まるチャージに比例すると仮定した。用いた7種のイオン液体の中では，$EMIBF_4$を用いたアクチュエータ素子が最も良い変形応答を示すことが明らかになった。

表1 実験に用いたイオン液体の略称と構造

イオン液体	カチオン	アニオン
EMIBF$_4$	R = C$_2$H$_5$	BF$_4^-$
BMIBF$_4$	R = C$_4$H$_9$	
HMIBF$_4$	R = C$_6$H$_{13}$	
OMIBF$_4$	R = C$_8$H$_{17}$	
EMITFSI		(CF$_3$SO$_2$)$_2$N$^-$
A-3		BF$_4^-$
A-4		(CF$_3$SO$_2$)$_2$N$^-$

3.2 電極膜への添加物の導入

上記に示したように，用いるイオン液体としてはEMIBF$_4$が最適であることが分かった。そこで，次に，イオン液体をEMIBF$_4$に固定し，電極膜の改善を試みた。我々のアクチュエータは2節の駆動メカニズムでも述べたように，アクチュエータ素子への電圧印加により，電極にイオンがチャージすることによって変形が起こっている。すなわち，このチャージが，素早く，より多く起これば，より高速に，大きく変形するアクチュエータが開発できると考えられる。そのためには，電解質膜中でのイオンの移動を速くする，電極膜の導電性を良くする，キャパシタンスを大きくすることが有効な改良プロセスとなる。また，貯まったチャージ（電気的エネルギー）がより効率良く機械的エネルギーに変換されれば，より大きく，力強く動くアクチュエータができるものと考えられる。そのためには，電極膜中でのカーボンナノチューブの分散性と充填率を向上させることが良い改善策となる。この様な観点から，電極膜中に導電性あるいは非導電性の添加物を加えることにより，電極膜の電気化学特性や機械的強度を制御することでカーボンナノチューブ・イオン液体複合電極からなるアクチュエータの伸縮応答性能が改善できるのではないかと考え，アクチュエータ特性に及ぼす添加物の影響を調べた[10]。導電性添加物としては導電性高分子アクチュエータの高分子材料としても有望なポリアニリン（PANI）の粒子を，また，非導電性の添加物としてはイオンの移動に有利な1次元的構造を有するメソポーラスシリカの1つであるMCM-41のナノ粒子を用いた。単層カーボンナノチューブとしてはカーボンナノテクノロジー社（現ユニダイム社）のHiPco®単層カーボンナノチューブ（SWCNT）を用いた。添加物を加えない系を基準とし，これをCNT（50）と表す。ここで，括弧内の50は電極膜を調製する際に用いたSWCNTの重量（50mg）を示しており，重量組成で約20wt％にあたる。電極膜

第8章　カーボンナノチューブ・イオン液体複合電極の伸縮現象を利用した高分子アクチュエータ

を構成する。その他の成分であるイオン液体のEMIBF$_4$と支持高分子のPVDF－HFPの仕込み量を固定し，添加物であるPANIおよびMCM－41をSWCNTと同量の50mg加えた場合をそれぞれ，CNT／PANI（50／50），CNT／MCM41（50／50）と表記する。これら，添加物を無添加の場合（CNT(50)）に比べ追加して添加した場合は，図3に模式的に示すように電極膜内で分散したSWCNTの隙間を粒子状の添加物が埋めることで，より電極内の充填率の高い電極膜が調製できるものと予想した。これら，追加で添加物を加える実験と比較するために，SWCNTの仕込み量を50mgの半分の25mgとし，その減少分を補う25mgのMCM－41を添加したアクチュエータ素子も作成した。これを，CNT／MCM41（25／25）とする。これら添加物種，添加量の異なる4つのアクチュエータの性能を比較することにより，添加物の効果を調べた。

　図4に，この4つのアクチュエータ素子の伸縮率の周波数変化を示した。添加物を混ぜないアクチュエータ素子（CNT(50)）に比べ，添加物を追加して加えた場合（CNT／PANI(50／50)，CNT／MCM41(50／50)）は，0.1Hzより遅い周波数域で伸縮率が大きく向上することが明らかになった。また，その効果は導電性の添加物であるポリアニリンを添加した場合のほうが，非導電性の添加物であるMCM－41を添加した場合より大きく，最大で約3倍大きな伸縮応答を示すことが分かった。しかし，逆に1Hzより速い周波数域では，追加して添加物を加えることにより伸縮応答が大きく減少してしまう。一方，SWCNTの量を半分にしたCNT／MCM41（25／25）の場合は，SWCNTの量が半減したにもかかわらず，僅かではあるが，いずれの周波数帯域でもCNT（50）に比べ，大きな伸縮応答が見られた。我々のアクチュエータの変形は，イオンの充放電によって起こっている。そこで，これら4種のアクチュエータ素子が変形している際に，素

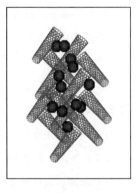

SWCNT

●＝● ポリアニリン(PANI)粒子
　　　　粒子径：約40 nm
　　　　導電率：40 Scm^{-1}
　　　　比表面積：690 m^{2}g^{-1}

もしくは，

MCM-41ナノ粒子
　細孔径：2.7 nm
　細孔容積：0.98 cm^{3}g^{-1}
　比表面積：～1000 m^{2}g^{-1}

図3　分散したSWCNTのバンドル構造内に充填する添加物の模式図と用いた添加物の特性

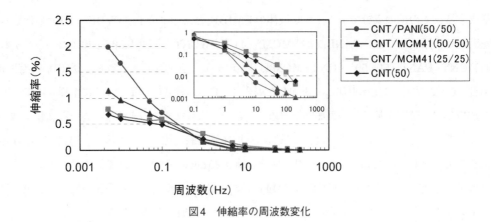

図4　伸縮率の周波数変化

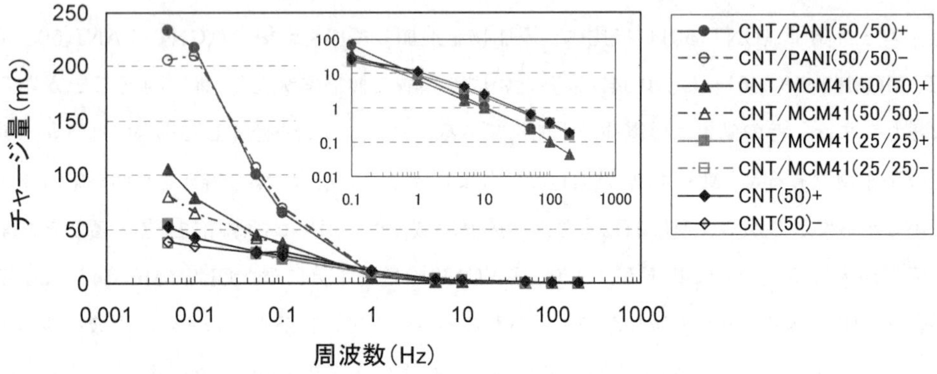

図5　素子中に貯まるチャージ量の周波数変化

子中に貯まるチャージの周波数変化（図5）を調べてみると，図4の伸縮率の周波数変化と良い相関があることが分かった。両図を比較すると，0.1 Hz以下の周波数変化は非常に類似しているが，1Hzより速い周波数域での変化は，必ずしもよく一致していない。これはアクチュエータの変形が素子の膜厚以外に，素子の硬さ（機械的強度）によっても左右されることによるものと考えられる。そこで，各電極膜のヤング率を調べた。また，添加物を加えることによる電極膜の電気化学的特性の変化を調べるために，キャパシタンス測定および導電率測定を行った。さらに，ヤング率と各アクチュエータ素子の最大伸縮率からフックの法則により，発生力を算出した。これらの結果を表2に示す。ヤング率を比較すると，ポリアニリンの添加により無添加時より1.6倍程，膜が硬くなることが分かった。その結果，発生力は無添加の場合の4倍以上に向上する。電気化学的特性を比較すると，キャパシタンス，導電率ともにポリアニリンの添加により大きく改善されることが明らかになった。一方，CNT/MCM41（50/50）の場合は，キャパシタンスにはほとんど影響を及ぼさないが，電極膜の導電率を大きく減少させることが分かった。また，

第8章　カーボンナノチューブ・イオン液体複合電極の伸縮現象を利用した高分子アクチュエータ

表2　最大伸縮率（0.005Hz時），キャパシタンス（C），導電率（κ），ヤング率（Y）およびフックの法則から求めた発生圧（σ）

アクチュエータ	伸縮率（%）	C（Fcm^{-2}）	κ（Scm^{-1}）	Y（MPa）	σ（MPa）
CNT（50）	0.69	0.0339	17	280	1.9
CNT/PANI（50/50）	2.0	0.0885	32	440	8.8
CNT/MCM41（50/50）	1.1	0.0356	8.1	170	1.9
CNT/MCM41（25/25）	0.79	0.0179	2.7	120	0.94

電極膜のヤング率が低下するため伸縮率は向上するものの，発生力はCNT（50）の場合とほぼ同程度の値となった。CNT/MCM41（25/25）の場合は，伸縮率はCNT（50）より大きいものの，SWCNTの量を半減させたため，キャパシタンスはほぼ半減し，導電率は約1／6に減少した。ヤング率もSWCNT量の減少に伴い低下し，発生力も約1／2に減少することが明らかになった。以上の結果から，大きく変形するだけでなく，力のあるアクチュエータを創成するためにはSWCNTの量は適度に多いほうが良く，加える添加物としては導電性添加物であるポリアニリンを添加するほうがアクチュエータの性能を大きく向上させることができる可能性があることが分かった。

3.3　ナノカーボン材料の影響

　前項では，アクチュエータの応答性能を改善するために電極に添加物を加えることについて紹介したが，本項では電極に用いるカーボン材を変えるとアクチュエータ特性はどう変化するのかについて検討した例を紹介する。SWCNTは市販のものでも製造方法，製造元によって，その特性は様々である。産総研の畠らはSWCNTをCVD法で製造する際に，極微量の水を添加することによりSWCNTの成長が飛躍的に向上する方法（スーパーグロース法）を開発した[11]。この方法により製造されるSWCNT（SG-CNT）は超高純度で長尺，高アスペクト比を有することが特徴である。我々はこのSG-CNTをアクチュエータ電極の炭素材として用いることにより，10Hzで2mm程度変位する高速CNTアクチュエータを作り出すことに成功した[12]。この高速アクチュエータの特徴は，前項までに紹介したHiPco®SWCNTを用いたアクチュエータとは異なり，電極膜中に支持高分子を用いていない点である。また，SG-CNTを炭素材に用いた場合は，イオン液体はEMITFSI（表1参照）が最適であった。SG-CNTを用いたアクチュエータの高速応答性は，SG-CNTとEMITFSIから成る電極膜の高い導電性（169 Scm^{-1}）によるものと考えられる。一方，他の炭素材としてSWCNTに比べ，比表面積が非常に大きな（1500-2500m^{2}g^{-1}）活性炭素繊維（ACNF）や逆に比表面積が非常に小さい（13m^{2}g^{-1}）気相法炭素繊維（VGCF®）を用いたアクチュエータについても検討した。ACNF，VGCF®いずれの場合も，適当量をそれぞれ，SWCNT，ACNFと混合することにより，個々の炭素材料単体よりも良い伸

縮応答を示すことが明らかとなった[13]。それぞれの系での最適混合量は，電極膜の導電性とキャパシタンスの相対値が最も良くなる重量組成で決まってくる。他に，活性炭素（AC）とアセチレンブラックを電極の炭素材料に，イオン液体としてEMITFSIを用いたアクチュエータが横国大のSaito等により報告されている[14]。

4 今後の展望

以上のように，カーボンナノチューブとイオン液体からなる電極の伸縮現象を利用したアクチュエータは低電圧で，安定した空中での駆動が可能であるため，従来の水溶液あるいは溶媒を電解液に用いる高分子アクチュエータでは実現できなかった場面での応用が期待できる。その変形応答は電極膜に用いる炭素材料やイオン液体の種類や分量によって，あるいは，添加物の種類や量によって変化し，それらを最適化することで，かなり改善されてきた。しかし，伸縮のメカニズムについては十分解明されておらず，今後，メカニズムを明らかにしていくことにより，より適当なカーボン材料，添加物，新規なイオン液体や支持高分子を効率よく材料設計することで，より大きく，速く，力強く変形するアクチュエータが開発できるものと期待される。それにより，将来的には人間の筋肉の動きを補ったり，介護支援ロボット等の指や足などを動かす人工筋肉材料として応用される日が来ることを願う。

文　献

1) 長田義仁編著：ソフトアクチュエータ開発の最前線～人工筋肉の実現をめざして～，エヌ・ティー・エス（2004）
2) Y. Bar-Cohen (Ed.), Electroactive Polymer (EAP) Actuators as Artificial Muscles, Reality, Potential, and Challenges, SPIE-Press (2001)
3) K. Asaka et al., J. Electroanal. Chem., **480**, 186 (2000)
4) K. Kaneto et al., Smart Mater. Struct., **16**, S250 (2007)
5) I. W. Hunter et al., Technical Digest IEEE Solid-State Sensor and Actuator Workshop, 178 (1992)
6) T. Fukushima et al., Angew. Chem. Int. Ed., **44**, 2410 (2005)
7) 遠藤守信，飯島澄男監修：ナノカーボンハンドブック，エヌ・ティー・エス（2007）
8) R. H. Baughman et al., Science, **284**, 1340 (1999)
9) I. Takeuchi et al., Electrochim. Acta, **54**, 1762 (2009)
10) T. Sugino et al., Sens. Actuators B: Chem., **141**, 179 (2009)

第8章　カーボンナノチューブ・イオン液体複合電極の伸縮現象を利用した高分子アクチュエータ

11) K. Hata *et al.*, *Science*, **306**, 1362 (2004)
12) K. Mukai *et al.*, *Adv. Mater.*, **21**, 1582 (2009)
13) I. Takeuchi *et al.*, *Carbon*, **47**, 1373 (2009)
14) S. Saito *et al.*, *J. Micromech. Microeng.*, **19**, 035005 (2009)

第9章　炭素ナノ微粒子（CNP）コンポジットアクチュエータ

石橋雅義*

1　はじめに

　高分子アクチュエータは，軽量であることや加工が容易であるといった特徴を持っている。このような特徴を生かし，電磁モータやピエゾといった従来のアクチュエータでは困難であったアクチュエータマトリクスを用いた触覚伝達デバイスや人工筋肉が実現できるのではないかと期待されている。

　高分子アクチュエータには，電場や磁場，光等さまざまな外部信号によりアクチュエータ動作するものが知られている。特に，電気信号を与えることにより変形して動作するものは制御が容易で使いやすい。我々はこのような高分子アクチュエータのことを有機アクチュエータと呼んでいる。本章では，我々が開発してきたいくつかの炭素ナノ微粒子（CNP；carbon nano-particle）コンポジット有機アクチュエータ[1]を中心に紹介する。

2　溶液中動作CNPコンポジットアクチュエータ

　我々は，イオン導電性高分子にCNPを分散させた材料を用いて電解質溶液中で動作する伸縮型の有機アクチュエータである溶液中動作CNPコンポジットアクチュエータを開発した[2,3]。

　図1に溶液中動作CNPコンポジットアクチュエータ材料の構造概略図と電子顕微鏡写真を示す。アクチュエータ膜は，イオン導電性高分子の分散溶液にCNPを混合した溶液を，よく攪拌した後にキャスト製膜することで作製する。電子顕微鏡写真より，CNPが凝集せずに均等に分散されていることがわかる。今回紹介する伸縮型の溶液中動作CNPコンポジットアクチュエータは，すべてイオン導電性高分子にはデュポン社のNafion，CNPにはライオン社のケッチェンブラックを使用している。

　図2に溶液中動作CNPコンポジットアクチュエータ膜をアクチュエータとして動作させるた

---

*　Masayoshi Ishibashi　㈱日立製作所　中央研究所　ライフサイエンス研究センタ　計測システム研究部　主任研究員

第9章　炭素ナノ微粒子（CNP）コンポジットアクチュエータ

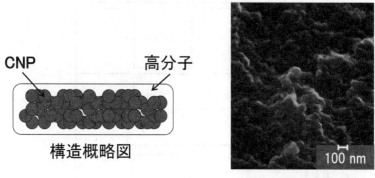

図1　溶液中動作CNPコンポジットアクチュエータ材料の構造概略図と電子顕微鏡写真

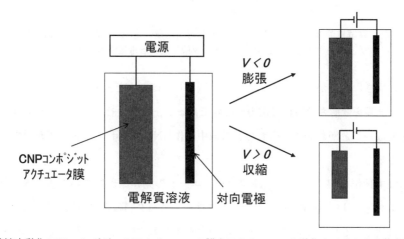

図2　溶液中動作CNPコンポジットアクチュエータ膜をアクチュエータ動作させるための基本的な構成

めの基本的な構成を示す。アクチュエータ膜と対向電極を電解質溶液の中にいれ，両者の間に電圧を印加する。すると，印加した電圧の大きさ，極性に応じてアクチュエータ膜が変形する。この変形をアクチュエータとして使用する。対向電極には白金やグラファイト等が使用できる。また，溶液中動作CNPコンポジットアクチュエータ膜も対向電極として使用可能である。電解質溶液には食塩水など一般的なハロゲン化物水溶液が使用できる。

電解質溶液中でアクチュエータ膜と対向電極に電圧を印加した際の，アクチュエータ膜の変形とアクチュエータ膜に流れる電流値の時間変化を図3に示す。アクチュエータ膜が負になるように電圧を印加するとアクチュエータ膜は膨張し，逆に正になるように電圧を印加するとアクチュエータ膜は収縮する。アクチュエータ膜の変形は同じ電圧を印加している間，同じ変形量を維持することがわかる。アクチュエータ膜に流れる電流に関しては，印加電圧の極性を反転させた時

未来を動かすソフトアクチュエータ

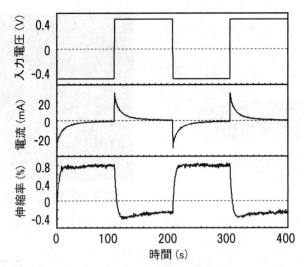

図3 電解質溶液中でアクチュエータ膜と対向電極に電圧を印加した際の，アクチュエータ膜の変形とアクチュエータ膜に流れる電流値の時間変化

に，一時的に大きな電流が流れるが，その後は減衰してほとんど流れなくなる。このことから，アクチュエータ膜を変形させるには電力が必要であるが，変形させた形状を維持するにはほとんど電力は必要ないことがわかる。これは，溶液中動作CNPコンポジットアクチュエータの特長のひとつである。

次に，溶液中動作CNPコンポジットアクチュエータの動作原理について述べる。図4にサイクリックボルタメトリー（CV）と，その際のアクチュエータ膜の変形の様子を示す。CVには特別なピークは観られない。このことから，溶液中動作CNPコンポジットアクチュエータは導電性高分子アクチュエータのようにドーパントのドープ，脱ドープといった電気化学反応で変形しているのではないことがわかる。図4のCVの平行四辺形状の波形はキャパシタに良く観られるものである。CVより電気容量を見積もると50-100F/gとなり，スーパーキャパシタに匹敵することがわかった。これは，被表面積の大きな（800m^2/g）CNPであるケッチェンブラックがイオン導電性高分子に均等に分散されているため，結果として非常に電気容量が大きな電気二重層キャパシタができているためと考えられる。また，これらより図3の極性を反転させたときのアクチュエータ膜に流れる電流の挙動は，キャパシタに対する充放電に起因すると考えられる。

図5にアクチュエータ膜に投入した電荷とアクチュエータ膜の変形の関係を示す。投入した電荷量に依存してアクチュエータ膜の変形量（伸縮率）が大きくなることがわかる。このことより，CNPコンポジットアクチュエータ膜の電気容量を大きくすれば，大きな変形が得られることが予想される。実際に，被表面積が大きなケッチェンブラックと，被表面積が小さなグラファイトをCNPとして使用したCNPコンポジットアクチュエータを作製し，変形量を比較したところ，

第9章　炭素ナノ微粒子（CNP）コンポジットアクチュエータ

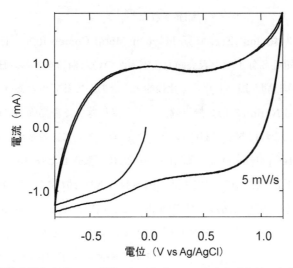

図4　溶液中動作CNPコンポジットアクチュエータのサイクリックボルタメトリー（CV）と，アクチュエータ膜の変形

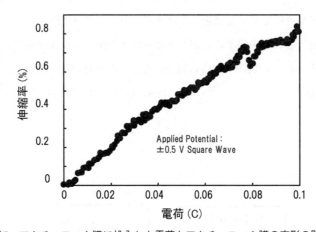

図5　アクチュエータ膜に投入した電荷とアクチュエータ膜の変形の関係

表1　アクチュエータ膜の電気容量と単位電圧あたりの伸縮率

アクチュエータ材料	電気容量（F/cm^3）	電圧伸縮率（%/V）
グラファイト-Nafion®	1-3	0.05
KB-Nafion®	50-100	0.2

電気容量が大きなケッチェンブラックCNPコンポジットアクチュエータの方が，変形量（単位電圧あたりの伸縮率）が大きくなることが確認できた（表1）。

以上，我々が開発した伸縮型の溶液中動作CNPコンポジットアクチュエータについて述べてきたが，最近，米国Hitachi Chemical Research Center, Inc（HCR）より，屈曲型の溶液中動

作CNPコンポジットアクチュエータが開発された[4]。

このアクチュエータは，Ion-Exchange Polymer Metal Composites（IPMC）アクチュエータと同様にイオン導電性高分子膜の表裏両面に電極がついた構造をとる。HCRのアクチュエータの特長として「製作時間が短い」点と「比較的大きな力がでる」点があげられる。

一般的なIPMCではNafionに白金無電解メッキを繰り返して表裏両面に電極を作製するため作製に長時間かかる。これに対してHCRのアクチュエータでは，芳香族炭化水素電解質ポリマー（SPES）膜（center polymer）と，CNPをSPESに分散させた膜（extended electrode）を作り，ラミネートによりCNP分散SPES膜/SPES膜/CNP分散SPES膜の積層構造を作り上げる。CNP分散SPES膜はSPES溶液にCNPを混合し，攪拌，キャスト成膜することで1時間程度で成膜可能である。そのため，トータル1日以内で作製することができる（図6）。図7に屈曲型溶液中動作CNPコンポジットアクチュエータ膜の断面の電子顕微鏡写真を示す。CNP分散SPES膜/SPES膜/CNP分散SPES膜の3層構造となっていることがわかる。

HCRのアクチュエータのもうひとつの特徴である「比較的大きな力がでる」点は，イオン導電性高分子にSPESを使用していることに起因する。使用したSPESはNafionよりもヤング率が高いため，比較的大きな力を出すことができる。図8に膜厚576μmの屈曲型溶液中動作CNPコンポジットアクチュエータを用いて1gの錘を持ち上げたときの様子を示す。SPESの代わりにNafionを使用して作製したアクチュエータと比べ，数倍の負荷を持ち上げられることが確認されている。

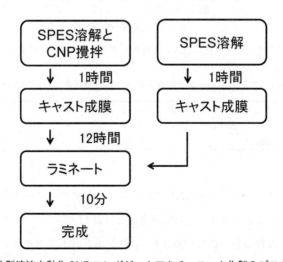

図6　屈曲型溶液中動作CNPコンポジットアクチュエータ作製のプロセスフロー

第9章 炭素ナノ微粒子（CNP）コンポジットアクチュエータ

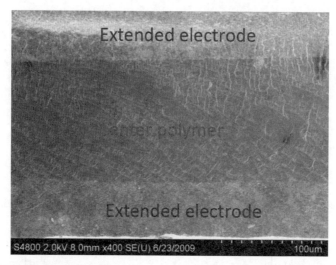

図7　屈曲型溶液中動作CNPコンポジットアクチュエータ膜の断面の電子顕微鏡写真

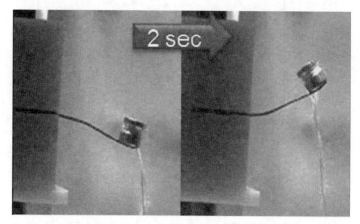

図8　屈曲型溶液中動作CNPコンポジットアクチュエータを用いて錘を持ち上げたときの様子

3　大気中動作CNPコンポジットアクチュエータ

　我々はCNPコンポジット材料を用いて大気中で動作するアクチュエータも開発してきた[5, 6]。図9に大気中動作CNPコンポジットアクチュエータの動作原理の概略図を示す。この有機アクチュエータはジュール熱による自己発熱に伴う熱膨張を利用している。CNPコンポジット膜は導電性のため，膜両端に電圧を印加すると，膜に電流が流れてジュール熱が生じる。ジュール熱により自己発熱した有機アクチュエータ膜は熱膨張により変形する。膜両端に印加した電圧を切ると，自然冷却されもとの形状に戻る。この有機アクチュエータは溶液中動作伸縮型CNPコンポジットアクチュエータと異なり，電解質溶液も対向電極も必要としない。そのため，アクチュ

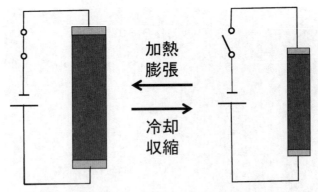

図9 大気中動作CNPコンポジットアクチュエータの動作原理を示す概略図

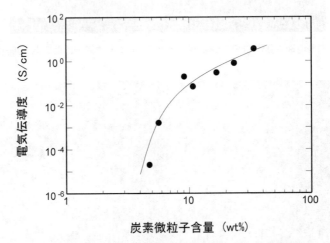

図10 CNPコンポジット膜の電気伝導度のCNP含量依存性

エータを動作させるための構成が単純で小型化することが可能である。

　大気中動作CNPコンポジットアクチュエータはジュール熱による発熱を使用するため，変形量は膜に投入した電力に依存する。同じ電力でも膜の電気伝導度の値をかえれば必要とされる印加電圧（駆動電圧）を変えることができる。図10にCNPコンポジット膜の電気伝導度のCNP含量依存性を示す。この図ではCNPにケッチェンブラック，CNPを分散させる高分子材料にNafionを使用している。CNPの含量を調整することで，電気伝導度を4桁以上変化させることができる。このことは，動作に必要な電力を得る際，CNPコンポジット膜のCNP含量を調整することで，使用する駆動電圧を調整可能であることを意味している。

　図11にアクチュエータ膜両端に電圧を印加した際の，アクチュエータ膜の変形とアクチュエータ膜に流れる電流値の時間変化を示す。電圧を印加することで膨張し，電圧を下げると元の形状に戻ろうと収縮する。溶液中動作伸縮型CNPコンポジットアクチュエータと異なり，アクチ

第9章　炭素ナノ微粒子（CNP）コンポジットアクチュエータ

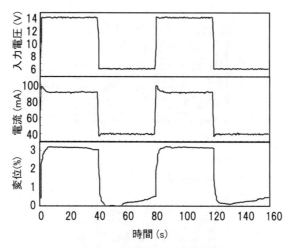

図11　アクチュエータ膜両端に電圧を印加した際のアクチュエータ膜の変形とアクチュエータ膜に流れる電流値の時間変化

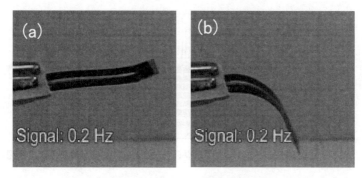

図12　CNPコンポジット膜とポリイミド膜を積層してユニモルフ構造にした大気中動作CNPコンポジットアクチュエータの動作
(a)電圧を印加する前，(b)電圧を印加した後．

ュエータ膜を変形させる時だけでなく，変形させた形状を維持するにも電力を投入し続ける必要がある．また，耐久性については，耐熱性が高い高分子材料を選択し，熱変形が可逆的な温度領域で使用する限り，10万回以上の熱変形サイクルが可能であることを確認している．

　この有機アクチュエータは基本的には伸縮型だが，ユニモルフ構造にすることで容易に屈曲型アクチュエータにすることができる．図12にCNPコンポジット膜とポリイミド膜を積層してユニモルフ構造にした大気中動作CNPコンポジットアクチュエータの動作を示す．図12(a)は電圧を印加する前，図12(b)は電圧を印加した後のCNPコンポジットアクチュエータである．CNPコンポジット膜は熱膨張により2％程度しか変形していないが，ユニモルフ構造にすると大きく変形することがわかる．

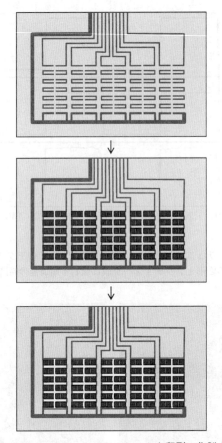

図13 屈曲型アクチュエータマトリクスシートを印刷で作製する作製工程図

　CNPとCNPを分散させる高分子材料は材料を選ぶことでCNPコンポジット材料をインク化することができる。このアクチュエータインクを使用すれば，印刷でCNPコンポジットアクチュエータが作製できる。図13に屈曲型アクチュエータマトリクスシートを印刷で作製する作製工程図を示す。耐熱性の高い高分子フィルム上に，導電性インクで配線パターンを印刷し，アクチュエータパターンをアクチュエータインクで印刷する。その後，ユニモルフとなるようアクチュエータパターン周辺の高分子フィルムを一部切断することで，屈曲型アクチュエータマトリクスシートを作製することができる。このシートでは任意のアクチュエータ列に電圧を印加することで任意のアクチュエータ列を屈曲させることができる。

　以上，溶液中動作と大気中動作のCNPコンポジットアクチュエータについて述べてきた。伸縮型の溶液中動作と大気中動作のCNPコンポジットアクチュエータの動作特性について表2にまとめた。溶液中動作のCNPコンポジットアクチュエータは電解質溶液と対向電極が必要であるが，変形状態を維持するためにはほとんど電力を必要としないといった特徴がある。また，大

第9章 炭素ナノ微粒子 (CNP) コンポジットアクチュエータ

表2 溶液中動作と大気中動作のCNPコンポジットアクチュエータの動作特性

特性	電解質溶液中動作	大気中動作
動作原理	電気二重層に蓄えられた電荷による	自己発熱に伴う熱膨張
伸縮率	最大4% 実用的2%	最大4% 実用的2%
駆動電圧	数ボルト	数ボルト～数十ボルト
動作速度	30Hz以上の入力信号にも追従	30Hz以上の入力信号にも追従
発生応力	最大約5MPa	最大約5MPa
寿命	10万回以上の伸縮動作が可能	10万回以上の伸縮動作が可能
特長	変形を維持するためのエネルギーがほとんど不要	構成・加工が簡単なためデバイス作製が容易

An actuator consists of fluorinated polymer and carbon nano-particle 40nm in diameter.

気中動作のCNPコンポジットアクチュエータは変形状態を維持するにも電力の供給が必要だが，構成が単純で小型化が可能であり，また，印刷で作製できるといった特徴がある．今後，必要に応じこれらのアクチュエータを使い分けることにより，触覚伝達デバイスや人工筋肉につなげていきたい．

文　　献

1) M. Kato and M. Ishibashi, *J. Phys.: Conf. Ser.*, **127**, 012003 (2008)
2) M. Ishibashi and M. Kato, Proc. The Second Conf. on Artificial Muscles-Biomimetic System Engineering (2004)
3) 石橋雅義, 加藤美登里, 高分子加工, **54**, pp38-43 (2005)
4) Y. Wu, B. Nakajima, S. Takeda, I. Fukuchi, N. Asano and A. H. Tsai, US Patent US2010/014085A1, Jun.10 (2010)
5) M. Kato and M. Ishibashi, Proc. The Third Conf. on Artificial Muscles- Biomimetic System Engineering (2006)
6) 石橋雅義, 加藤美登里, メカライフ, 2006年6月号, pp482-483 (2006)

第10章　誘電性ポリマーアクチュエータ─膨潤ゲルから結晶性ポリマーフィルムまで─

平井利博*

1　はじめに

ポリマー材料を駆動素子などに応用しようとする試みはゴム材料を含めると遥か昔から行われている。ポリマーゲルを人工筋肉として利用する試みも古くからある[1]。近年の動向は多様な刺激に応答するスマート材料などとしての展開と関係して加速している。

ポリマー材料と言っても広くは，駆動素子としての利用ではなく，汎用の繊維材料であったり，樹脂材料など主に部材としてのものである。この汎用ポリマー材料を多様な環境下で使える高速大変形材料として活用できないかというのが，筆者らの視点である。

汎用ポリマーは，特に繊維等に利用されているポリマーは結晶性に優れるものが多く，樹脂として高性能である。ほとんどが誘電性で，しかも低誘電率（絶縁体）である。

本章では，しかしながら，これらの誘電性のポリマーを含め，ほとんどのポリマーが電気的に高速で大変形する駆動材料になり得ることを紹介する。これらの現象は20年前にはポーリングを起こす強誘電性ポリマー以外の非晶性ポリマーやゲルを含む誘電性柔軟ポリマー材料では認識されていなかった。

誘電性ポリマー柔軟材料の概要と，今まで報告されている誘電性の柔軟ポリマー駆動材料（ゲルから無配向結晶性ポリマーフィルムまで）を用いた高速大変形駆動を中心に述べる。

2　電場で駆動する誘電性ポリマー柔軟材料の分類

誘電性ポリマー柔軟材料といっても様々なものがあるが，単純化して(a)大量の誘電性溶媒によって膨潤した三次元架橋ポリマーを「ゲル」，(b)誘電性可塑剤によって可塑化したポリマー「可塑化ポリマー」，(c)溶媒や可塑剤を含まないがポリマーの分子間凝集力の制御によって得られる誘電性の柔軟ポリマー「エラストマー」，(d)ポリマー自体は誘電性で高い弾性率を持ち柔軟ではないが形態を繊維状／フィルム状にすることで柔軟材料としての利用が可能なポリマー等と

---

*　Toshihiro Hirai　信州大学　繊維学部　教授

第10章　誘電性ポリマーアクチュエータ―膨潤ゲルから結晶性ポリマーフィルムまで―

いうように分類することとする。(a)と(b)は似ているが，実は大きく異なる。(a)ではポリマーの移動そのものは起きないか，極めて限定されているため，変形は主に溶媒の材料の内部での移動に伴って生じる。(b)では，架橋によるポリマー鎖の固定がないためポリマーが可塑剤などと一緒に移動することで変形し，形状記憶効果による物理架橋の速やかな回復によって元の形状を回復することで可逆的な大変形が可能となっている。

3　誘電性ポリマーゲルの変形

さて，溶媒を大量に含有するポリマーゲルは，溶媒の吸蔵・吐出によって大きく体積を変える。その変化は1000倍を優に超えることも稀ではない。この変形過程に伴う伸縮変化が駆動に使われる。

いずれにしても，これらの変形を誘起する引き金は，ポリマーゲルでは多様である。ポリマー構造による多様性（親疎水性，導電性，光応答性など）に加えて外部環境である膨潤溶媒，添加物などによって顕著な影響を受けるからである[2]。

しかしながら，膨潤・脱膨潤は，駆動素子として利用する場合，駆動環境が溶媒の移動を伴う再現性の良い膨潤収縮を許容するものでなければならないことも課題である。これらの課題を回避するための取り組みの一つとして，筆者らは誘電性のポリマーゲル／エラストマーの膨潤・脱膨潤によらない電場駆動を検討している。

電場駆動は，実用的な駆動制御方式としてもっとも利用しやすい方法である。また，誘電性ポリマー材料は，駆動電圧が高いと考えられているものの，電力消費が少なく，耐久性に優れ，実用分野への適用が容易である[3]。

本項では，誘電性ポリマーゲルの電場駆動について詳述する。その理由は，大変形する人工筋肉様の駆動材料を考える上ではゲル様のポリマー材料が一般に低弾性率で容易に変形する材料として好適であるからである[4]。

さて，電場駆動材料として最初に思い当たる可能性のある素材はイオン性あるいは導電性ポリマー材料である[5]。それゆえ，低電場で駆動する駆動材料として，最も期待されているし，多くの研究が行われている。しかしながら，デバイスとして我々が日常に目の当たりにする段階には至っていない。その一つの理由は，これらの変形過程の多くが水中あるいは水の存在下で生じ，または不可欠的に水の介在を必要とする場合もある[6]。そして，水の介在は，電解などを伴い素材の駆動環境を限定する。本書でも解説されているが，イオン液体の活用によって状況の打開が見られつつある。

それに対して，非イオン性の誘電性ポリマーは駆動に高電場が必要である。とくに，柔軟性が

あり構造的にポーリング等の電気的な異方性を安定に固定あるいは保持することができにくいゲルやエラストマーの場合にはなおさらである。しかも，本質的に誘電率の低い素材の場合，一般的なデータや資料をみても，低誘電率の素材が大変形駆動するデータは示されていない[7]。このように，無配向の誘電性ポリマー材料を電場駆動に使うこと自体が一般的なアプローチではないことは明白である。

しかしながら，以下に述べるように事態は全くと言っていい程異なり，駆動電場が大きいものの，空気中をはじめ多様な環境下で利用できる，エネルギー損失の極めて小さい大変形高速変形素材として有望である。

本項では，誘電性ポリマーゲルの電場駆動にいたる経緯と，誘電性ゲルの駆動がどのようなものか，までをPVAヒドロゲルからPVA-DMSOゲルを通じて紹介する。

3.1 誘電ポリマーゲルの電場駆動

PVAは一般に水溶性のポリマーとしてよく知られているが，同時にDMSOのような非イオン性の有機溶媒にも溶解する。DMSOは，非イオン性であるが極性は強く，それ故，PVAのような水素結合性のポリマーを溶解することができる。

一方で，PVAは，その優れた水素結合性で分子間凝集を生じやすく，適当な濃度にすると水溶液は放置するだけで容易にゲル化する。こうして生成するヒドロゲルはもろく，用途も見いだしにくいが，水溶液に凍結解凍を施しながらゲル化を行うと，靭性が飛躍的に向上し，ゴム状のゲルになる。架橋構造は分子間水素結合によるものである。凍結の際の氷晶形成の段階でPVA分子配向が促進され結晶化が進み，靭性の高い網目構造が形成されるためである。

さて，DMSOのような極性の強い有機溶媒はPVAを溶解するので，グルタルアルデヒド等を利用してPVA溶液から直接，化学架橋したPVA-DMSOゲルを得ることができる。あるいは，PVAの物理架橋ゲルに重畳して化学架橋処理を施し，物理架橋と化学架橋の両方を有するヒドロゲルあるいはそれから誘導された大変形に耐えるPVA-DMSOゲルを作製できる。このゲルは，物理架橋と化学架橋を併用することで，形状記憶性を示す特徴的な挙動を持たせることが可能である。しかしながら，本稿の主題ではないので詳述しないが，ポリマー網目構造に異方性を導入することは変形の異方性を誘起し，駆動体として高機能化を図る上で有効な手法である[8]。

さて，DMSO自体は極性が強いものの誘電体であり，従ってPVA-DMSOゲルも誘電性のゲルである。誘電体は直流電場の印加によって導電性を示さない物質のことであり，多くのプラスチック等の絶縁材料が相当する。従って，PVA-DMSOゲルも電場変形しない筈のゲルである。

ところがPVA-DMSOゲルは，直流電場を印加したところ見事に変形する[9]。このDMSOはPVAとの親和性が優れるため溶媒の状態に擾乱が入ってもゲル外に容易には滲出せず，ゲルと

第10章 誘電性ポリマーアクチュエータ―膨潤ゲルから結晶性ポリマーフィルムまで―

して安定性である。直流電場を印加することで最初に観察された現象は，電場方向の伸縮である。変位は空気中，室温で，伸縮変位量は8％に達し，電場の自乗に比例し，応答速度は0.1秒程度であった（図1）。駆動に際してのリーク電流値は0.1mAレベルであり，従来のイオン伝導性ポリマーの水中駆動に比べて一桁以上小さい値である。勿論，これらの値はゲルの性状に依存するが，エネルギー散逸はイオン性ポリマーに比べて1/100以下程度ということになる[10]。ゲルの溶媒含有率が98％にもなることから，ゲルは大変柔らかくこの変形が平板電極間に働くMaxwell応力によるものと考えられたが，その効果は総変位量の10％程度に留まり，大半の変形はこれによらないものと判明した。すなわち，電場印加に誘発されるゲル固有の変形が大方の

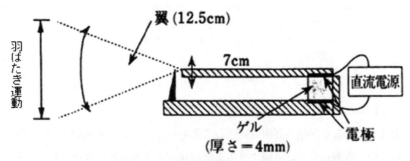

図1　PVA-DMSOゲルの電場による伸縮変形を利用した羽ばたき運動
左の電極に挟まれたゲルの電場方向の伸縮を増幅してウィングが約2Hzで上下する。ゲルの伸縮度は架橋密度，膨潤度，電場で制御できる。

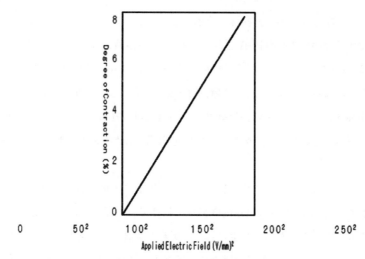

図2　PVA-DMSOゲルの電場と収縮歪み
伸縮歪みは電場の二乗に比例する。

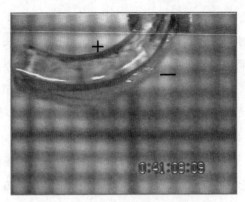

図3　PVA-DMSOゲルの屈曲変形
DMSO含有量98wt％のPVAゲル（厚さ2mm板状）の両面に金箔の電極を付着させた後，電場を印加すると上に示すように屈曲する。屈曲角は電場に依存する。応答は40ms，室温，空気中で駆動。

変位に寄与しているということである（図2）。

電極間の引きつけによる変位を詳細に観察して分かったことは，陽極と陰極の応答が異なることである。そこで，変形に自在に追随できるよう電極版を金の薄膜に変更したところ，図3に示すような極めて敏速な屈曲変形が観察された[11]。応答速度は40ms，屈曲の際に電極間で発生する異方的な歪みは30％に達し，屈曲角は電場に依存する。この変形は，溶媒のゲル内分布の非対称性に由来する。実際，電場印加によって溶媒（DMSO）は流動現象を示し，この現象は，イオンドラッグとして知られる誘電性溶液の性質である。ゲル中で類似の現象が起きることは溶媒含有量の極めて大きなゲルの場合，容易に予想できる。そこで，ポリマー（PVA）が存在することの意味を確認するために1％のPVAを含有するDMSO溶液について電場印加の影響を検討した結果，微量のPVAが共存することで溶媒の放電特性あるいは電荷保持特性に明白な変化が生じることが明らかになった。すなわち，溶液がPVAの存在によって帯電するということである。この挙動は，電極を両面にもつPVA-DMSOゲル膜に電場を印加した際，ゲル内で溶媒牽引が生じ，陰極側で圧の上昇が発生し，ゲルは陽極側を内側にした屈曲を生じるという機構の根拠となる（図4）。

このゲルは，さらに特徴的な変形を生じる。ガラス板上にアルミ箔で作製した電極の固定アレイを用意しておき，その上にPVA-DMSOゲルを載せて，電極に電場を印加すると，ゲルは図に示すように尺取り虫のような屈曲を生じる。いずれも空気中での変形である。これをクローリング変形と呼んでいる（図5）。変形の機構は，電極上の陽極に接触した部分で注入された電荷が溶媒を牽引して陰極端面に集中するためにその部分が固定点となって盛り上がり，結果的に陽

第10章　誘電性ポリマーアクチュエータ─膨潤ゲルから結晶性ポリマーフィルムまで─

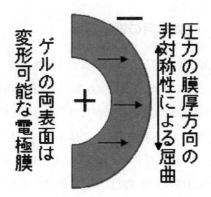

図4　PVA-DMSOゲルの屈曲変形機構
電荷の注入によってゲル内を移動する溶媒と，PVAゲルマトリックスによる放電の抑制がゲル内に非対称な圧力分布を生じ，屈曲変形が生じる。

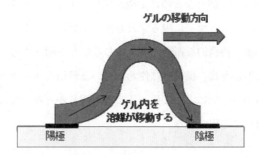

図5　PVA-DMSOゲルのクローリング変形
ゲルと陽極の接点から注入された電荷が溶媒を伴って陰極上に移動し，同時にPVAによる放電の抑制のため陰極上のゲル内圧力が上昇すると同時に静電的な吸着の増加により，ゲル全体が陰極を固定点にして陽極を引き寄せるようにクローリングする。

極側を引きずるような変形を生じるということになる。原理は，屈曲変形と同様である[12]。

PVA-DMSOゲルについて，膨潤・脱膨潤型の駆動と比較しながら，誘電性ゲルの電場駆動がどのような機構で生じるかを概説した。膨潤・脱膨潤型とは全く異なる機構で，しかも，誘電性のゲルが極めて効果的に駆動する。電流によるエネルギー散逸もきわめて少なく，応答速度も実用的なレンジにあり，こうした汎用ポリマーの駆動素材としての可能性を示している[13]。

さらに，次項以下では誘電率の低い，完全な絶縁体ポリマーまでもが大変形高速応答素材として高いポテンシャルを持つことを紹介する。

4 低誘電率ポリマー柔軟材料の電場駆動

　誘電率εの比較的大きい溶媒で膨潤した化学架橋ゲルと異なり，誘電率εの極めて小さい可塑化ポリマー（物理架橋ゲルと見てもよい）が1000％に達する大変形を生じることができること，加えて，数十万回に及ぶ連続運転に耐えることが可能である例を中心に本項では紹介する。ここでは，可塑剤（あるいは溶剤）のみが移動するのではなく，ポリマーマトリックス自体もアメーバの偽足のように変形する[14]。用いるポリマーの例は汎用材であるポリ塩化ビニル（PVC）である。他のポリマーでもこれと同様の物理架橋構造を形成することが可能であれば同様の変形を起こすことが期待される。

　さらに，可塑剤などの添加物を含まない低誘電率のポリマーも柔軟性が充分であれば非対称な空間電荷分布にもとづく屈曲変形を生じる[15]。一方，低ヤング率のエラストマーであれば平板コンデンサと同様で，電極に挟まれたエラストマーはマクスウェル効果による伸縮変形を生じる。この場合で鍵となるのは電極が柔軟であり，エラストマーとともに変形することである[3]。加えて，エラストマーに限らずとも高い結晶性を持つポリエチレンテレフタレート（PET）が直流電場印加で特徴的な振動運動を生じることを紹介する[16]。

　このように，繊維等に使われている汎用のポリマー，誘電性のポリマーが極めて高い運動性能を電場の印加によって生じることが明らかとなっており，加工の仕方等によって新規な高性能駆動材料に応用できる。

4.1　可塑化PVCの電場による可逆的なクリープ変形

　PVCは実用素材として多くの優れた性質を持っていることはよく知られている。適当な可塑剤を添加することで柔軟ポリマー材料としても多くの用途を持っている。しかし，電場で変形する駆動材料としては，認識されていない。

　この可塑化PVCは，実は以下に示すように極めて優れた電場応答駆動素材となる。しかも，他のポリマーで実現しにくい駆動特性を示す。PVCそのもののεも低いが，可塑剤もεの低いものが利用されるため，可塑化PVC自体でε＝2～5程度であることが一般的である。従って，一見，電場に応答する駆動素材にはなり得ないということであり，そのように扱われてきた。

　筆者らの研究室でこの材料の示す電場駆動特性を見いだしたときも，実用的なレベルの応答速度と大変形性能を兼ね備えた素材になることは期待していなかった。実際，通常の歪みd3方向の伸縮測定を行っても，教科書等に記載されているように，ほとんど歪みを見ることはできない（図6）。我々の場合，わずかの微小な特異的変形に注目し，その材料に併せた測定を行うことで潜在的な変形／駆動特性を引き出したことになる。そして，その現象は基本的に汎用の誘電性ポ

第10章　誘電性ポリマーアクチュエータ―膨潤ゲルから結晶性ポリマーフィルムまで―

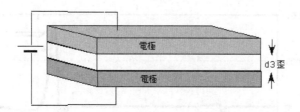

図6　通常の歪みd3方向の伸縮測定では，金属電極に試料を固着するのでd3方向以外の歪みは抑制され，そのため柔軟材料の内部応力が顕在化することができない

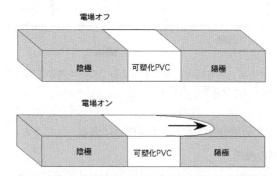

図7　可塑化PVCの電場による可逆的なクリープ変形
電極を挟んで図のようにゲルをおいて陽極上への這い出し（クリーピング）が可能な状況を与えると，電場の印加により，陽極との接触面積を広げるように可塑化PVCは陽極上に這い出して来る。電場の印加を止めると速やかに元に戻る。数年間安定に利用できる。

リマー材料に適用できる筈である。以下にその駆動特性の詳細を紹介する。

4.1.1　電場によるクリープ変形

　通常の可塑化条件（可塑剤が50wt％以下）では事実上，電場に応答する柔軟ゲルとしては機能しない。組成比が逆転した可塑剤70wt％以上の場合（以下，可塑化PVCと略記）に電場印加による可逆的大変形が生じる。すなわち，この変形を利用した駆動性が表れる。しかも，この変形は陽極電極面に限られたクリープ変形である（図7）。電場を印加すると図2に示すように，可塑化PVCは陽極上に這い出して来る。電場印加を止めると，速やかに元の状態を回復する。この変形は，通常のポリマーゲルが膨潤収縮による体積変化を活用した変形を駆動に活用するのとは全く異なり，可塑剤の吸蔵・吐出は起こらない。従って，空気中で長時間の繰り返し駆動が可能な材料として利用できる。図のような数百Vの直流電場下での駆動で，リーク電流はnAレベルであり，電流によるエネルギー損失は極めて小さく，一般の駆動素子のそれよりも優れている。発生する歪みは可塑剤やその組成に依存するが1000％に達する。応答速度は数百μmの厚さの可塑化PVC膜で100msレベルである。欠点は，印加電圧が高いことであると言われているが，

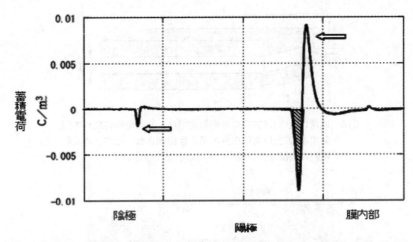

図8 可塑化PVCの場合も電荷の注入とそれに基づくゲル内の空間電荷分布の異方性が観察されクリープ変形が生じる

サイズ効果等を考慮すると利用分野にもよるが実用域にある。

4.1.2 電場による変形の機構

絶縁体のPVCあるいは可塑化PVCがなぜ直流電場に応答するかという点は，既に古から知られている誘電性液体のイオンドラッグ現象などと類似している[17]。誘電性液体に直流電場を印加すると溶媒の流動が起きる。可塑剤に電場を印加した場合も同様である。可塑化PVCの場合も同様に電荷の注入とそれに基づく可塑化PVC内の空間電荷分布の異方性が変形／駆動を誘起する（図8）。前項で高膨潤PVA-DMSOゲルの電場駆動を紹介したが，その場合の屈曲変形の機構はゲル中の溶媒にトラップされた電荷が非対称にゲル中に分布することで起きることを紹介した。可塑化PVCの場合も同様である。異なる点は可塑剤の流動が可塑化PVC中では，ゲルのマトリックス自体の流動変形となっていることである。また，この変形はメモリー効果，ヒステリシスを持つことが明らかにされているが，これは次項で述べるポリウレタン（PU）のところで紹介する。ただし，変形の過程での可塑化PVC中の分子の電場配向についてもX線小角散乱などによって検討されたが，現在のところ観察されてはおらず計測の範囲内で無定形構造であり，それが光学的に等方性と考えられている理由でもある。が，さらに詳細な検証が必要である。

4.1.3 駆動素子への応用

このような可塑化PVCのクリープ変形は，アメーバの原形質流動による偽足運動に似ているため，電場による走電的偽足変形とも呼んでいる。この可塑化PVCは，可塑剤にも依存するが室温放置で少なくとも3年，ほぼ安定である。このままの変形では具体的な駆動素子として利用できないので，いくつかの試みが行われている。例を2, 3示す。①クリープ変形を利用した屈曲駆動は図9に示すように陽極の先端部で可塑化PVCが電極の裏側にアメーバのように伸展し，

第10章 誘電性ポリマーアクチュエータ—膨潤ゲルから結晶性ポリマーフィルムまで—

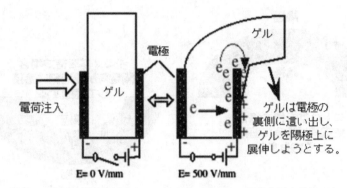

図9 クリープ変形を利用すると折れ曲がりによる屈曲変形を誘起できる
印加電圧は500V程度と高いが、リーク電流はnAレベルでエネルギー損失は低い。応答速度は0.1秒程度に達する。

その局所変形を可塑化PVC膜全体の折れ曲がり屈曲に利用するもの[18]。②球面を持つ可塑化PVCを陽極面で形成し、陽極上への展開変形に伴う球面曲率変化を利用した焦点可変人工瞳。直流電場（300V以下）の印加（電流はnAレベル）で駆動し、殆ど機構を持たないため5mm以下の厚さのレンズシステムを構築できる[19]。③電極上への引き込みを積層した約10％の伸縮駆動素子で応答速度は約10Hz。積層数を高くすることでストロークを稼ぐことができる[20]。①については、1Hzで連続10万回以上の繰り返し把持動作が確認されている[21]。③についても、ほぼ同様の安定性がある。

4.2 ポリウレタン（PU）の電場による屈曲変形特性

駆動素材として安定した性能を得るためには、溶媒膨潤型のPVA-DMSOゲルや可塑化PVCのように添加物を含むことは望ましくないと考えられる。そこで、着目したのがPUのようなエラストマーとして物性を広く変化させられる素材である[22]。

4.2.1 構造による駆動性の制御

PUは、物性の幅広い可能性の検証が可能である。すなわち、架橋点密度、架橋点間距離の制御が統計的に可能である。勿論、他の架橋ポリマーでも同様であり、それらを対象に検討することも重要である。

駆動特性としては、屈曲と電場と直交方向への展伸である。展伸は基本的に誘電体を挟む平板コンデンサーの場合と同様のMaxwell応力によるものであり、スタンフォード（SRI）のグループが長年にわたって多くのエラストマー素材について検討している[23]。屈曲変形は主に筆者らが取組んでいる視点であり、直流電場印加によってポリマー膜中に形成される非対称な空間電荷分布に基づく変形である（図10）。このような変形であるが、架橋密度の増加は変形を抑制するが、

未来を動かすソフトアクチュエータ

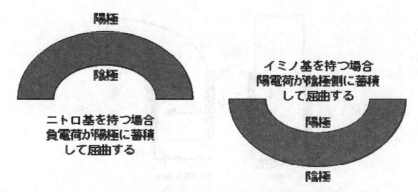

図10　PUのソフトセグメント構造を変えることで直流電場印加によってポリマー膜中に形成される非対称な空間電荷分布，すなわち屈曲方向を制御できる
(左)イミノ基をソフトセグメントに持つ場合，(右)ニトロ基の場合。

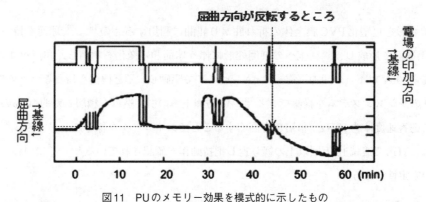

図11　PUのメモリー効果を模式的に示したもの
一度記憶された屈曲方向は10分以上反転電場を掛け続けないと消滅しない。反転電場印加で予想される屈曲方向と逆方向の屈曲が予想される大きさで生じる。

駆動の応答性は高くなり，架橋点間距離の増加は変形量を増加させるが，駆動の応答性は低くなる。電場によってローカルに誘起された歪みを，速やかにマクロな変形に発達させるには架橋密度を高め，上位階層構造の大きな歪みに発達させるには架橋点間距離を長くする。

4.2.2　メモリー効果

溶媒や可塑剤を含むポリマー系では電場によって誘起された材料内部での電気的な歪みを保った異方構造はほとんど保持されないが，エラストマーの場合には履歴現象として残る。

特徴的な現象を紹介する。図11はその現象を模式的に示したものである。PUに直流電場を初めて印加するとゆっくりと屈曲していく，途中で電場を切ると瞬時にもとに戻る。次に再び電場を印加すると今度は瞬時にそれまでの歪みの大きさを回復する。これは繰り返しが可能で，その時点で覚えた歪みを正確に反映する。電場印加を継続するとやがて歪みは電場に応じた値で飽和する。電場の方向（極性）を反転した電場を印加すると，「歪みが反転するというのが大方の予

第10章 誘電性ポリマーアクチュエータ―膨潤ゲルから結晶性ポリマーフィルムまで―

想」であるが，実はそうはならず，覚えていた屈曲歪みを電場の大きさに応じて「期待される方向とは逆方向に」発生する。可塑化PVCでも，実は，同様のメモリー効果があるけれども，ここに示した程，顕著ではない。

　この「記憶」は逆電場を長時間にわたって印加し続けて行くことで新しいものに書き換えられる。すなわち，期待される逆方向への屈曲変形を生じる[24]。この過程は，詳細な電流測定から材料内部に蓄積した電気的な異方性が逆転する現象と対応することがわかっている。これは，一見不都合にみえるが，記憶を保持させておけば瞬時に大きな変形を誘起する駆動材料として利用できることも意味している。

　PU以外にも誘電性の汎用エラストマーには各種のものがあり，それぞれについての検証が行われつつある[25]。

4.3 ポリエチレンテレフタレート（PET）の振動運動など

　PETも直流電場駆動材料等になる。筆者らの研究室ではこれを用いたバイブレーター（振動素子）を検討している。現在までに直流電場印加で数百Hzで振動することを確認している。この場合も，リーク電流はnAレベルである。PETと同様のコンセプトでシリコンゴムも振動子として駆動することを見いだしている。

　6ナイロンも直流電場に応答して変形する。この場合は，含水率に依存した変形である。すなわち，空気中の湿度に応じた変形が見られるということであり，ナイロンフィルム内部の水分の非対称分布を直流電場印加で顕在化させることによる変形である。

5　まとめ

　誘電性柔軟ポリマーを中心にいくつかの駆動例を紹介した。このように見ていくと汎用材料としてのポリマー材料には，従来の常識を超えて，多様な駆動材料としての大きな可能性があることがわかる。とくに，本章で述べた直流電場印加による屈曲変形は材料内部に誘起される非対称空間電荷分布と密接に関係している。稠密なポリマーからなる誘電体でも外部電場印加で対称に空間電荷分布を生じないように制御することができれば高速で応答する屈曲変形材料になり得る。また，駆動電場の大きいことと柔軟材料故の発生応力が課題であるが，現状でもマイクロマシンなどへの応用であれば，数ボルトで駆動することは充分に可能であり，応力の利用の仕方によってはデバイス化が可能である。PVCの特異性については，現在も検討が行われているが，各種エラストマーについての開発研究と併せて今後の実用分野への展開が進むことを期待している。基礎的な特性を明らかにしながら，新たな応用展開を目論んでいるところである。

文　　献

1) A. Katchalsky and H. Eisenberg, *Nature*, **166**, 267（1950）
2) Edited by D. DeRossi, K. Kajiwara, Y. Osada, and A. Yamauchi, Polymer Gels, Fundamentals and Biomedical Application, Plenum, 1991.
3) R. Pelrine, P. Sommer-Larsen, R. D. Kornbluh, R. Heydt, G. Kofod, Q. Pei and P. Gravesen, Applications of dielectric elastomer actuators, *Proc. SPIE* **4329**, pp.335-349（2001）
4) 平井利博, 人工筋肉, Human with Technology, **10**, pp.9-18（1997）
5) Y. Osada, H. Okuzaki, J.P. Gong, Electro-driven gel actuators, *Trends in Polymer Science*, **2**（2）, pp.61-66（1994）
6) 平井利博, 第5章, 電場駆動型アクチュエータ, ファイバー　スーパーバイオミメティックス―近未来の新技術創成―, 本宮達也編集, Vol.2, 519-523, エヌティーエス, 東京（2006）
7) 内野研二, 圧電／電歪アクチュエーター　基礎から応用まで, 森北出版（1986）
8) 平井利博, 花岡幸司, 鈴木崇, 林貞男, 配向ヒドロゲル膜の作製, 高分子論文集, **46**（10）, pp.613-617（1989）
9) T. Hirai, H. Nemoto, T. Suzuki, S. Hayashi, M. Hirai, Actuation of Poly（vinyl alcohol）Gel by Electric Field, *J. Intall. Mater. Sys. Struc.*, **4**, April, pp.277-279（1993）
10) Mitsuhiro Hirai, Toshihiro Hirai Atsushi Sukumoda Hiroshi Nemoto Yoshiyuki Amemiya Katsumi Kobayasi Tatsuo Ueki, Electrically induced Reversible Structural Change of a Highly Swollen Polymer Gel Network, *J. Chem. Soc. Faraday Trans.*, **91**（3）, pp.473-477（1995）
11) Toshihiro Hirai, JianmingZheng, Masashi Watanabe, and HirofusaShirai, Electroactive non-ionic gel and its application, *Proc. SPIE*, **3987**, pp. 281-291（2000）
12) Toshihiro Hirai, JianmingZheng, and Masashi Watanabe, Solvent-drag bending motion of polymer gel induced by an electric field, *Proc. SPIE*, **3669**, pp. 209-218（1999）
13) Edited by Xiaoming Tao, Smart fibres, fabrics and clothing: Fundamentals and applications, Woodhead Textiles Series No. 20（2001）
14) Toshihiro Hirai, Shigeyuki Kobayashi, Mitsuhiro Hirai, Masaki Yamaguchi, Md. ZulhashUddin, Masashi Watanabe, and HirofusaShirai, Bending induced by creeping of plasticized poly（vinyl chloride）gel, *Proc. SPIE*, **5385**, 433-442（2004）
15) T. Hirai, H. Sadatoh, T. Ueda, T. Kasazaki, Y. Kurita, M. Hirai and S. Hayashi, Polyurethane Elastomer Actuator, *Angew. Makromol. Chem.*, **240**, 221-229（1996）. M. Watanabe, M. Yokoyama, T. Ueda, T. Kasazaki, M. Hirai and T. Hirai, *Chem. Lett.*, **26**（8）, 773-774（1997）
16) 黒澤優介, 信州大学大学院工学研究科修士論文「誘電性ポリマーを用いた静電アクチュエーターの振動運動とその応用」（2008）
17) O. M. Stuetzer, Instability of Certain Electrohydrodynamic Systems, *The Physics of Fluids*, **2**（6）, 642-648（1959）
18) M. Z. Uddin, M. Yamaguchi, M. Watanabe, H. Shirai, T. Hirai, Electrically Induced Creeping and Bending Deformation of Plasticized Poly（vinyl chloride）, *Chem. Lett.*, **30**

第10章　誘電性ポリマーアクチュエータ―膨潤ゲルから結晶性ポリマーフィルムまで―

(4), 360-361 (2001)
19) Toshihiro Hirai, KatsuyaFujii, Takamitsu Ueki, Ken Kinoshita, and Midori Takasaki, Electrically Active Artificial Pupil Showing Amoeba-Like Pseudopodial Deformation, *Advanced Materials*, **21** (28), 2886-2888 (2009)
20) M. Yamano, N. Ogawa, M. Hashimoto, M. Takasaki and T. Hirai, A Contraction Type Soft Actuator using Poly Vinyl Chloride Gel, Proceedings of the 2008 IEEE, International Conference on Robotics and Biomimetics, 745-750.
21) nano tech 2009 国際ナノテクノロジー総合展・技術会議 レポート～SF系技術が伺える展示会,
http://robot.watch.impress.co.jp/cda/news/2009/02/24/1627.html
平井利博, わが国における人工筋肉研究動向―誘電性柔軟ポリマーの大変形駆動を中心として―, オルガテクノ2007有機テクノロジー国際会議／展示会
http://www.jpif.gr.jp/p100year/conts/orgatechno2007report.pdf
22) T. Hirai, H. Sadatoh, T. Ueda, T. Kasazaki, Y. Kurita, M. Hirai and S. Hayashi, Polyurethane Elastomer Actuator, *Angew. Makromol. Chem.*, **240**, 221-229 (1996)
23) F. Carpi, D. DeRossi, R. Kornbluh, R. Pelrine, P. Sommer-Larsen, Dielectric Elastomers as Electromechanical Transducers, Elsevier, 2008.
24) M. Watanabe, M. Yokoyama, T. Ueda, T. Kasazaki, M. Hirai and T. Hirai, Bending Deformation of Monolayer Polyurethane Film Induced by an Electric Field, *Chem. Lett.*, **26** (8), 773-774 (1997)
25) Yeonju Jang and Toshihiro Hirai, International Conference on Physical Organic Chemistry 20, Interrelationship between of phase structure and actuation behavior of acrylic triblock copolymer films (2010)

第11章　誘電エラストマートランスデューサー

千葉正毅*

1　はじめに

　人口増加，それに伴うエネルギー，食料，水等の需要増加，そして原油価格が高騰するなか，中国，インド，ブラジル，ロシア等の産業や生活レベルの向上により，今後急激に化石エネルギーの需要が伸び，地球温暖化の進行を増長させるばかりである。そのような事態を回避するために，社会全体を高度に高効率化する動きや，再生可能エネルギーの有効利用の研究・開発がなされている。

　近年注目されている技術として，ポリマーをベースにした素子の研究が急速に進歩している[1]。その中でも誘電エラストマートランスデューサーは，製作コストが安く，また電気的エネルギーを機械的エネルギーに変換する効率が非常に良いアクチュエーター（理論効率80－90％）[2]であるため，今後省エネルギー社会を一層推し進めるキーデバイスとなる可能性が大で，また本アクチュエーターを逆駆動することにより得られる電気エネルギーは，再生可能エネルギーの新しい回収手段として注目されている。

2　開発背景

　SRIインターナショナルでは，91年の後半[3]から，誘電エラストマーを用いた新しいタイプの人工筋肉素材（EPAM：Electroactive polymer Artificial Muscle）の研究・開発を行っている。90年代の後半から，幾つかのブレークスルーを実現し，EPAMの可能性がかなり広がった。この素子はラボレベルで，世界最速（Up to 50,000Hz）[4]，最大変位（Up to 380％：写真1参照），高圧力（8MPa）[5]に達し，パワー密度は1w/g程（人間の筋肉：0.2w/g，ギヤ等が付いたサーボモーター：0.05w/g）である[6]。またEPAMのエネルギー密度は，3.4J/gと単結晶ピエゾの21倍で，他の商用アクチュエーターと比較して2オーダー程大きい[2]。また近年，アクチュエーター動作を逆に行うことで発電できることも確認された。現状の素材で最大0.4J/gの電気エネルギーが得られ，近い将来，2.0J/g位のエネルギーを発生させることも可能と思われる[7]。

---

　*　Seiki Chiba　SRIインターナショナル　先端研究開発プロジェクト担当本部長

第11章　誘電エラストマートランスデューサー

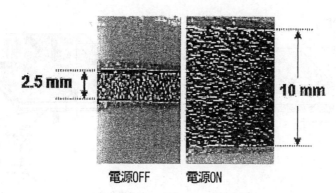

写真1　約4倍に変形するEPAMアクチュエーター

現在，研究・開発ステージから，徐々に実用化に向けた具体的なアプリケーションの研究・開発，中には量産ステージへと移行しつつある。

3　EPAMアクチュエーターの原理

EPAMは，ゴム状の薄い高分子膜（誘電体）を伸び縮み可能なフレキシブル電極で挟んだシンプル構造で，電極間に電位差を与えると，静電気によって電極が互いに引き合い，高分子膜が厚さ方向に収縮し，面方向に伸張する（図1参照）[8]。

下記に示す簡単な静電モデルを用いて，膜の電極によって生じる有効圧力を印加電圧の関数として導くことができる[5, 9]。圧力ρは，

$$\rho = \varepsilon_r \varepsilon_0 E^2 = \varepsilon_r \varepsilon_0 (V/t)^2 \tag{1}$$

と表される。ここでε_rとε_0はそれぞれ高分子の自由空間における誘電率と相対誘電率(誘電定数)，Eは電場強度，Vは印加電圧，tは膜厚である。この高分子の応答性は従来の電歪高分子と同程度であり，圧力は電場強度の2乗に比例している。

式(1)の圧力は，鋼板を利用したエアギャップ型静電アクチュエーターの圧力を求める式の2倍であることに注目して頂きたい[10]。これは，高分子が電気・機械エネルギー変換における2種類のモード，即ち厚さ方向と広さ方向への拡張モードを有しているためである。

また空気の誘電率は1であるが，高分子は一般的に2.5から10の誘電率を有しているので，従来の静電気を利用した方法に比べ駆動圧力をより増加させることが可能である。またEPAMは高い電場を利用することが可能で，実験室では日常的に100から200V/μm位の電場を使用しており，過去に440V/μm以上の電場強度を用いた例もある。

このように「2モードの相互作用」，「高い誘電率」および「高電場強度」という三つ効果が

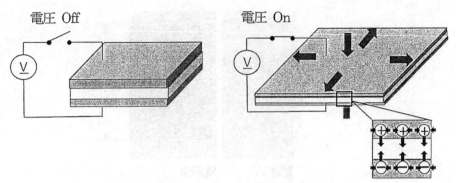

(a) アクチュエータモードの動作概要

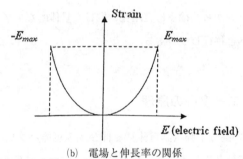

(b) 電場と伸長率の関係

図1　EPAMの動作原理

EPAMの駆動圧力に大きく貢献している。

EPAMと他の高速アクチュエーターにおける歪対質量比応力の比較を図2に示す[10]。EPAMは静電型アクチュエーターや電磁型アクチュエーターよりも大きな駆動圧力/密度を有し，ピエゾ型アクチュエーターや磁歪アクチュエーターより大きな歪を生じる。

4　EPAMアクチュエーターの素材，性能および開発動向

これまで色々な高分子を試してきたが，シリコン・ゴムをベースにしたものとアクリルをベースにしたエラストマーが一番良い結果を示した（図2および表1参照）[8]。これらのEPAMは，スピンコーティング，ディップコーティング，キャスト，スプレー等の良く知られた技術を用いて製作される[9]。

市場から入手可能なシリコンの製品仕様では，－50℃から250℃位の温度範囲でも駆動できることを示しており，SRIの予備実験では，260℃でシリコンアクチュエーターのデモに成功した。アクリルは中程度の温度に対応可能で，－10℃から70℃で優れたアクチュエーション性能

第11章 誘電エラストマートランスデューサー

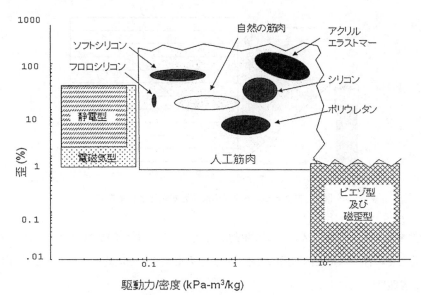

図2 高速アクチュエーション技術の比較

表1 シリコンとアクリルの性能比較

Parameter	Acrylics	Silicones
Maximum actuation strain (%)	380	120
Maximum actuation pressure (MPa)	7.2	3.0
Maximum specific energy density in actuation (MJ/m^3)	3.4	0.75
Maximum frequency response (Hz)	>50,000	>50,000
Maximum electric field (MV/m)	440	350
Relative dielectric constant	4.8	2.5-3.0
Dielectric loss factor	0.005	<0.005
Average elastic modulus (MPa)	2.0-3.0	0.1-2.0
Mechanical loss factor	0.18	0.05
Maximum electromechanical coupling, k^2	0.9	0.8
Maximum overall efficiency (%)	>80	>80
Durability (cycles)	>10,000,000	>10,000,000
Operating range (℃)	−10 to 90	−100 to 260

を得た。シリコンとアクリルの性能比較を表1に纏めた。

このようにEPAMは主にエラストマーを用いているため，加工性に優れ，マイクロオーダーから数m規模のデバイスまで用途に対応した形状設計が可能である。また軽量でゴムのように変形できることから，生体の機能を真似た柔軟な動作が可能で，モーターなどを用いたシステムでは真似ができない「柔らかく自然な感触」を表現できる。SRIでは，脚型ロボットを始め人工筋肉吸盤を有した電子ヤモリロボット等を含む多数の原理証明用デバイスを製作した[11]。

EPAMの大きな特徴は，ギアやカム等を使用していないため，高効率で，かつ動作スピードや

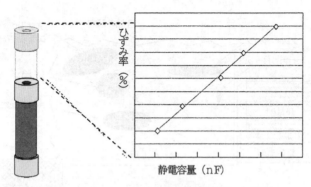

図3 アクチュエーターの静電容量変化とひずみ率

方向を突然変えても，安全でスムーズな駆動が可能になる。またEPAMアクチュエーターの静電容量変化とその伸びは正比例関係にあるため，圧力センサーや位置センサーとして利用可能である（図3参照）[12]。

5 EPAMアクチュエーターの応用展開

EPAMデバイスは大きく分けて，二種類に分類可能である。即ち点や面で機能するポイント型アクチュエーターと，複数のEPAMを配列させたアレイ型アクチュエーターである。ポイント型アクチュエーターは，個々の出力を有した既存概念型のアクチェーターで，一般的には力と伸び，また力とトルクと回転を得るタイプである。それとは対照的にアレイ型アクチュエーターは既存の技術にあまり用いられていない[13]。このアクチュエーターは，その名の通り，幾つかのEPAMを配列したり，組み合わせたりして用いるアクチュエーターで，かなり消費エネルギーの少ないデバイスが実現できると思われる。これらの開発例は第28章で述べる。

ここでは，興味深いEPAMの応用として，EPAMスピーカーの低周波領域の特性を活かし，ピエゾ素子では，なかなか実現出来なかった，海底資源探査などに用いられる低周波ソナー用の振動子実現の可能性について考察する（図4を参照）[14]。

一昨年行われた深海環境での動作実験では，周囲の水圧を0, 10, 30, 100MPaと変化させ，EPAMの駆動状況を観察し，各条件でEPAMが正常に動作することを確認した。本実験により，10,000mの深海でも，アクチュエーターとして動作可能なことを意味し，深海で使用するソナー用振動子だけでなく，資源吸引用ポンプ，ロボットアームとして使用できる可能性を示した。

第11章 誘電エラストマートランスデューサー

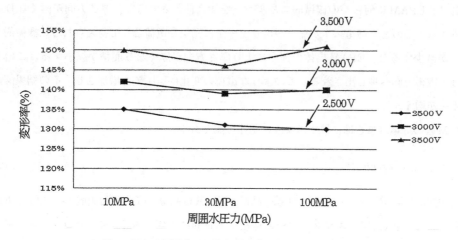

図4 異なる周囲水圧と印加電圧によるEPAMの変形率

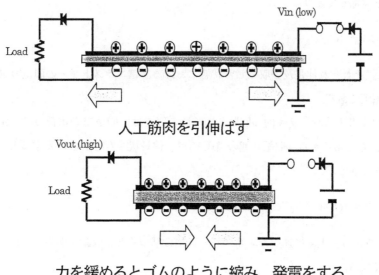

図5 EPAM発電の動作原理

6 EPAM発電の原理

EPAMの発電モードは，変形させることにより機械的エネルギーを電気的エネルギーに変えるもので，その機能が圧電素子と似ていることからよく混同される場合があるが，発電原理が基本的に異なり，発生する電気エネルギーやそれに必要な運動エネルギーも大きく違う。EPAMは，誘電体を二枚の電極で挟んだ単純構造で，機械的エネルギーにより静電容量が変化する一種の可変容量コンデンサーと考えることができる（図5参照）[15]。

101

これは，EPAMに何らかの機械的エネルギーを加え伸張させると，厚さ方向が薄くなり面積が拡大する。このとき静電エネルギーがポリマー上に発生し電荷として蓄えられる。機械的エネルギーが減少すると，EPAM自体の弾力により厚さ方向が厚くなり面積が縮小する。このとき電荷は，電極方向へ押し出される。このような電荷の変化は電圧差を増加させ，その結果静電エネルギーが増す。

EPAM膜の静電容量Cは，以下のように記述可能である。

$$C = \varepsilon_0 \varepsilon A/t = \varepsilon_0 \varepsilon b/t^2 \tag{2}$$

ε_0は自由空間の誘電率で，εはEPAM膜の誘電定数，Aは高分子膜の可動領域，tは厚さ，bは膜の体積である。式(2)で，エラストマーの体積は本質的に不変であるから，$A/t = b =$一定である。伸張及び収縮という1サイクル当りのEPAM発電エネルギーEは，誘電エラストマーの静電容量の変化と関係しており，

$$E = 0.5 C_1 V_b^2 \ (C_1/C_2 - 1) \tag{3}$$

C_1及びC_2は，それぞれ伸張及び収縮した状態における誘電エラストマーの静電容量であり，V_bはバイアス電圧である。

電圧の変化を考える時，基本的な回路で短時間の間では，EPAMの電荷Qは一定であると言える。$V = Q/C$であるから，収縮状態の電圧V_2は，伸長状態の電圧をV_1とすると，以下のように表すことができる。

$$V_2 = Q/C_2 = (C_1/C_2)(Q/C_1) = (C_1/C_2) V_1 \tag{4}$$

$C_2 < C_1$であるから，上記に述べたエネルギー理論に基づくと，収縮状態の電圧は，伸長状態の電圧より高くなる。

発生する電圧波形も圧電素子の場合は1回の衝撃で数ms〜数十ms程度に対し，EPAMは150ms〜200ms程度と1回の発電時間が長いことも特徴の一つである[15]（写真2参照）。

この発電時間は，1回の動作でもLEDの点灯や現在高速化が進んでいるワイヤレス機器の電源として使用するのに十分である[16]。周期的な連続動作では，数Hz以下の緩やかな運動エネルギーでも，平滑回路を用いることにより容易に連続した電気エネルギーを得ることが可能である。

第11章 誘電エラストマートランスデューサー

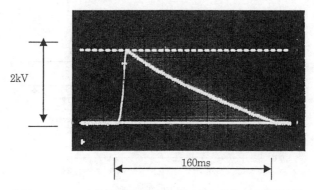

写真2　EPAMを伸長状態から元に戻す時に発生する電圧波形

7　革新的直流発電システムへの展開

　EPAM発電を大別すると，自動車の交流電源のように，ある特定のデバイスに電気を供給する装置（特定用途発電システム）と風力発電のように，広大な領域に発電ユニットを分散させた発電装置（分散型発電システム）に分類される[17]。

　従来の特定用途発電システムでは電磁発電装置が主で，高周波帯を利用している。低周波帯ではギア等の装置が必要で，そのため発電効率が落ちる。EPAM発電も高周波帯を利用した高効率発電が可能であるが，それに加え，波や動物等の動きを利用した低周波帯発電でもギア等を用いることなく，直接発電が可能である。分散型発電システムでも同様のことが言える。しかもEPAM発電は直流のため，近隣の電気消費地に，交流から直流に変換する必要がなく，より効率的に給電できる[18]。

　このような革新的EPAM発電のアプリケーションについては，第28章に譲り，ここでは波発電における波と浮体，発電効率等の関係をより良く理解するために実施した基礎実験について述べる。既存の波発電システムでは，「各種の周波数に対して応答する」ことが重要課題の一つである。しかし実際は，ある周期には応答するが，その他の周期では難しいのが現状である[19]。日大の二次元造波水槽を用いた基礎実験にて，幅広い応答周波数特性を有する画期的なEPAM波力発電システムの可能性を検証した。

　この実験より人工筋肉発電装置では，短い周期から長い周期まで，最大値に対し平均で約70％の電気エネルギーを安定して出力が可能なことを世界で初めて実証した[19]（図6参照）。また既存の波力発電装置では，本実験で使用したような小型発電装置を製作することが難しく，水槽を使った実験では，一次変換効率のみが測定され，その発電量は計算で求めていた。しかしEPAM発電装置は，模型レベルの小さな発電装置でも実際に発電するため，世界で初めてミニ

未来を動かすソフトアクチュエータ

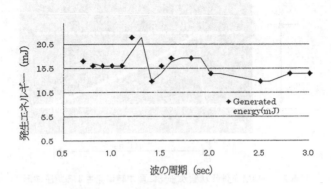

図6　波の周期変化による発電量

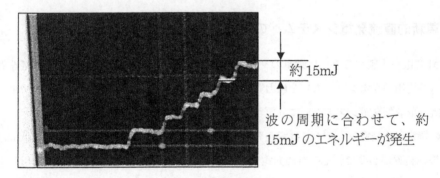

写真3　模型レベルの浮体を用いた波力発電装置から発電されたエネルギー波形
オシロスコープ上にて表示

チュアサイズでの発電量も実測することができた。写真3は，一連の波がEPAMに当ると，それぞれが電気エネルギーを生んでいる様子を示す。

8　EPAMアクチュエーターの将来

EPAMは，省エネルギーアクチュエーターとしても，発電素子としても幅広く応用が可能な革新的素材である。しかし，アクチュエーターや発電素材としてのEPAM研究はここ数年で大きく飛躍したとは言え，素材や応用技術など，まだその可能性を十分に引き出していない。今後は，各種アプリケーションに向けた更なる研究・技術開発を進めると共に市場ニーズに合った生産体制を確立していく必要がある[20]。

現在，次世代EPAM「スーパーEPAM」の検討を行っている。この素子ができると，スーパーEPAM振動子を用い地震からビルを守り，スーパーEPAMモーターにより画期的な電気自動

第11章 誘電エラストマートランスデューサー

車ができ，またスーパーEPAM発電素子により莫大な電気エネルギーを得ることが可能となる。このようなEPAMシステムが開発されることにより，現存する諸問題を解決する糸口の一つとなれば幸いである。

文　　献

1) 千葉正毅, "人工筋肉アクチュエーターの応用展開", 電子材料（2010）
2) R. Pelrine, R. Kornbluh, Q. Pei, and J. Joseph: "High Speed Electrically Actuated Elastomers with Over 100％ Strain", *Science* **287**: 5454, pp 836-839（2000）
3) R. Pelrine, and S. Chiba, "Review of Artificial Muscle Approaches", Proc. Third International Symposium on Micromachine and Human Science, Nagoya, Japan, October 1992.
4) S. Chiba et. al., "Extending Applications of Dielectric Elastomer Artificial Muscle", Proc., SPIE, San Diego, March 18-22, 2007.
5) R. Kornbluh, R. Pelrine, and S. Chiba, "Silicon to Silicon: Stretching the Capabilities of Micromachines with Electroactive Polymers", IEEJ Trans., SM, Vol. 124, No. 8, 2004.
6) S. Chiba, et. al.,"Electroactive Polymer Artificial Muscle（EPAM）in Human Life Science",（Invited）Proc. of Human Life Science Forum, Osaka Intech, Osaka, Japan, October 20, 2005.
7) S. Chiba, R. Kornbluh, R. Pelrine, and M. Waki, "Artificial Muscle and Their Next Generation", Proc. International Symposium on Organic and Inorganic Electric Materials and Related Nanotechnologies, Nagano, Japan, June 21, 2007.
8) S. Chiba et. al., "Medical Application of New Electroactive Polymer Artificial Muscles", Seikei-Kakou, Vol.16, No.10, 2004.
9) R. Pelrine R. Kornbluh, and S. Chiba, "Artificial Muscle for Small Robots and Other Micromechanical Devices", IEEJ Trans., SM, Vol. 122, No. 2, 2002.
10) 千葉正毅, "MEMSおよびNEMS用誘電エラストマーEPAM技術と今後の展開", エレクトロ実装技術, **18**（1）, 32（2002）
11) S. Chiba et. al., "Elecrtoactive Artificial Muscle", JRSJ, Vol.24, No.4, p38（2006）
12) 千葉正毅, 和氣美紀夫, "最新導電性材料 技術大全集", 下巻第17章 アクチュエーター, 技術情報協会, p397（2007）
13) 千葉正毅, "電場応答性人工筋肉アクチュエーターとその応用", 未来材料, Vol. 5, No.3 p8（2005）
14) S. Chiba, T. Sawa, H. Yoshida, M. Waki, R. Kornbluh, and R. Pelrine, "Electroactive Polymer Artificial Muscle Operable in Ultra-High Hydrostatics Pressure Environment", To be appeared in IEEE Sensor（Jan. 2011）
15) S. Chiba, M. Waki, R. Kormbluh, and R. Pelrine, "Innovative Power Generators for

Energy Harvesting Using Electroactive Polymer Artificial Muscles", Electroactive Polymer Actuators and Devices (EAPAD) 2008, ed. Y. Bar-Cohen, Proc. SPIE. Vol. 6927.

16) S. Chiba, M. Waki, R. Kormbluh, and R. Pelrine, "Extending Applications of Dielectric Elastomer Artificial Muscle", Proc., SPIE, San Diego, March 18-22, 2007.

17) Chiba *et. al.*, "New Opportunities in Electric Generation Using Electroactive Polymer Artificial Muscle (EPAM)", JIE, Vol. 86, No.9, p743 (2007)

18) 千葉正毅, 和氣美紀夫, "人工筋肉を用いた革新的省エネルギーアクチュエーターと発電システム", M&E, 12月号, p41 (2009)

19) S. Chiba, M. Waki, K. Masuda, T. Ikoma, R. Kornbluh, and R. Pelrine, "Consistent Ocean Wave Energy Harvesting Using Electroactive polymer Artificial Muscle Generators", submitted to OES, IEEE, 2009.

20) 千葉正毅, 和氣美紀夫, "波, 水流, 人間等の動きを利用した人工筋肉発電", ペトロテック, 第32巻, 第12号, p47 (2009)

第12章　圧電ポリマーアクチュエータ

田實佳郎*

1　はじめに

　モバイル機器の進展などに伴い，柔軟性のある圧電ポリマーのセンサー，アクチュエータへの応用が熱望されている。圧電ポリマーに分類されている「高分子」の圧電性研究は，天然高分子の固有の基礎物性の解明として始まった。記録に残っているもので比較的簡単に手に入る古い報告に，1924年のBrainによるセルロイドなどの圧電現象[1~9)]がある。その後，1941年にはMartinにより羊毛や髪の毛の圧電性，そして木材の圧電気に関する研究が，1950年のBazhenovとKonstantinova，1955年の深田によって行われている[1~9)]。得られた結果はこれらを構成する高分子の基礎物性の解明に大変有益なものとなった[7~9)]。一方これらの圧電性の特徴は，強誘電性高分子などで発生する「伸縮圧電性」ではなく，「ずり圧電性」であることである[1~9)]。更に，生体構成材料である骨にもずり圧電性が1957年に認められた。この時，はじめて圧電性の発現機構が追求され，それは骨材を形成するコラーゲン微結晶の配向に起因することが明らかになった[7~9)]。この発見が契機になり，ずり圧電性の存在が数多くのセルロースの誘導体で証明された[1~9)]。その後，多くの種類の生体高分子，多糖，蛋白質およびDNA，ポリペプチド，そして光学活性合成高分子などにも，ずり圧電性が発現することが判明した。賢明な読者諸氏はお気づきになったと思うが，ここまでの研究で認められた高分子の圧電性はすべてずり圧電性であることが特徴である[7~9)]。

　一方，伸縮歪に対する圧電性が広く認められることになったのは，1969年に河合による報告からである[1~9)]。それは延伸そしてpoling処理をしたポリフッ化ビニリデン（PVDF）filmの圧電性である[1~9)]。これらの発見の後，奇数ナイロンなどの分極性高分子（電界が存在しない状況で分極を保持する高分子の総称）の圧電性が盛んになされるようになった[1~9)]。特に，PVDFとその共重合体に関しては"高分子強誘電体"であることが証明され，多くの成果が現れ，超音波素子，センサーなどの応用が実用化されるようになった[1~9)]。その成果は，おびただしい数の論文と啓蒙書にまとめられている[1~9)]。本節ではそのことについてページ数の関係から多くを触れることができない。その詳細は文献1～9）を参考にしていただきたい。

　＊　Yoshiro Tajitsu　関西大学　システム理工学部　電気電子情報工学科　教授／副学部長

2 圧電ポリマーの圧電性基礎

圧電ポリマーと呼ばれるポリマーを使ってfilmや成形体を作っても，一般的には，圧電性は発現しない[1~9]。圧電性を利用するためにはある種の操作がfilmや成形体に必須である。この必要な操作の意味を含め，圧電ポリマーの圧電性について以下にまとめる。

2.1 結晶の圧電性

圧電アクチュエータはチタン酸ジルコン酸鉛（PZT）セラミックスで成功を収め，現在の「ナノテクノロジー」「molecular science」のkey technologyとして，その開発を各国がしのぎを削っている。そもそも圧電性は，機械エネルギーと電気エネルギーの相互変換によって起こる。たとえば，力や変位を圧電体に与えると電荷や電界が発生する。これは古くから超音波センサーなどの応用として花開いている[1~9]。これに対して，電界や電荷を圧電体に付与すると変位や応力が発生する。この性質がアクチュエータを実現する[1~9]。本稿ではまず高分子系の圧電性の記述，表し方について整理をする。そもそも圧電性は結晶（並進対称性）を持つ物質の対称性に由来する物質固有の性質とされ，結晶学的に整理され，分子論的に理解が進められてきた[1~9]。しかしながら，高分子材料（film）は結晶と非晶が複雑に絡み合った高次構造を形成するので[10]，マクロに並進対称性は保証されない。従って，結晶で展開された壮麗な学問体系をそのまま高分子filmに適用することはできない[1~10]。ここでは小川によって著わされた名著[11]に従い結晶の圧電性を紹介し，更に，深田等[6~8]により提案されている高分子圧電体のマクロな対称性に基づく整理をする。特に，電界Eや応力Tを圧電材料に印加した場合の圧電基本式（熱力学的表記）について述べる。以下，物理量における添え字は三次元ベクトル量（1軸成分，2軸成分，3軸成分），及びそれに基づく多次元テンソル量を意味する[1, 2, 6, 15]。

$$S_n = s_{nm}T_m + d_{jn}E_j + g_{jn}H_j + \alpha_n\delta\theta \tag{1.1}$$

$$D_i = d_{im}T_m + \varepsilon_{ij}E_j + m_{ij}H_j + p_i\delta\theta \tag{1.2}$$

$$\delta_k = \alpha_m T_m + p_j E_j + q_j H_j + \rho C\,\delta\theta/\theta \tag{1.3}$$

$(i, j = 1, 2, 3)$ $(n, m = 1, 2, 3, 4, 5, 6)$

S, D, δ：歪，電束密度，エントロピー変化

$H, \delta\theta$：磁界，温度変化

s, ε, d：弾性コンプライアンス定数，誘電率，圧電定数

g, p, α, q, m：圧磁定数，焦電気定数，熱膨張係数，焦磁気定数，磁気誘電定数

圧電性を示す物質の多くは非磁性なので，ここでは$H_j = 0$ $(j = 1, 2, 3)$とおいて (1.1)，

第12章 圧電ポリマーアクチュエータ

(1.2) および (1.3) 式は,

$$S_n = s_{nm}^{E\theta} T_m + d_{jn}^{\theta} E_j + \alpha_n^E \delta\theta \tag{1.4}$$

$$D_i = d_{im}^{\theta} T_m + \varepsilon_{ij}^{T\theta} E_j + p_i^T \delta\theta \tag{1.5}$$

$$\delta_k = \alpha_m^E T_m + p_i^T E_j + \frac{\rho C^{TE} \delta\theta}{\theta} \tag{1.6}$$

と簡単になる。更にEおよびTの印加が等温 ($\delta\theta=0$) に行われる場合,あるいは断熱 ($\delta\kappa=0$:エントロピーは変化) に行われる場合で区別を初めからしておくと,以下のような圧電基本式が得られる。

$$S_n = s_{nm}^E T_m + d_{jn} E_j \tag{1.7}$$

$$D_i = d_{im} T_m + \varepsilon_{ij}^T E_j \tag{1.8}$$

$$(i, j=1, 2, 3) \quad (n, m=1, 2, 3, 4, 5, 6)$$

ここで,圧電性を記述するd_{im}は極性三階テンソル量であるので,系に対称中心が存在すればd_{ij}は総て0になる。ところで,系の対称性を記述する32に分類される結晶点群のうち,対称中心のないものは21存在する。このうち,有極性点群は10,無極性点群は11である。圧電性は,この21の点群のうち無極性の一つの点群Oを除いた20に存在する[1,2,9,11]。

2.2 圧電ポリマーフィルム

filmなどの高分子固体には並進対称性は通常存在しないため,高分子結晶の対称性ばかりではなく,マクロな対称性の議論が必須である[1~11]。深田等が圧電性高分子の研究を始めたころから問題になった[1~11]。その後,高分子に結晶固有の「強誘電性」が存在することが理研の古川等のグループをはじめ世界中で多くの研究者によって証明されるようになり,明確に整理されるようになった[1~11]。今では「ferroelectric polymer」,「高分子強誘電体」などが広く認知されるようになった[1~11]。その間に無機材料でも「relaxor」など従来の狭義の強誘電体の概念から離れる圧電材料も認知されるようになった[1~11]。高分子材料の分野でも,現在では,電荷が局在し,その電荷に基づく分極は反転しないことが本質的なelectretにおいても,「ferroelectret」という言葉で表されるPZTなみの数百pC/Nの圧電率を持つ高圧電electretが開発された[1~11]。このferroelectretはセルラー構造を持つことが特徴であり,その圧電性発現機構に結晶の圧電性は全く関与しない。ここではこのような特徴ある圧電ポリマーの議論を整理したい。

2.2.1 強誘電性高分子

 圧電性が最も有名な高分子は強誘電性高分子，PVDFである．PVDF系高分子を例にあげ，説明を続ける（図1[1~11]）．図2[1~11]に示すようにPVDF系高分子はD-Eヒステリシスを示す．PVDFは大きな圧電率を示すことが古くから知られているが，このD-Eヒステリシスで示される残留分極をPVDFフィルムに与えなくては圧電性が発現しない[1~11]．即ち，PVDFの圧電性発現のためには，PZTなどのセラミックス圧電体と同じようにpoling処理が必要である．poling処理とは直流高電界を試料に印加し，残留分極を付与する処理である．poling処理には，PVDFでは，室温で50MV/m以上の電界が必要である．そのために実際には100μm以上フィルムでは室温でpolingすることは難しい．そこで現実には，室温より高い温度で，数kVの電圧を印加する熱polingという手法がとられることがPVDFの場合多い．更に効果的に圧電性をPVDFに発

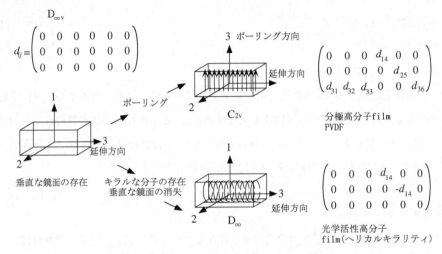

図1 高分子filmのマクロな対称性と圧電性

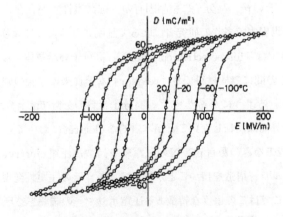

図2 PVDF系高分子のD-Eヒステリシス曲線

現させるためには,予め試料を一軸延伸し,分子鎖を配向させる必要がある。これらの処理を施した場合,PVDF filmの対称性を表す点群はC_{2v}となる。PVDF結晶の対称性もC_{2v}であるので,見かけ上,両者の点群は一致する。この場合の圧電テンソルを図1[1~11]中にまとめてある。繰り返しになるが,PVDF filmが単結晶であるから点群が一致したのではなく,延伸操作＋poling操作を施した一軸配向分極PVDF filmの対称性がPVDF結晶の対称性とたまたま一致しただけで,PVDF filmが複雑な高次構造体であり,filmに並進対称性が存在しないことを忘れてはならない。

2.2.2 キラル高分子フィルム

キラル高分子結晶（鏡映対称性がない）と,それを含む一軸配向film（キラル高分子film）では,マクロな特性と結晶の特性の間に1対1の対応は前述の場合同様存在しない。(1)式中の圧電テンソルがキラル高分子結晶中に存在しても,作成したfilmが等方性であれば（例えばキャストしただけの膜：鏡映面あり）,そこにマクロな圧電性は存在しない。キラル高分子ではなく,一般の高分子を一軸配向させたfilmの場合は,マクロな対称性を示す点群は$D_{\infty v}$（図1）である[1~11]。この点群は鏡映面を持つ。即ち,結晶（ミクロ）に圧電テンソルが存在しても,マクロには鏡映面の対称性がそれを打ち消すので,やはり一軸高分子filmに圧電性は観測されない。しかしながら,キラル高分子の場合,分子はキラリティを持っている。このときには,先の鏡映面が消えるので,一軸配向キラル高分子filmのマクロな対称性を表す点群は,$D_{\infty v}$ではなくD_∞になる。この点群は圧電性を保証する。即ち,この場合には,結晶自身の対称性（D_2：d_{14},d_{25},d_{36}の三つの圧電定数が存在）とマクロな対称性（D_∞：d_{14},d_{25}の二つの圧電定数が存在）は先のPVDFの場合と異なり見掛け上も異なる。言い換えれば,一軸配向キラル高分子filmにおいてマクロな圧電性（d_{14},d_{25}）が発現する場合は,キラル高分子結晶のd_{14},d_{25}およびd_{36}が複雑に絡み合って現れる。この場合の圧電テンソルを図1[1~11]中にまとめてある。

最後に図1で注意すべき点に触れたい。分極型とキラル高分子型で,座標軸の執り方が異なっている。これは点群の扱いを無機結晶の圧電体と矛盾せぬようにするための所作である。もう少し専門的に言えば,対称軸の主軸の取り方を,高分子film,高分子結晶と無機結晶で矛盾のないようにするための方法で,深田等[1~11]によって提案され,現在一般的に使用されている。

2.3 配向制御の実際

圧電ポリマーにマクロな圧電性を付与するためには図1に示す対称性をfilmに付与しなければならないが,そのための具体的な方法を以下に挙げる。

2.3.1 延伸配向操作

(1) 延伸

一軸延伸は最も基本的な配向操作である[10]。延伸はfilmを所定の温度（延伸温度）に上げ,

一方向に引き伸ばす。結晶性高分子，例えばPVDFのような結晶性高分子の場合，ガラス転移点と融点の間で行われる。この時，filmは独特な急激な厚みの変化を起こす（ネッキング）。非晶性高分子の場合，延伸温度はガラス転移点以下近傍で行うのが普通である。得られるfilmの配向度は，延伸温度，延伸速度，延伸倍率によって決定される。二軸延伸filmは，高分子を，面内で垂直な二方向に引き伸ばし，作られる。分子鎖軸はフィルム面内に再配列する。このようにして得られたfilmは機械的強度が面内で均一となり，工業的な価値は高い。

　(2)　圧延

圧延法[10]においては，高分子filmを，その膜厚以下に接近させた二つの加熱した金属ロールを回転させ，その間を通す。この時，二つの回転している金属ロールはfilmに熱と高い機械的な圧力を与える。この方法では，filmの幅に変化を生じない一軸配向filmが作製できる。

2.3.2 分極処理

分極型高分子に圧電性を付与する場合，延伸操作を施したfilmに，更に極性を与えるためにpoling処理を施すことが行われる。poling処理は試料に極性を与えるので，分子に鏡映対称がない場合，filmにC_{2v}の対称性を与えることができる。高分子filmで行われるpoling法には，熱poling，コロナpoling，高電界polingなどがある。

　(1)　熱poling

熱poling法は最も古典的な方法である。通常，高分子膜をガラス転移点以上にし，2時間ぐらい直流電圧を印加する。その後，電圧をかけたままガラス転移点以下まで冷却する。河合の圧電性で有名な報告では，この熱poling法によって作製されたものである[1~9]。

　(2)　コロナpoling

コロナpoling法では，高電位によりコロナ放電を起こし，それを利用し極性を与える。コロナpolingは通常は室温で数秒で完成するので，工業的に利用される[1~9]。特にエレクトレットの作成には必須である[1~9]。

3　アクチュエータとしての圧電ポリマーの基本性能

アクチュエータの基本動作は刺激に応答する歪，力の発生で起こり，そして精度，再現性の確保が要求される。種々雑多な高分子アクチェータ材料についてそれらをすべて概観することは難しいが，この種の研究者がはじめに参考にする資料をここでは以下に紹介したい。各国，各地域のElectroactive Polymer Actuatorsの研究グループを束ねる組織として"WorldWide Electroactive Polymer Actuators ebhub"がある。そのホームページ（http://ndeaa.jpl.nasa.gov/nasa-nde/lommas/eap/EAP-web.htm）に，Electroactive Polymerの物性比較が，少々

第12章　圧電ポリマーアクチュエータ

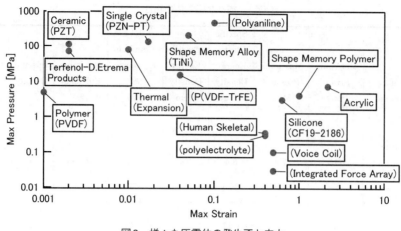

図3　様々な圧電体の発生歪と応力
(http://ndeaa.jpl.nasa.gov/)

古い文献[12〜25]を基にしているが，表と図にまとめられている．各材料研究者の認識を理解するうえで貴重な表である．以下にその表を，表1として紹介する．ここでは表1に注目し，アクチュエータ材料としての圧電性高分子の位置づけを見る．

表1中で，人の筋肉（human skeletal）は，「40％以上の歪，0.35MPaの力」を実現する．これに対して，PVDF系圧電ポリマーは，「0.1から4％の歪，5から15MPaの力」を実現する．即ちPVDF系圧電ポリマーは，「人間の筋肉と比べ，歪は1/10以下と，大きな歪は発生しない」が，「発生する力は人間の筋肉の10倍以上」の値を示す．

この発生応力と歪の関係は図3を見ると良く分かる．人間の筋肉の動きは，図3の右下（歪は大きく，応力は小）に位置する．どちらかと言うとこの図では歪発生量が多いグループに属する．これに対して，PZTや圧電ポリマーは少歪・高応力発生が特徴のグループに分類される．また表1より，これらの材料は応答速度が，歪発生量が比較的多い材料より速いことが分かる．一方，圧電ポリマーは，NASAがまとめた表中の物性ではPZTに比べ優る物性は見当たらないが，比重が1に近いため軽量化に優れること，また柔軟性など実用にあたって重視される物性を持つことを強調したい．

4　実用化に近づけるアクチュエータ材料の開発例

先に述べたように圧電ポリマーは大変位を実現するアクチュエータとしての実用化は難しい．表1と図3に示すように，応答速度，発生応力などはPZTセラミックをはじめとする無機圧電材料に性状が近い．一方で，高分子フィルムの柔軟さや大面積化の容易さなどはセラミックス材料

未来を動かすソフトアクチュエータ

表1 様々な圧電体の物性

Actuator Type (specific example)	Maximum Strain (%)	Maximum Pressure (MPa)	Specific Elastic Energy Density (J/g)	Elastic Energy Density (J/cm³)	Coupling Efficiency k^2 (%)	Maximum Efficiency (%)	Specific Density	Relative Speed (full cycle)
Electroactive Polymer Artificial Muscle[12] Acrylic	215	7.2	3.4	3.4	～60	60-80	1	Medium
Silicone (CF19-2186)	63	3.0	0.75	0.75	63	90	1	Fast
Electrostrictor Polymer (P(VDF-TrFE))[13]	4	15	0.17	0.3	5.5	-	1.8	Fast
Electrostatic Devices (Integrated Force Array)[14]	50	0.03	0.0015	0.0015	～50	>90	1	Fast
Electromagnetic (voice coil)[15]	50	0.1	0.003	0.025	n/a	>90	8	Fast
Piezoelectric Ceramic (PZT)[16]	0.2	110	0.013	0.1	52	>90	7.7	Fast
Single Crystal (PZN-PT)[17]	1.7	131	0.13	1	81	>90	7.7	Fast
Polymer (PVDF)[18]	0.1	4.8	0.0013	0.0024	7	n/a	1.8	Fast
Shape Memory Alloy (TiNi)[19]	>5	>200	>15	>100	5	<10	6.5	Slow
Shape Memory Polymer[20]	100	4	2	2	-	<10	1	Slow
Thermal (Expansion)[21]	1	78	0.15	0.4	-	<10	2.7	Slow
Electrochemo-mechanical Conducting Polymer (Polyaniline)[22]	10	450	23	23	<1	<1%	～1	Slow
Mechano-chemical Polymer/Gels (Polyelectrolyte)[23]	>40	0.3	0.06	0.06	-	30	～1	Slow
Magnetostrictive (Terfenol-D. Etrema Products)[24]	0.2	70	0.0027	0.025	-	60	9	Fast
Natural Muscle (Human Skeletal)[25]	>40	0.35	0.07	0.07	n/a	>35	1	Medium

を凌駕する。これらの特徴を活かした開発事例のいくつかを以下に紹介したい。

4.1 Macro Fiber Composite
―圧電性高分子の特徴を活かした複合体設計の一例―

PVDF filmは可撓性があり大面積を実現できるが，その圧電率d_{31}＝20pC/N程度と小さい[1〜11]。著名な圧電材料，PZTは，古くはシガレットライター，原子間力顕微鏡（AFM）のアクチュエータなどに使われ最近のナノ材料開発になくてはならない圧電セラミック材料である[1〜11]。そのため，高感度PZTと可撓性・大面積化を実現する高分子を混合した複合圧電体を作ることが古くから行われた。特に近年多くの試みがなされているが，NASAのLangley研究所で開発されたMacro Fiber Composite（MFC）は有名である[26]。

＊本件は，平成17年6月6日にNASAのDr. R. G. Bryant, Dr. W. K. Wilkieが来日し，NASA Langley Research Centerで開発された圧電アクチュエータによるロケットや航空機などの振動計測と制御に関する講演を小林理研で開催された第25回ピエゾサロンで行った。そのときの報告が深田先生により，小林理研ニュースNo.90_4に手際よくまとめられている。ここではそこより抜粋し，以下にまとめる。

高分子材料は低密度のため軽量化が死活問題な航空宇宙機用材料に多数選ばれている。初めは，これらの材料はコンポーネント構造材として使用されたが，それらの弾力性や他の特性は魅力的であり，着陸船の展開衝撃などを柔らげるために使用されている。NASAのMFCの圧電率はPVDFの約10倍である。NASAのホームページ（http://ndeaa.jpl.nasa.gov/）で例示されているものは厚さ300μmのsheetで，十分な可撓性がある。このMFCは以下のように作成される[26]。

① 圧電性繊維を紡糸
② 圧電性繊維をエポキシ樹脂で接着し，繊維束を作成
③ 繊維束の軸方向に高電界をかけてpoling

実際，電圧を加えると，MFCはマクロな厚み方向の圧電性d_{33}に起因する歪を生じ，アクチュエータとして動作する。図4[12]にd_{33}＝280pm/VのMFCにおける電界と歪の関係を引用する。多少の履歴は存在するが，線形性も高い。柔軟性のあるsheetでありながら，圧電繊維の種類を選べば，PZTに近い圧電効率を実現でき，アクチュエータとして広い用途が期待できる。実際NASAのホームページ上には航空機や宇宙ロケットに関連する構造体への応用例が多数紹介されている。図5[26]は，飛行機の尾翼のなかに数個のMFCを内蔵して，Active Control技術を用い，振動を制御している例である。更にNASAでは，他の複合材でも以下のような性能を持つ材料を実現し，予備実験として，三つの例が挙げられている[26]。

① 電池駆動の回路をつけたMFC湾曲板が，15分から45分の間，250mから500mの距離を

未来を動かすソフトアクチュエータ

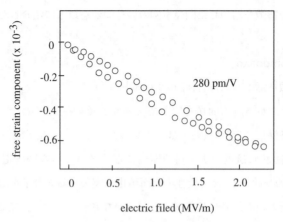

図4　MFCにおける歪―応力
(http://ndeaa.jpl.nasa.gov/)

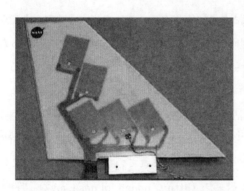

図5　MFCの利用
(http://ndeaa.jpl.nasa.gov/)

自力で這いながら移動することができる。

②　航空機の翼のモデルにMFC湾曲板を取り付け，空気の流れの剥離する点を移動させることができる。

③　4枚の複合板を直列に配置し，1Wから2W，1Hzで450gの質量を±1cm振動させるモータを作り，6ヶ月連続運転することが出来る。

他のアプリケーションとしては探査車，膨張性の望遠鏡，レーダーアンテナなどへの展開が考えられている。そしていくつかがすでに飛行実験に達し，他のものも，高度な開発段階にある[26]。

4.2　キラル圧電ポリマー繊維素子

PVDFに圧電性を付与するには繰り返し述べてきたように，poling処理が必要である。そのためには電極をつける必要があるが，複雑な形状に電極をつけることは困難である。これは高分子

が持つ特長である柔軟性や成形性が生かせず，大きな難点である．これに対して，図1に示したようにキラル高分子にはこのようなpoling処理がいらない．即ちキラル高分子を繊維状にした場合，圧電性の発現のための処理が簡単になる．この特長を踏まえ，筆者等はキラル高分子繊維の圧電性を利用した繊維型の圧電アクチュエータの研究を続けている[9, 27, 28]．中でも，PLLA繊維を利用した特殊tweezersの作製に注力している[9, 27]．特殊tweezersの動きは，掴むこと，そして，患部を取り出すことに分類される．そこで，これらの動きを詳細に解析し，それを実現できるシステムの構築を試みている．tweezers形状や電界印加の方法の改良を重ねた結果，印加電界により発生する歪が均一になり，掴む動作が正確に力強く出来るようになった．その後，更なる改良を重ねることで，血栓などを血管から引き出すことにも挑戦している[9, 27, 28]．一方で，このような評価を重ねながら，現在，生体に近い音響インピーダンスや柔軟性を付与したキラル高分子繊維を作成し，fiber型laserメス，光メカニカルスイッチなどの開発が進められている[9, 27, 28]．

4.3　セルフセンシングアクチュエータ
—センシングと一体化—

　セルフセンシングアクチュエータという興味深い研究が10年ほど前にDosch等[29]によって発表された．この研究は注目を集めたが，当時はモバイル機器の登場もなく，実用化に結びついていかなかった．しかしながら最近iPad（アップル社製）などで代表されるインターフェースが実際に具現化されると，このような研究は再び注目を集めるようになった．Dosch等の研究[29]は大変基本的なものであるが，1枚の圧電体でセンサーとアクチュエータの機能を兼ねさせて，振動の制御の可否を検討している．図6に実験の等価回路を示す．片持梁に圧電素子（容量C_p）をはりつけている．C_2はC_pと容量の等しいコンデンサ，R_1，R_2は抵抗である．V_pは振動によって圧電素子に生じた電圧である．$V_S = V_1 - V_2$はセンサ電圧であるが，ブリッジが平衡したとき零に近づく．この電圧を増幅してアクチュエータとしての圧電素子にフィードバックする．フィードバックの電圧V_cによって圧電体が振動を打ち消す方向に働きV_pを零に近づける．この方法で梁の一次の振動の減衰時間が1/10以下に減少する．このような動作を効率的にさせるには圧電ポリマーの大面積化は大変有望であり，現在PVDFを使った多くの研究がなされている．

4.4　多孔性エレクトレット
—柔らかさと高分子の加工性を活かした現実的な高圧電高分子フィルム—

　前述までの応用例は材料そのものの圧電性を向上させる工夫ではなく，アクチュエータ素子を高分子の特徴を活かし，最適化した構造にする試みである．これに対して，ここで紹介する高分

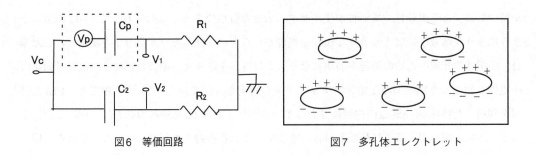

図6 等価回路　　図7 多孔体エレクトレット

子フィルムはフィルムそのものの圧電性を向上させた例である。

エレクトレットは，半永久的に荷電した誘電体である。Bauer教授のグループは軟らかい有孔性filmに硬いfilmを重ねた二層構造filmで100pC/Nという大きな圧電率を実現している[30]。これは弾性的に軟らかい層と硬い層を積み重ね，その境界面に電荷をトラップしたエレクトレットである。このfilmに圧力を加えると，二つの層の歪みが異なるために両電極の誘起電荷が変化し，圧電性が出現する。更にCellular Polypropyleneを使ったエレクトレットが500pC/Nに達する大きな圧電率を持つことを報告している[30]。図7にその模式図（断面図）を示す。filmの内部に細長い空孔が多数存在し，コロナ放電によって，空孔の上下の面に正負の電荷がトラップされている。厚み方向に圧力を加えると，空孔の厚さが大きく変わるため，両電極に誘起される電荷が大きく変化する。Cellular Polypropyleneはこのような構造を持つために，表2は水晶，PZT，PVDF，CPPのヤング弾性率と圧電率を示す。Cellular Polypropyleneの圧電率の値はPVDFの10倍以上あり，PZTよりも大きい[30]。ポリマーとしては最高の値である。既に，Cellular PolypropyleneとアモルファスSi電界効果トランジスタ（FTT）を組み合わせた大面積で可撓性のあるセンサーが試作されている[30]。この素子は厚さ50μmのポリイミドフィルムの基板の上に，厚さ70μmのCellular Polypropyleneを5μmのエポキシ樹脂で接着してある素子である[30]。この他，Cellular Polypropyleneの軟らかさと高い圧電率を用いる応用は，非接触型超音波イメージング，超音波受音器，座椅子センサー，高面積床センサー，楽器ピックアップ，広帯域マイクロホンなど多数ある。

4.5 配向制御
―非伝統的配向手法―

2.3で紹介した伝統的な延伸法ばかりでなく様々な配向制御が近年報告されている。Zhang等[13]は，電子線照射を利用し，PVDF系高分子filmのナノスケール領域の制御を行った。実際，分子鎖は電子線照射によりナノスケールで乱れ，分断される。その結果，relaxor強誘電体に転換させることができるというものである[13]。

第12章　圧電ポリマーアクチュエータ

表2　多孔体エレクトレットの圧電率

piezoelectric materials	Young modulus（GPa）	piezoelectric constant（pC/N）
quartz	72	2
PZT	50	360
PVDF	2	20
Cellular PP	0.002	200-600

　一方，従来全く身近に手に入らない高磁場が超伝導磁石の商品化より簡単に利用できるようになった。これを利用し，高分子の配向制御法として，10Tの高磁場を利用した研究がなされ，効果があがっている。これは高分子鎖にある芳香環などの磁気異方性の高い分子を直接外部磁場により制御するいわゆる「一分子制御」の考え方である。しかしながら，10Tの磁場といえども一本の高分子鎖との相互作用は弱く，熱エネルギーと比べれば小さい。高分子鎖をなんらかの秩序状態（液晶状態など）に保ち，その構造共同性を利用する必要がある。我々も，この配向制御法を芳香環を持つペプチド高分子（図8）に適用した。その結果，ずり圧電性を従来の0.2pC/Nから20pC/Nに上昇させることができた[31]。

4.6　蒸着重合

　最近，伝統的な重合法で高分子を得て，それをfilmや繊維化するのではなく，fineな材料を得る方法が好んで用いられる。そのひとつが蒸着重合法である[32～34]。以下簡単に紹介する。真空中で単量体（固体または液体）を加熱蒸発させ，その蒸気を基板表面に衝突させる。衝突した分子は基板表面上を移動しながら，基板表面に吸着または再蒸着する。蒸着重合法は分子のこの性質を利用し反応性の高い2種類の物質を同時に基板表面に衝突させ，分子の表面移動により重合反応を起こし，高分子膜を形成させる方法である。図9[32～34]に蒸着重合の模式図を示す。真空槽中にハロゲンランプまたはニクロム線などの加熱源と蒸発源が2つあり，それぞれに単量体が充填されている。これらをそれぞれ所定の温度に加熱（化学量論的組成を実現するにはこの温度制御が重要で0.1度以下が要求される）後，シャッタを開け，基板上に膜を形成する。膜厚を水晶振動子型あるいは光干渉型モニタにより測定し，所望の厚みの膜を手に入れる。このような蒸着重合法は以下の特徴を持つ[32～34]。①真空中での乾式法である。②分子配列の制御が可能である（良好な均一性）。③無触媒・無溶媒で重合できる（高純度化）。④高い膜厚制御性を示す（高分子薄膜作製が容易）。⑤高速製膜・大面積化が可能である。⑥再現性・加工性に優れる。通常湿式法では得にくい薄膜を得ることができる。

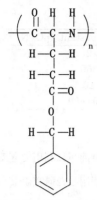

図8 ポリ-γ-ベンジル
L グルタメート
（PBLG）

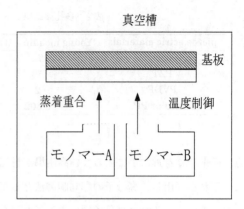

図9 蒸着重合

4.7 分子制御

　最近は「一分子計測あるいは制御」と称して，高分子鎖が高次構造をとる以前のサイズで研究が行われている。圧電性高分子関係では，A. V. Bune等による「Nature」における1998年報告が端緒と言える[35]。彼等の研究は強誘電性高分子，ポリフッ化ビニリデン（PVDF）系高分子を対象にし，ナノサイズの研究を行った先駆的なものである。更に，最近の「molecular science」では高分子鎖を一本ずつ基板上に選択固定する技術の進展が注目されている。圧電性高分子，L型ポリ乳酸（PLLA）については，Langer等[36]によりPLLA分子鎖の固定をエンドグラフト法を利用することで可能であることが報告されている。我々も，基板上に図10に示すように，PLLA分子鎖を直接固定化することを試みている[37]。実際，PLLAをグラフト重合させ，ガラス基板面に対し，分子鎖を垂直に配向させた。更にそのPLLAを結晶化させた。その代表的なPLLAを原子間力顕微鏡（AFM）で観測した例（図11[37]）である。この試料では，基板面上で，針状発達していることがわかる。PLLAはキラル高分子でありその分子鎖方向に大きな旋光性（9000deg/mm）が理想状態で存在することが小林ら[38]によって報告されているが，この基板上のPLLAの旋光能は200deg/mmと大きなものであり[37]，分子鎖の配向が垂直成分を持つように制御ができていることが分かる。

5 おわりに

　圧電ポリマーの研究は，はじめは天然高分子，ポリペプチド，絶縁性高分子を使ったエレクトレット，そして強誘電性高分子へと拡がった。圧電運動は，光学活性高分子や天然高分子を中心

第12章 圧電ポリマーアクチュエータ

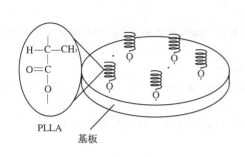

図10 エンドグラフト法によるPLLA分子鎖制御

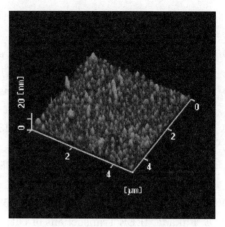

図11 基板上PLLAのAFM写真

とする「ずり圧電振動」, エレクトレットの「厚み振動」, 強誘電性高分子の「伸縮圧電振動」に大まかに分類できる。この圧電ポリマーの研究は日本で始まり世界に広まったとてもユニークな研究である。なかでも深田栄一博士（理化学研究所元理事, 小林理学研究所顧問）は"圧電性高分子の父"と世界で呼ばれ, 先生の研究の歴史は圧電ポリマーの研究の歴史そのものである。PVDF系圧電ポリマーの研究がアメリカのベル研をはじめ世界に拡がった1970から80年代前半は, 世界で多くの物理系研究者がその圧電発現機構の解明に努めた。この期間は圧電ポリマー研究の黄金期の一つであるが, この間に他の現在につながる電気特性にまつわる機能性ソフトマターの研究も芽が出ている。1980年代前半はテレビ（TV）といえばブラウン管TVであるが, そのころ液晶の研究が本格的に始まり, 今ではTVは液晶TVがスタンダードである。更にノーベル賞に結びついた電子導電性高分子や二次バッテリを実現する高分子の考えもその頃から広まる。このように1980年当初は現在につながる機能性高分子研究の端緒, 節目の時である。当時, 今日のような発展まで予測されたわけではなかったが, その後の地道な研究が今日の興盛を導いた。と考えると, 今もどこかで次の30年後に拡がる高分子の基礎研究が行われているに違いない。その花が開くことを祈りたい。最後に勢い余って駄文を長々と書いてしまったことを含め, 筆者の浅学のため偏りや思い違いなど, ここに深くお詫び申し上げたい。ただ, 本稿が読者の皆様の興味を引き出し, 日常的な活動に少しでもお役にたつのであればとても幸せなことである。執筆の機会を与えていただいたことに深く感謝したい。

文　　献

1) M. Lines and A. Glass, "Principles and Applications of Ferroelectric and Related Materials", Clarendon press, Oxford（1977）
2) T. T. Wang, J. M. Herbert, A. M. Glass eds., "Applications of Ferroelectric Polymers", Glasgow, Blackie（1987）
3) T. Furukawa, *Phase Transition*, **18**, 143（1989）
4) F. Bauer, L. F. Brown, E. Fukada eds., "Piezo/Pyro/Ferroelectric Polymers", Ferroelectrics 171,（No. 1/4）, 1（1995）
5) H. Nalwa ed. "Ferroelectric Polymers", Marcel Dekker Inc., New York（1995）
6) E. Fukada, *Biorheology*, **32**, 593（1995）
7) E. Fukada, IEEE Transactions of Ultrasonic, Ferroelectrics, and Frequency Control, **47**, 1277（2000）
8) E. Fukada, IEEE Transactions on Dielectrics and Electrical Insulation, **13**, 1110（2006）
9) F. Carpi and E. Smela eds., "Biomedical Applications of Electroactive Polymer Actuators", John Wiley & Sons, Inc., West Sussex（2009）
10) D. Bower, "An Introduction to Polymer Physics", Cambridge（2002）
11) 小川智哉, 結晶光学の基礎, 裳華房（1998）
12) R. Pelrine and R. Kornbluh, SRI International（1999）
13) Q. Zhang *et al.*, *Science*, **280**, 2101（1998）
14) S., M. Bobbio, B.Kellam, S. Dudley, J. Goodwin, S. Jones, J. Jacobson, F. Tranjan, and T. DuBois, Proc. IEEE Micro Electro Mechanical Systems Workshop（1993）
15) These values are based on an array of 0.01 m thick voice coils, 50％ conductor, 50％ permanent magnet, 1 T magnetic field, 2 ohm-cm resistivity, and 40,000 W/m^2 power dissipation.
16) PZT B, at a maximum electric field of 4 V/cm.
17) S. Park, and T. Shrout, *J. Appl. Phys.*, **82**, 1804（1997）
18) PVDF, at a maximum electric field of 30 V/cm.
19) I. Hunter *et al.*, Proc. 1991 IEEE Micro Electro Mechanical Systems―MEMS'91, 166（1991）
20) H. Tobushi *et al.*, JSME International J., Series I, 35, No. 3（1991）
21) Aluminum, with a temperature change of 500 ℃.
22) J. L. Bredas and R.R. Chance eds., "Conjugated Polymeric Materials: Opportunities in Electronics, Optoelectronics and Molecular Electronics", Kluwer Academic Publishers, The Netherlands, 559（1991）
23) M Shahinpoor, *J. Intelligent Material Systems and Structures*, **6**, 307（1995）
24) Terfenol-D Etrema Products
25) I. W. Hunter, and S. Lafontaine, Technical Digest of the IEEE Solid-State Sensor and Actuator Workshop, 178（1992）
26) http://ndeaa.jpl.nasa.gov/

27) M. Sawano *et al.*, *Polymer International* **59**, 365 (2010)
28) Y. Tajitsu, IEEE Transactions on Dielectrics and Electrical Insulation, 17, I1050 (2010)
29) J. Dosch *et al.*, *J. Intell. Mater. Syst and Struct.* **3**, 166 (1992)
30) S. Bauer, IEEE Transactions on Dielectrics and Electrical Insulation, **13**, 953 (2006)
31) T. Nakiri *et al.*, *Jpn. J. Appl. Phys.*, **43**, 6769 (2004)
32) Y. Takahashi *et al.*, *J. Appl. Phys*, **70**, 6983 (1991)
33) T. Hattori *et al.*, *Jpn. J. Appl. Phys.*, **35**, 2199 (1996)
34) E. Fukada, *Jpn. J. Appl. Phys.*, **37**, 2775 (1998)
35) A. Bune *et al.*, *Nature*, **26**, 874 (1998)
36) S. Choi and R. Langer, *Macromolecules*, **34**, 5361 (2001)
37) Y. Tajitsu *et al.*, *Jpn. J. Appl. Phys.*, **42**, 6172-6175 (2003)
38) J. Kobayashi *et al.*, *J. Appl. Phys.*, **77**, 2957 (1995)

第13章　光駆動高分子ゲルアクチュエータ

渡辺敏行[*1], 吉原直希[*2], 草野大地[*3]

1　はじめに

　今から9年ほど前に，植物の走光性のように光に応答して自在に曲がる材料を作りたいと思ったのが本研究を始めた動機であった。光照射によって，遠隔操作で物体のメカニカルな動きを制御することができれば，様々な新奇なデバイスを創出することができるはずである。どのような物質を用いれば，そのような材料を作ることができるのであろうか。紆余曲折の末にたどり着いたのはフォトクロミック分子と高分子ゲルであった。本稿では光応答性高分子ゲルを用いたフォトメカニカルアクチュエータについて紹介する。

2　光応答性部位の設計

　特定の波長の光により，分子構造変化を起こすことで吸収スペクトルや，屈折率，双極子モーメントの異なる異性体を可逆的に生成する分子をフォトクロミック分子という。アゾベンゼンは容易に合成でき，異性化効率，繰り返し耐久性がよい。しかし，これらの光異性化誘導体は熱的に不安定で暗黒中においても元に熱戻りする。

　図1にアゾベンゼンの光異性化反応を示す。アゾベンゼンは，通常は熱力学的に安定なtrans体として存在しているが，紫外光でcis体となり熱又は可視光でtrans体となる光異性化を起こす分子で，trans-cis光異性化反応は数ピコ秒のオーダーで起こると考えられている。この光異性化により，4と4'の位置の距離は9.0 Åから5.5 Åに短縮し，双極子モーメントは0.5Dから3.1Dへと増大する。

　トランスアゾベンゼンは溶液中～310nmと～450nmに吸収スペクトルを示すが，これは電子基底（S_0）状態からS_2及びS_1への遷移である。S_1（$n \to \pi^*$）励起では，平面内の1個のN原子のインバージョンによりcis体を生じるが，S_2（$\pi \to \pi^*$）励起でもS_1励起と同様にN原子のイン

[*1]　Toshiyuki Watanabe　東京農工大学　大学院工学研究院　教授
[*2]　Naoki Yoshihara　東京農工大学　大学院工学府
[*3]　Daichi Kusano　東京農工大学　大学院工学府

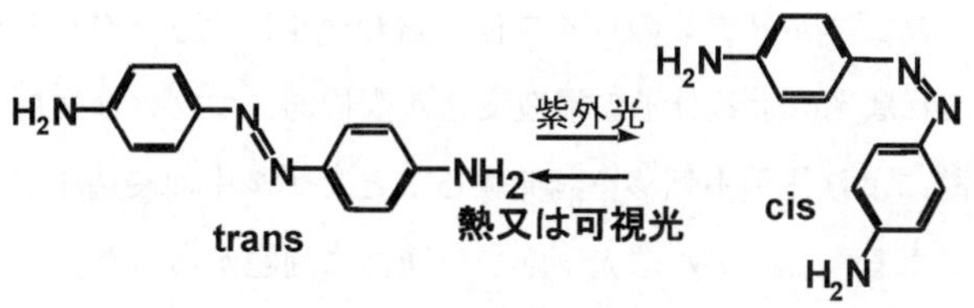

第13章 光駆動高分子ゲルアクチュエータ

図1 アゾベンゼンの光異性化

バージョンにより光異性化が起こる。trans体を280nmパルスでS_1の高い振動準位へ励起すると640nmの蛍光を発するとともにインバージョン（反転）によりcis体となる。また，S_2からの380nmの蛍光を発するとともに，S_2からS_1の高い振動準位への振動緩和を経てN原子のインバージョンによりtrans体からcis体となる。

これまでに光により刺激を与えることで物質に伸縮や屈曲などの変形を引き起こす研究がいくつか報告されてきた。さらに，フォトクロミック分子を用いて光により分子構造を変化させて材料の変形を起こすさまざまな材料が研究された。分子レベルでの変化をマクロな変形に結び付けようとした最初の研究は，E. Merianにより報告されたナイロンフィルムの光変形である[1]。アゾ色素で染色した30cmのナイロンフィルムに光照射を行うと0.33mm縮み，これに光照射をやめると元に戻った。

アゾベンゼンを架橋剤として含む高分子フィルムにおもりを吊るすことで高分子鎖を配向させ，これによりアゾベンゼンを配向させ，光照射によりcis体になることで，フィルムの短縮が観察された。紫外光照射によりアゾベンゼンがtrans体からcis体に変化することで，0.27%収縮し，可視光照射により0.16%伸張した[2]。しかし，光照射による長さの変化は分子レベルにおけるアゾベンゼンの変形と比べてとても小さかった。より大きな変形を実現するために，光変形がより伝わりやすいように高分子ゲルやゴムのような柔らかい素材を用いることが試みられた。

3 高分子ゲルとは

分子鎖間に架橋を起こすことで，モノマーが三次元的につながった重量平均分子量が無限大の架橋高分子を合成することができる。高分子ゲルは，このような架橋による三次元網目構造をもち，溶媒中で不溶であり膨潤して固体にも液体にもない状態をとる。ゲルは多量の溶媒を吸収して膨潤しても有限の体積を持ち，無限に広がって拡散することはない。さらに，ゲルは外界に対して開放系であり，周囲からの刺激（溶媒組成・pH・温度・光・電磁場など）を受けてそれに自分の環境を対応させる。

この高分子ゲルに光応答性部位を導入して，大きな変形を得ようとの試みがなされてきた。

光イオン化するトリフェニルメタンのロイコ体を含むゲルによりマクロレベルによる光変形が実現されている[3]。これは光による分子の構造変化が直接的にマクロな変形に結びついたものではなく，光イオン解離により体積相転移を誘発することでゲル中の浸透圧が増大し含水率が増加したことによるものである。このゲルは光反応の可逆性に問題があった。

また，我々はβ-ジケトン誘導体を導入したアクリルアミドゲルが，光照射によってケト-エノール互変異性を示し，光照射部が膨潤することを見いだした[4]。3次元光造形で作製したカンチレバーに底面から光を照射すると，光照射方向にカンチレバーが曲がることを見いだした。しかし，残念ながら，このケト-エノール互変異性も可逆反応ではなかったので，一度曲がったカンチレバーを元に戻すことはできなかった。また，応答速度が非常に遅いという問題があった。

そこで我々は光照射による分子レベルの変形をマクロな系に効率良く伝えるために，剛直な分子鎖を有するアミド酸オリゴマー中に光応答性部位を導入し，変形の大きさと，応答速度の改善をはかった。この剛直な網目中でtrans体からcis体への光異性化が生じると，ポリアミド酸中の網目構造が素早く変わるとともに，ゲルの体積が大きく変化する。

4 分子レベルの変形を如何にマクロな変形へとシンクロさせるか

これまでの光応答性高分子で，分子レベルのアゾベンゼン分子の異性化をマクロな変形へと伝搬させ，アクチュエータに利用した例はなかった。例えば池田らの研究はアゾベンゼンを高分子主鎖中に導入したものであるが，その変形は液晶相転移による体積変化を利用したものであり，分子の変形が直接マクロな変形へと繋がったものではない[5]。

また，ビニル高分子へアゾベンゼンを導入した研究例は多数あるが，アゾベンゼンの異性化が材料のマクロな変形へと繋がったものはない。その理由は何であろうか。もし，アゾベンゼンが異性化をしても高分子の分子鎖中にコンフォメーションが変化することにより折り曲がり鎖を形成してしまうと，分子の変形を高分子のフレキシブルな部位が吸収し，マクロな変形が起こらなくなってしまう。これはビニル高分子の側鎖にアゾベンゼンを導入した系でも同様である。

分子レベルの変形をマクロな変形へとシンクロさせるためには，アゾベンゼンを主鎖中に導入し，しかもその分子鎖が剛直な構造を有していないといけない。また，これらの分子鎖は空間的に偏りがなく（ミクロボイドが存在しない），均一に広がっていることが重要である。この網目の均一性を確保するために，我々は末端架橋法を採用した。末端架橋法では，最初にオリゴマーを用意し，その末端を架橋剤と反応させるために網目間の分子量を制御しやすいといった特徴を有する。

我々が提案する「ミクロな変形をマクロな変形へと繋げるためのメカニズム」が正しいかどう

第13章　光駆動高分子ゲルアクチュエータ

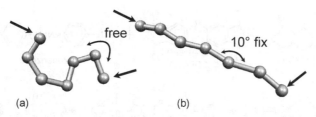

図2　オリゴマーのモデル図
(a)フレキシブル鎖モデル，(b)剛直鎖モデル。

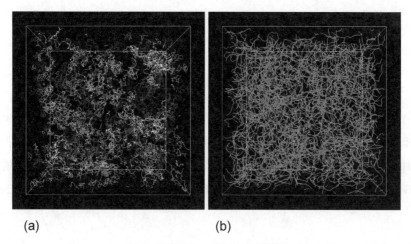

図3　高分子ネットワークの構造
(a)フレキシブル鎖モデル，(b)剛直鎖モデル。

かを検証するため，フレキシブルな分子鎖と剛直な分子鎖では，どのように高分子鎖のネットワーク構造が異なるかを分子動力学法によりシミュレートした。

　計算に利用したモデルを図2に示す。2つのボンド間は高分子鎖の一つのセグメントを表している。高分子のセグメント間の結合が自由に回転するフレキシブルモデルと結合の動きに制限を与えた剛直鎖モデルを用意し，分子動力学計算で，これらの分子が架橋剤と反応した場合の構造について解析した。図3にこの2つの高分子鎖から形成された高分子ゲルの構造を示す[6]。いずれも高分子鎖と架橋剤の反応率は100％と仮定して計算した。図3中で空間的に結合が切れていて，独立している高分子鎖は異なる階調で表示している。フレキシブル鎖モデルでは網目構造の形成が局所的に進み，それぞれが孤立した高分子ネットワークを形成している。そのため高分子ネットワークがない部分にミクロボイドが形成されることが判明した。このミクロボイドの存在が分子の変形を吸収してしまうため，フレキシブル鎖ではアクチュエート機能を発現することができない。一方，剛直鎖モデルでは分子鎖が空間的に均一に広がり，全ての分子鎖が結合してただ一つの高分子ネットワークを形成している。従ってミクロボイドが空間中に存在せず，分子の

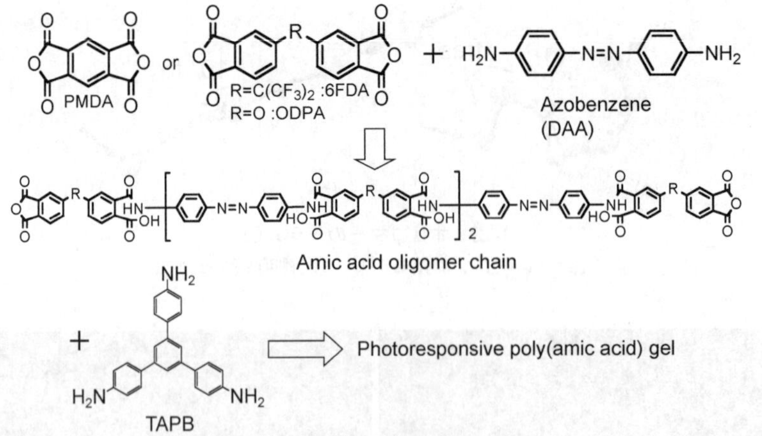

図4 光応答性高分子ゲルの合成スキーム

変形が直ちに高分子ネットワーク全体に伝わることがわかる。もちろん実際の高分子では剛直鎖を利用すると，剛直なために反応自体が進行せず反応率が100％を切ってしまうので，完全に理想的な網目構造にはならないが，系中に存在する多くの高分子が単一のネットワーク構造の形成に寄与することがアクチュエータの応答速度にも影響を与える。この点に関しては後ほど説明する。

5　光応答性高分子ゲルの光応答挙動

5.1　光応答性ポリアミド酸ゲルの合成

我々が実験に使用した光応答性ポリアミド酸の合成スキームを図4に示す。まず，C_3対称性で3つの架橋点を持つTAPBを合成した。次に窒素置換したサンプル管にアゾベンゼンをはかり取り，溶媒となるジメチルホルムアミド（DMF）を加え撹拌した。そこに，アゾベンゼン（DAA）：酸無水物（6FDA or PMDA or ODPA）＝3：4となるように窒素置換・撹拌しながら酸無水物を少しずつ加えた。これを氷浴中で2時間撹拌しアミド酸オリゴマーを得た。

このアミド酸オリゴマー溶液に化学量論比が合うようにTAPB/DMF溶液を2～3回に分けて加えて振り混ぜると，赤褐色透明の弾力のあるポリアミド酸ゲルが得られた。

この高分子ゲルに光を照射すると，図5のように光応答性部位であるアゾベンゼンを含んだオリゴイミド鎖が折り曲がるため網目サイズが減少する。この網目サイズの大きさは2ζで表すが，その典型的な大きさは1-2nm程度である。

6FDA/DAAアミド酸オリゴマーについて分子量測定（GPC）を行った。試料は仕込み濃度7wt％で作製したアミド酸オリゴマーを0.005wt％まで薄めて設定波長330nm，流速1ml min^{-1}，感度1mV，で測定を行い，溶媒は，30mM LiCl/DMFを用いた。標準試料には，重量平均分子

第13章　光駆動高分子ゲルアクチュエータ

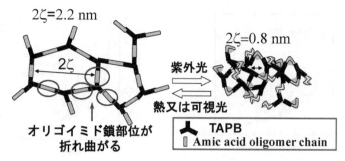

図5　光照射による光応答性高分子ゲルの網目サイズの変化

量6.00×10^6, 5.91×10^5, 3.79×10^4, 1×10^3の標準ポリスチレンを使用した。6FDA/DAAアミド酸オリゴマーのGPC測定結果は数平均分子量$M_n=2093$，重量平均分子量$M_w=2411$，$M_w/M_n=1.1516$であった。M_w/M_nが1に近く比較的分子量のそろったオリゴマーが得られた。アミド酸オリゴマーの分子量の理論値は2413.74なので6FDA：DAA＝4：3の目的物が得られたことがわかった。

5.2　ポリアミド酸ゲルの光照射による吸光度変化

可視紫外分光光度計（UV-Vis）測定により6FDA/DAAポリアミド酸ゲルについて光異性化及び熱戻りを測定した。溶媒にはDMFを用い，仕込み濃度5wt％のアミド酸オリゴマーとTAPBを混ぜ合わせてゲル化する直前に石英ガラスの間で薄く挟んで作成したものを用いて測定した。測定は厚さ1cmの角型セルで行った。光異性化を起こす光源には高圧水銀灯を用い，VY-50とC-39Aのフィルターを使用した。VY-50は490nm以上の光のみを透過するカットフィルターで，C-39Aは360-470nmの光のみを透過する干渉フィルターである。ポリアミド酸ゲルについての測定結果を図6に示す。(a)trans→cis光異性化，(b)cis→trans光異性化である。光照射前は光定常状態にあり，ほとんどがtrans体であるが，cis体も少し含まれている。そのため，VY-50を通した光を照射すると400nm付近のtrans体の吸収が増加した。このとき，trans体がほぼ100％存在すると考える。まず，C-39Aを通した光の照射時間にともない次第に400nm付近のtrans体の吸収は減少し，500nm付近のcis体の吸収が増加し，trans体からcis体への光異性化がポリアミド酸ゲル中で起こることが確認できた。

また，VY-50を通した光を照射するとcis体よりtrans体への異性化が起こることが確認できた。一方，C-39Aを通した光の照射によりcis体へ変化させた後の室内で静置したとき，熱戻りが確認された。C-39Aを通した光の照射を終了すると時間とともにゆっくりとtrans体の吸収が増加していき，cis体の吸収が減少することが確認できた。30分ほどで光定常状態の透過率まで戻った。このように，ポリアミド酸ゲル中でアゾベンゼンの光異性化が確認できた。これらの結

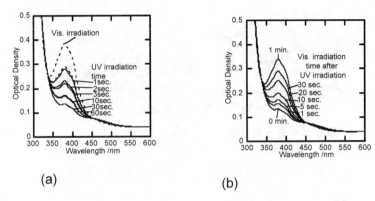

図6 光照射時の光応答性高分子ゲルの可視紫外吸収スペクトル変化
(a)380nmの光照射時，(b)500nmの光照射時。

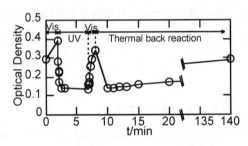

図7 光応答性高分子ゲルの吸光度変化

果より，trans体のピークのODを時間に対してプロットしたものを図7に示す。

　これは，VY-50を通した光を照射したときにtrans体がほぼ100%存在すると考えると，アミド酸オリゴマー溶液及びポリアミド酸ゲル中のtrans体の割合の変化のプロットとしてもみることができる。UV照射によりtrans体はcis体となり，可視光照射によりcis体はtrans体に戻る。また，室内静置での熱戻りによりcis体はtrans体に戻る。酸無水物としてPMDA，ODPAを利用したポリアミド酸ゲルも6FDA/DAAポリアミド酸ゲルと同様な挙動を示した。

5.3　6FDA/DAA棒状ポリアミド酸ゲルの屈曲挙動

　異性化のための光はポリアミド酸ゲルのどのくらいの厚さまで通っているかを知るためにゲルの厚みとODの関係を求めた。ゲル中のアゾベンゼンの濃度[AZ]($=7$wt%)$=0.0083$mol/lと$\varepsilon=4.3\times10^4$（ポリアミド酸オリゴマーのUV測定より），ゲルの厚みlに対するODは次式のようにあらわせる。

$$OD=(3.6\times10^3)l$$

第13章　光駆動高分子ゲルアクチュエータ

図8　光応答性高分子ゲルの光照射による屈曲挙動
(a)半導体レーザー照射前，(b)半導体レーザー照射10秒後，(c)半導体レーザー照射20秒後，(d)500nmの光照射30秒後。

ここで，OD：吸光度，l：セルの光路長[cm]である。

さらに，ODが1となるゲルの厚さは2.8×10^{-3}mm（2.8μm）となる。もし，0.2mmの毛細管でゲルを作製したとしたら，100分の1程度しか光は通っていないことになる。

そこで，直径0.2 mmのヘマトクリット毛細管で作製した7wt％6FDA/DAA及びポリアミド酸ゲルを管から押し出し，これをDMF溶媒の入ったサンプル管に針金で上から吊り下げ，これに片側から一部分に半導体レーザー（440nm）を照射して，その変化を観察した。半導体レーザー照射によりtrans-cis光異性化させ，ハロゲンランプのVY-50フィルターを通した光でcis-trans光異性化させ，また室内で静置して熱戻りを観察した。このときの半導体レーザーの強度は約20mWであった。

半導体レーザーを照射すると，ゲルが折れ曲がるという現象が観察された。観察された写真を図8(a)～(c)に示す。これは，棒状ゲルにレーザーを照射すると，レーザーが入射する表面の方が速く光を吸収して異性化するので，片側だけで反応が多く起こり体積変化に差が生じて，ゲルは直角近くまで折れ曲がる。図8(d)のように，曲がった状態のゲルに，可視光を照射するとゲルは元の形に戻った。また，屈曲したゲルを静置するとしだいに元に戻った。

また，酸無水物としてPMDA，ODPAを利用したポリアミド酸ゲルも6FDA/DAAポリアミド酸ゲルと同様な挙動を示した。

5.4　ゲルの調整時濃度依存性の測定

ゲルがより均一な構造をとる最適濃度を知るために，12，10，8，7，6，5wt％の6FDA/DAAポリアミド酸ゲルを光散乱用サンプルセルにAs-preparedで測定した。測定には走査顕微動的光散乱測定装置（SMILS）を用いた[7]。試料は，アミド酸オリゴマー溶液及びTAPB溶液の時点で5μmのミリポアフィルターでろ過したもので合成した。測定は，設定温度30℃，1μmステップで101ヶ所，散乱角度40°，60°，95°，125°で行った。

As-preparedアミド酸ゲルについて行った濃度依存性測定により得られた結果を解析し，静

的光散乱強度 $\langle I_s \rangle$ 及び動的光散乱強度 $\langle I_d \rangle$ 変化と，網目の共同拡散係数（D_{COOP}）変化，緩和時間分布の広がり（σ）の変化を求めた。この結果より，6〜8w％で作製したゲルがより均一な構造となることがわかった。一方，$\langle I_s \rangle$ の濃度依存性は明確に出てきておらず，サブミクロンスケールの不均一性は低いと考えられる。

7wt％6FDA／DAAポリアミド酸ゲルについて光照射前後の変化をSMILSにより測定した。試料は，直径0.2mmのヘマトクリット毛細管で作成したものを直径0.8mmのヘマトクリット毛細管にDMFと共に入れて封管したものを用いた。異性化の光源の半導体レーザー（405nm）を光散乱測定の光源のHe-Neレーザー（632nm）と同じ方向から当てて，異性化した部分を測定した。半導体レーザー照射によりtrans-cis光異性化させ，ハロゲンランプ＋VY50フィルター（500nm付近）でcis-trans光異性化させた。装置の概略図を図9に示す。

直径0.2mmのヘマトクリット毛細管で作成したポリアミド酸ゲルについてUV光・可視光照射による変化を測定した。解析により求めた動的成分の緩和時間分布からもピークの移動が見られ，光照射により網目サイズに変化が起こっていることは明らかである。この緩和時間のピークより，協同拡散係数の関係式とアインシュタイン・ストークスの式を用いて網目サイズ2ξを求めた。光照射にともなう網目サイズ2ξの変化を図10に示す。この結果より求めたポリアミド酸ゲルのtrans体及びcis体の網目サイズの概算値はそれぞれ2.1nm，0.83nmであった[8]。アゾベンゼンがtrans体からcis体に異性化することで網目サイズは半分くらいになっている。また，この時のポリアミド酸ゲルの収縮率は約10％であった。

また，ポリアミド酸ゲル中のアゾベンゼンがtrans体，cis体である際の弾性率が，それぞれどの程度であるかをレオメーターで求めた。その結果，アゾベンゼンがtrans体での弾性率は37kPaであるが，光照射によりcis体では80kPaになることが判明した[9]。弾性率が増えるのは

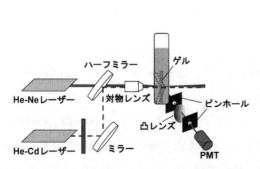

図9 光応答性高分子ゲルの網目サイズを計測するための光散乱測定装置

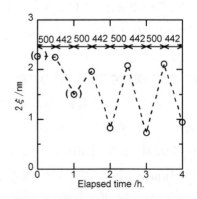

図10 光照射による高分子ゲルの網目サイズ変化

第13章　光駆動高分子ゲルアクチュエータ

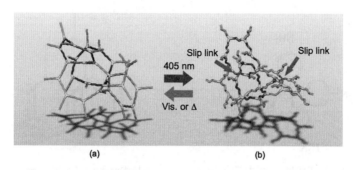

図11　TAPBを架橋剤に用いたゲルの高分子ネットワークの構造
(a)光照射前，(b)光照射後。

光照射によりオリゴイミド鎖が屈曲する際に，図11のように分子鎖同士が絡み合い，実質的な架橋点（Slip link）が増え，架橋間分子量が光照射前の半分になったためである[9]。この光異性化による弾性率変化を古典的ゴム弾性理論で解析すると，ほぼ理論値と一致した。このように光照射によって弾性率が倍になる材料を初めて見いだした。

5.5　光応答速度の向上

三官能性の架橋剤を二官能性のオリゴマーと反応させた場合は，図11のように網目同士が相互陥入したInterpenetrate Network（IPN）構造が形成される。IPN構造よりもテトラペグゲル[10]に見られるようなジャングルジム型の構造の方が網目構造の均一性が高く，応答速度の向上が期待される。そこでS_4の対称性を有する4官能性の架橋剤をPMDAと反応させ，テトラペグゲルのような，より均一な網目構造を有する光応答性ゲルを作製した。図12に4官能性の架橋剤TAPMの化学構造，図13にTAPMを用いた際の高分子ネットワーク構造を示す。この高分子ゲルで図8と同様な実験を行うと，光照射後1秒でゲルが直角に曲がるようになり，光応答性の速度が20倍程度向上した[11]。TAPMを利用した高分子ゲルから未反応の成分の割合を測定し，反応率を算出すると，約70％であることが判明した。Miller-Macoskoの理論[12]により，4官能性架橋剤のうち何個の官能基が無限網目に繋がっているかを反応率より解析した。その結果全く無限網目に繋がっていない架橋剤が16.4％，1個の官能基が無限網目に繋がった架橋剤が37.5％，2個の官能基が無限網目に繋がった架橋剤が32.1％，3個の官能基が無限網目に繋がった架橋剤が12.3％，全部の官能基が無限網目に繋がった架橋剤が1.8％であると推定された。ネットワークの形成に寄与しているのは官能基が2個以上反応しているものであり，その割合は46.2％であることが判明した。反応率が同じであれば，4官能性の架橋剤の方が無限網目に繋がる割合が増えることがわかった。実際の高分子ゲルにおいて4つの官能基を全て反応させるためには，オリゴマー中にエーテル結合などを導入し，もう少し主鎖をフレキシブルにする必要があ

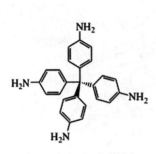

図12 TAPMの化学構造

図13 TAPMを架橋剤に用いた高分子ネットワークの構造

る。そうすればネットワーク構造の規則性があがり、光応答速度がさらに向上すると考えられる。

6 おわりに

以上述べたように，ポリアミド酸を用いたフォトメカニカルアクチュエータは電気的な配線を用いずとも、光照射による遠隔操作により物体の伸縮を制御できるため、極めてユニークな運動をさせることができる。現在，この材料を用いて繊毛運動するデバイスを開発中である。また，分子オーダーでの運動に基づき、駆動するので、ダウンサイズしても表面摩擦の影響を受けないため、微細加工技術が進歩すれば数十nmの大きさのマイクロマシンが実現できる。

文　献

1) E. Merian, *Text. Res. J.*, **36**, 612（1966）
2) C. D. Einsenbach, *Polymer.*, **21**, 1175（1980）
3) M. Irie *et al.*, *Macromolecules*, **19**, 2476（1986）
4) T. Watanabe, M. Akiyama *et al.*, *Adv. Funct. Mater.*, **12**, 611（2002）
5) T. Ikeda, M. Nakano, Y. Yu, O. Tsutsumi, A. Kanazawa, *Adv. Mater.*, **15**, 569（2003）
6) N. Hosono *et al.*, *J. Chem. Phys.*, **127**, 164905（2007）
7) H. Furukawa, K. Horie *et al.*, *Phys. Rev. E*, **68**, 031406-1（2003）
8) T. Watanabe, M. Yoshikawa, H. Furukawa, K. Horie submitted to *Macromolecules*
9) N. Hosono *et al.*, *Colloid. Sur. B: Biointerfaces*, **56**, 285-289（2007）
10) Y. Akagi *et al.*, *Macromolecules*, **43**, 488（2010）
11) N. Yoshihara, D. Kusano, T. Watanabe, submitted to *Macromolecules*
12) D. R. Miller, C. W. Macosko, *Macromolecules*, **9**, 206（1976）

第14章 電界駆動型液晶エラストマー
     アクチュエータの物性と応用

甲斐昌一*

1 はじめに

　近年，医工学，福祉ロボット工学などの発展に伴い，マシンの幼児や高齢者に対する安全性・調和性から，各種のイオン性ゲルや高分子などの柔軟性に富んだソフトマター・アクチュエータの開発が期待されている。なかでも有力な候補の一つが液晶エラストマー（Liquid Crystalline Elastomer：以下LCE）である。このLCEは配向秩序をもった異方性のゴムまたはゲル状物質で，ネットワークの主鎖あるいは側鎖に液晶分子が化学的に結合されている。このため，外部刺激を加えるとこれらの液晶分子がその刺激に応じて配向し，形や長さ，柔らかさを変化させる。特に電界によって長さや弾性が変化する場合を電気力学効果と呼び，LCEのこの効果は繰り返しに強く，耐久性が良いという特徴をもつ。

　この性質から，電界駆動型のソフト・アクチュエータあるいは人工筋肉に最適として期待されているが，実用的な変形を導くには，LCEそのままでは10MV/m以上の高い電界を必要とする。しかしながら近年の研究によれば，LCEに低分子液晶を吸収・膨潤させると，低い電界や熱刺激に敏感かつ多機能的に応答する効果を誘導することも可能であることが分かってきた。特に電界応答は取り扱いが簡単で制御しやすく有望な駆動方式であり，その特性改善には，次のようなファクターが重要と見なされている。

① ネットワークに結合する液晶と膨潤させる低分子液晶の親和性
② 架橋分子の構造と性質
③ 側鎖液晶分子であるか主鎖液晶分子であるか
④ 膨潤させる低分子液晶の極性
⑤ LCEの液晶相の種類
⑥ 架橋分子の濃度

　ここではこれらのファクターとの関連を説明しつつ，最初に見いだされた膨潤したLCEの基礎物性と電界応答ならびに期待される応用を述べる。

　＊　Shoichi Kai　九州大学大学院　工学研究院　エネルギー量子工学部門　教授

2 電界応答する液晶エラストマーの構造

2.1 基本構造

LCEは図1のように高分子鎖（polymer backbone），メソゲン基（mesogenic unit），架橋分子（crosslinker）で構成され，ネットワーク運動（エントロピー）に起因したゴム弾性を持つ[1]。一方，液晶分子であるメソゲン基が高分子鎖に結合されているために，液晶としての異方性も併せ持つ。この液晶メソゲン基の平均配向ベクトルをディレクターと呼び，**n**で表す。外部刺激を加えるとこれらのディレクターがその刺激に応じて配向し，LCEの形や長さ，柔らかさを変化させる。

側鎖型LCEの具体的な化学構造の一例は，図2に模式的に示されるように，高分子主鎖であるメチルシロキサンからなるバックボーンが液晶性あるいは非液晶性架橋分子により結合されている[2〜9]。さらにメトキシ基（$-OCH_3$）またはシアノ基（$-CN$）からなるメソゲンが，フレキシブルなスペーサーを介して側鎖分子としてバックボーンに結合した側鎖型LCE，あるいは液晶メソゲンがバックボーン中に直接結合された主鎖型LCEがある[1]。側鎖型は，メソゲン基の先端部分が主鎖に結合したもの（end-on-side），メソゲン基の中央付近と主鎖が結合したもの（side-on-side）などいくつかのタイプに分類される。さらにこれらは，メソゲン基の長軸方向が主鎖に沿ったものや主鎖に垂直な方向に揃ったものに分けられ，物性的にはそれぞれに特有な性質を示す。

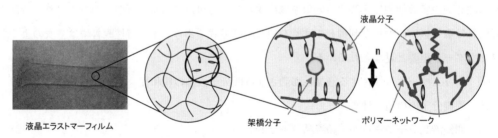

図1　液晶エラストマーとその構造（側鎖型）

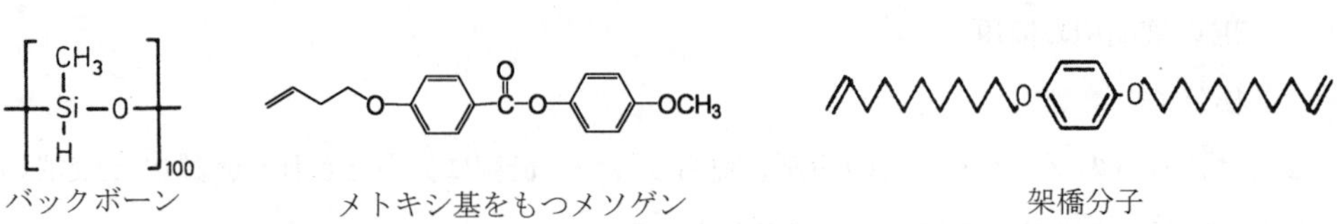

図2　側鎖型LCEの構成分子

第14章　電界駆動型液晶エラストマーアクチュエータの物性と応用

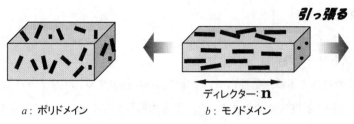

a: ポリドメイン　　　　　*b*: モノドメイン

図3　ポリドメインとモノドメイン

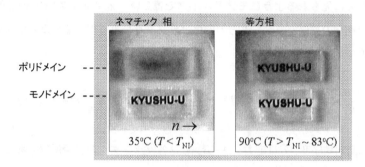

図4　LCEのドメイン構造と温度変化に伴う光透過性の変化
90℃のモノドメインでは，nの方向に収縮しているのが観測される。文字（KYUSHU-U）はLCEの下側の紙に書かれている。

2.2　ポリドメインとモノドメイン

　LCEでは内部に**n**が局所的に揃った領域（ドメイン）を有する。そのうち各ドメインの配向がランダムなものを「ポリドメイン」と呼び，異方性材料ではあるが全体としては等方的性質を示す（図3a）。一方，各ドメインがほぼ同一方向に揃っているものを「モノドメイン」と呼び，全体的に異方的性質を呈す（図3b）。このドメイン構造の相違は，図3に示すように応力下で重合するかどうかの違いから生まれる。光学的には，ネマチック相のポリドメインでは光を強く散乱し白く濁っているが，モノドメインでは透明である（図4）。これは液晶相の屈折率異方性に起因し，ポリドメインでは各ドメインの見掛けの屈折率が異なり，この屈折率の不均一性から光を強く散乱する。一方，モノドメインでは各ドメインの向きが揃っているため屈折率の不均一性が起こらず，光の散乱は起きないが強い複屈折を示す（図4）。

　これまで，これらのドメイン間の遷移は力学的な力でしか起こらなかったが，最近，電界駆動型のポリドメイン−モノドメイン（PM）転移が見出され，電界によって収縮性のみでなく光の透過性を制御可能となり，それを利用した新しい表示フィルムへの期待が持たれている[13, 17]。ポリ・モノドメイン双方とも図4に示すように転移温度を越え等方相になると複屈折を示さず透明となる。なお，ポリドメインLCEの大きな特徴は応力−歪み関係に見られるセミソフト応答である[1]。すなわちある歪み領域では応力をほとんど必要とせずに変形が起こる性質をもつこと

が知られている。

2.3 液晶エラストマーの熱物性

LCEの基本的な特性である熱物性についてまず簡単に紹介する。ネマチックLCEは通常のネマチック液晶と同様，温度変化でネマチック・等方相転移を起こす。メソゲン基がポリマーネットワークと相互作用をもつため，この配向秩序度の温度変化に伴いマクロな形状の変化が観測される。これは図4に見られるようにモノドメインで著しい。ネマチックLCEの熱的力学効果による長さ変化と配向の秩序パラメータとの関係はランダウによる現象論によって次のような自由エネルギー密度で記述される[1〜8]。

$$\Delta f_{total} = -\frac{U\sigma}{\mu}S + \frac{1}{2}\left[A - \frac{U^2}{\mu} - Q^2(3\mu\alpha^4)\right]S^2 - \frac{1}{3}BS^3 + \frac{1}{4}(C + 3\mu\alpha^4)S^4 \quad (1)$$

ここで，Sは配向秩序度，σは応力，A，B，Cは各々ランダウの展開係数である。またαはメソゲン基と高分子主鎖とのカップリング定数，Qは架橋により凍結した秩序度，μは弾性係数，Uは変形と配向秩序度とのカップリング係数を表す。この表式は通常のネマチック液晶の自由エネルギーに，架橋に伴う凍結した秩序効果と変形に伴う項，メソゲン分子と高分子主鎖との相互作用による効果がそれぞれ繰り込まれている。これに従えば，変形率$\Delta\alpha$（$=L/L_0-1$：Lは長さ，L_0は初期長），複屈折率Δn，秩序度Sとの間の関係は(2)で表される。

$$\Delta\alpha \propto \frac{U}{\mu}S \propto \Delta n \quad (2)$$

図5に応力σ下における配向秩序度Sの温度変化を模式的に示す。応力σがない場合には鋭いジャンプが見られ，σが増加するにつれて転移は鈍くなる。すなわち一次転移から二次に近い転移となる。これは通常のネマチック液晶に磁界や電界を加えた場合とよく似通った振る舞いであり，応力によって短距離秩序が成長するためである。実際のLCEでは外的応力がなくとも架橋によって多少とも内在応力が発生し，それによるゼロでない凍結した秩序が存在するためにこのようなジャンプは見られない。なお(2)に従い，変形率$\Delta\alpha$も同様な温度変化を示す。

図6にネマチック-等方相転移温度T_{NI}の架橋材・濃度依存性を示す。架橋濃度を増すほどT_{NI}は下降し，架橋剤の官能性が上がるほどその傾きは大きい。これは，LCE製作過程で等方相にて架橋したため凍結秩序度Qが小さく，かつ架橋によってメソゲン濃度の減少と秩序度Sが下がったためである[1〜9]。なお，外挿した際の架橋濃度が零の転移温度は，架橋のない高分子溶液での相転移温度となり，これは文献値とよく一致する。

第14章　電界駆動型液晶エラストマーアクチュエータの物性と応用

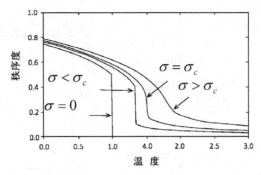

図5　配向秩序パラメータSの温度変化

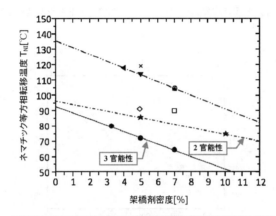

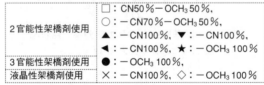

図6　各サンプルの架橋濃度に対するT_{NI}の変化

　図7, 8には熱収縮と屈折率の異方性（秩序度）の関係を示した。(2)を良く満たすことが分かる。しかしネマチックLCE以外ではこの線形関係はあまり一致しない。また，通常，相転移点では**n**に平行では温度上昇に伴い大きな収縮が観測され，垂直方向では熱収縮が小さい。これは配向秩序Sの温度変化によるもので，転移後の等方相ではこのような大きな長さの温度変化は見られない。

　液晶状態の液晶エラストマーは複屈折性をもつ。この屈折率異方性Δnの変化は前述の(2)に示すように配向の秩序パラメータSの変化と比例する[17]。これは図8のメトキシ基型LCEで観測され，秩序度と収縮率が良く比例する。しかし図9のシアノ基100％のLCEでは比例せず複雑な関係を示す。その原因・機構は現在のところ未解明であるが，スメクチックC相ならびにサイボ

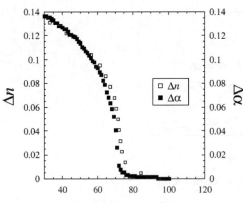
図7 熱力学効果（熱収縮性）と屈折率異方性
（メトキシ基型LCE）

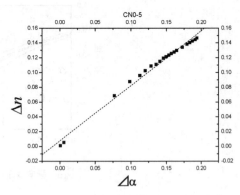
図8 メトキシ基型LCEの収縮率と屈折率異方性

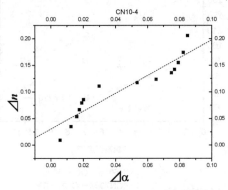
図9 シアノ基型LCEの熱力学効果（熱収縮性）$\Delta\alpha$と屈折率異方性Δn

タクティック・ネマチック相という特殊な構造やダイマー会合体スメクチック構造をとるためではないかと推測されている[10, 17]。

3 液晶エラストマーの電気力学効果

3.1 ネマチック液晶エラストマーの電界応答

ネマチックLCEは温度変化や電界・磁界といった外部刺激に応答して形状を変化させる。応用に向けては制御のしやすさなどの観点から電界を外部刺激に選ぶことが最も有利である。しかし，LCE単体ではその形状変化を実現するために10～100MV/mの高電界を必要とする。ところがLCEを低分子のネマチック液晶（例えば5CB）で膨潤（ゲル化）させると，その振る舞い

第14章　電界駆動型液晶エラストマーアクチュエータの物性と応用

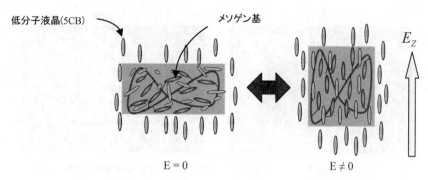

図10　模式的に表した膨潤液晶エラストマーの電界応答の様子

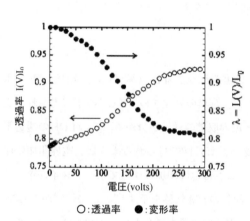

図11　主鎖型ポリドメインの収縮率と光透過率の電界依存

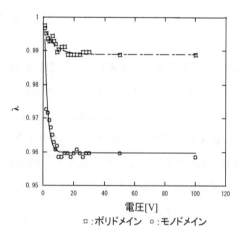

図12　側鎖型ポリ・モノドメインの収縮率の電界依存

は大きく変化し極めて小さな電界（0.5kV/m程度）で応答する。これは無膨潤のLCEの約200分の1の電界で，しかも高速の伸縮（0.1秒程度で応答）を誘起できることが最近見いだされた（この応答電界は側鎖型のものである。主鎖型の応答電界は側鎖型に比べ4～10倍ほど高いが，その分変位も大きい[2～8]）。この機構は次のように考えられる。

低分子液晶で膨潤したネマチックLCEに電界を印加すると，低分子液晶は容易に電界と平行な方向に揃い，これに引きずられてLCE中の液晶メソゲンが配向する。図10にその模式図を示した。また図11には実際に観測されるポリドメイン主鎖型LCEの電界応答に伴う収縮率λ，図12には側鎖型のポリドメインとモノドメインの電界応答に伴う収縮率λを示している。

収縮率は側鎖型が数％しか収縮しないのに対し，主鎖型の方では最大収縮率が約20％と大きい。また側鎖型ではモノドメインの方がポリドメインに比べ収縮率が大きい。一方，主鎖型では

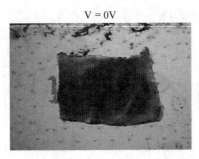 

図13 主鎖型ポリドメインサンプルにおける電界印加前後の写真

ポリドメインの方が収縮率が格段に大きい[10]。なお，応答速度はいずれも0.1秒のオーダーであり，十分高速である[2〜9]。これらの性質は電界駆動型のアクチュエータとして有望である。

3.2 膨潤した液晶エラストマーの電気光学効果

電界印加によって形状変化と共に光学的変化も誘起される。図13（写真）に主鎖型LCEのポリドメイン試料に見られる電気光学効果を示した[10]。写真のネマチックLCEの下に書かれた文字（k-univ）の位置を比較すると透明度の違いと電界収縮の様子が分かる。このLCEの透過率変化と収縮率の電界依存性を示したのが図11である。この図で見られるように，電界印加に伴う収縮率と光透過率が比例していることが分かる。これは電界印加に伴ってポリドメインからモノドメインに転移することを示し，いわゆる電界誘起のPM転移を示す[10]。この性質からLCEは収縮率を光で検出でき，透過光量でモニターしながら収縮量をコントロールするアクチュエータという新しい機能素子の可能性を秘めている。なお，側鎖型LCEではこのPM転移は電界では観測されない。

3.3 液晶エラストマーの磁気効果

通常，液晶分子は磁化率異方性を持つために，磁界に対してもその配向を変化させる。同様にLCEでも磁化率異方性をもち，印加した磁界の方向にその長さが増加することが期待される。しかしながらこれまでの計測によれば磁界による収縮は非常に小さく，超伝導磁石を使用し5Tを加えても1μm程度（1％以下）の収縮しか得られていない。このため現在のところ磁気効果のアクチュエータへの応用は期待できない。

4 膨潤液晶エラストマーの物性的特徴のまとめ

これまでに述べた一般的な膨潤させた側鎖・主鎖型LCEに観測された性質を，ポリドメイ

第14章 電界駆動型液晶エラストマーアクチュエータの物性と応用

表1 各効果のまとめ

	モノドメイン		ポリドメイン	
	側鎖型	主鎖型	側鎖型	主鎖型
熱力学効果	N-I相転移点近傍で大きく形状変化	N-I相転移点近傍で大きく形状変化	ほとんど変化せず	ほとんど変化せず
熱光学効果	N-I相転移点近傍で透過光強度が大きく変化	N-I相転移点近傍で透過光強度が大きく変化	N-I相転移点近傍で透過光強度が大きく変化 見た目は透明に近くなる	N-I相転移点近傍で透過光強度が大きく変化 見た目は透明に近くなる
電気力学効果	収縮率数% 側鎖型ポリドメインより収縮率が大きい	側鎖型に比べ収縮率が大きい（約10%）主鎖型ポリドメインより収縮率が小さい	収縮率数% 側鎖型モノドメインより収縮率が小さい	側鎖型に比べ収縮率が大きい（約20%）
電気光学効果	あまり変化せず	あまり変化せず	小さな変化 やや不透明→透明	大きく変化 不透明→透明
磁気力学効果	収縮率数%（小さい）	未確認	収縮率数%（小さい）	未確認

ン・モノドメイン別にまとめたものが表1である。

現時点では膨潤LCEの電界応答型アクチュエータのチャンピオンデータとして下記のような値が観測されている[2～10]。

① 側鎖型LCEでは駆動のための閾値電界が約5kV/m，主鎖型LCEでは約50kV/mを得た。これは従来の値の1/20～1/200に相当する。

② 収縮率20%で最速の応答速度0.05～0.1秒を得た。

③ 電界印加による収縮に比例して透過率変化を起こさせることができ，収縮率を光透過率でモニター・制御できる可能性を得た。

5 電界駆動型液晶エラストマーの応用

LCEの優れた特性を利用し，アクチュエータ，人工筋肉，極限計測や安全工学などへの応用が，これまでも試みられている[11～15]。特にここで述べた光透過と収縮の双方が同時に制御可能なLCEを使えば，これまでに考えられていなかった応用も考えられる。

例えば，視力障害者用の電界駆動型ダイナミック・タッチパネル，文字・画像ディスプレーがある。このLCEを使った視力障害者用タッチパネルでは，指を触れておくだけで音声や文章にあわせて電界でパネルを凹凸させ，指を移動させることなく音や文章を理解できるようにすることが可能で，これを進化させると映像にも利用できる。つまりこの時間変動する凹凸で文字情

報・映像情報の伝達が期待される。そのほか背景に各種光源を設置し，透明度の変化を利用して凹凸をカラフルにすれば一般人にも楽しめる公共ディスプレーとなるし，3次元触覚ディスプレーへの拡張も可能など幅広い応用が考えられる[17]。

このように電界で駆動できる多機能LCEの特性から，今後，小型・軽量・静音で柔軟な高機能人工筋肉（ソフトマターアクチュエータ）やマイクロポンプ，タッチディスプレー，自分の体型に自由に変形できる電界駆動型形状可変オフィスチェアや自動車用シート，逆位相を活用して振動を打ち消す能動型除振装置や騒音・衝撃を緩和するサスペンションなどの多様な応用が考えられる。特にLCEのソフトな感触は，人とのインタフェースを作るうえで非常に有用な特徴である。加えて低電圧で変形・駆動・透明化という特徴をもつうえに，絶縁体で電界効果でのみ作動し省電力であるという利点をもつ。

6 おわりに

LCEの電界駆動への応用にはいくつかの課題がある。まず，電極の材質とその取り付け方・形状である。現在の研究ではITOガラスによるガラス電極が用いられている。しかし，ガラス電極は硬く伸縮しないため，LCEの変形に合わせて電極自身が変形できない。そこで，カーボンナノチューブを使った電極が現在研究されている。カーボンをLCEに蒸着，あるいは表面に埋め込むことによって，LCEの変形に沿って電極自身も変形させることができ，電極材料の問題を解決できるとの期待がもたれている[16, 17]。しかし，現在のところ技術的にうまく融合接着が成功していない。

電界駆動時の低電圧化もまた大きな研究課題である。これまで電気力学効果で述べたように，LCEは膨潤することによって無膨潤液晶LCEの約1/200の電界で駆動できる。しかし大きな収縮率が得られる主鎖型は側鎖型に比べ約4～10倍程度必要であり，最大収縮率が得られた電界は3MV/mとまだ高電界である。この問題を解決するために側鎖型と主鎖型の適度な比率の混合LCEを合成すれば，低電界駆動と高収縮率が同時に実現できると考えられるが，そのようなLCEはまだ合成されていない。また応用に適したLCEの合成は難しく高価で量も限られている。しかし，このような技術的課題は60～70年代の液晶ディスプレーの黎明期と同様で，実用化が進めば材料供給も安価で安定化すると期待される。

いずれにしても上述したようにLCEは他の材料に無い優れた性質を持っており，アクチュエータやその他の関連分野で幅広い応用と活躍が期待できる材料といえるが，まだ様々な面で技術革新が必要であり，今後の研究発展が望まれる。

第14章 電界駆動型液晶エラストマーアクチュエータの物性と応用

文　　献

1) M. Warner, E. M. Terentjev, Liquid Crystal Elastomers（Oxford University Press, 2003, Oxford）
2) Y. Yusuf et al., Chem. Phys. Lett., **382**, 198-202（2003）
3) Y. Yusuf et al., Phys. Rev., **E 69**, 021710（2004）
4) Y. Yusuf et al., Chem. Phys. Lett., **389**, 443-448（2004）
5) J. H. Huh et al., J. Phys. Soc. Jpn., **74**, 242-245（2005）
6) Y. Yusuf et al., Phys. Rev. **E 71**, 061702（2005）
7) D. U. Cho et al., Chem. Phys. Lett. **418**, 217（2006）
8) D. U. Cho et al., J. Phys. Soc. Jpn., **75**（8）, 083711-1-4（2006）
9) Y. Yusuf et al., Electromechanical and Electrooptical Effects of Liquid Crystal Elastomers Swollen with a Low Molecular Weight Liquid Crystal, Mol. Cryst. Liq. Cryst., **477**, 127-135（2007）
10) S. Hashimoto et al., Applied Physics Letters, **92**, 181902-1-3（2008）: S.Yamaguchi, 他（投稿中）
11) 液晶便覧編集委員会著, 液晶便覧, 丸善株式会社（2000）
12) Z. Yaniv et al., Japan Display, **89**, 572（1989）
13) Christopher M. Spillmanna et al., Waleed Farahatb, Hugh Herrb and Banahalli R. Ratnaa Stacking nematic elastomers for artificial muscle applications, Sensors and Actuators A: Physical, **133**（2007）
14) Shenoy DK et al., Carbon coated liquid crystal elastomer film for artificial muscle applications, Sensors and Actuators A:PHYSICAL, **96**, 184-88（2002）
15) W. Lehmann et al., Giant lateral electrostriction in ferroelectric liquid-crystalline elastomers, Nature, **410**, 447-50（2001）
16) S. Courty et al., Nematic elastomers with aligned carbon nanotubes:New electromechanical actuators, Europhys. Lett., **64**（5）, 654-660（2003）
17) Y. Yusuf, 九州大学博士論文（2004）, D. U. Cho, 九州大学博士論文（2006）, 橋本繁洋, 九州大学修士論文（2006）卒業論文（2004）, 山口翔平, 九州大学修士論文（2007）, 南直樹, 九州大学修士論文（2007）

第15章 高分子ゲルを用いた電気化学および光電気化学アクチュエータ

立間 徹*

1 はじめに

電気化学アクチュエータは，静電気による作用ではなく，酸化還元反応に基づいて機能するため，低い電圧でも動作する。なかでも，導電性高分子へのイオンの出入りにより屈曲するタイプのもの[1]が多く研究・開発されている。これに対して筆者らは，ゲルのポリマー鎖間の相互作用を，電気化学反応によって制御するタイプの電気化学アクチュエータを開発してきた。体積の大きな変化を誘起したり，光によって動作させたり（光電気化学アクチュエータ）できるのが特徴である。

2 高分子ゲルを用いた電気化学アクチュエータ

筆者らは，酸化還元反応によって膨潤・収縮する高分子[2,3]や高分子ゲル[4]の研究をベースとし，それをソフトアクチュエータに応用した[5,6]。このアクチュエータは，柔軟な電極上にポリアクリル酸ゲルの膜を被覆して作製する。ポリアクリル酸ゲルは紙おむつにも使われる，吸水性の高い材料である。水を吸った状態のゲルにCu^{2+}またはAg^+などのカチオンを一定量以上取り込ませると，高分子鎖の持つカルボキシル基どうしがカチオンを介した配位結合や静電的相互作用により結びつくこと，さらには浸透圧の作用などによって，ゲルは水を放出して収縮する。この電極に負の電位を印加し，上記のカチオンを還元して金属状態の銅または銀として析出させると，ゲル中のカチオン濃度が低下し，カルボキシル基どうしの相互作用が失われるため，ゲルは再び水を吸収して膨潤する。このようにして，式(1)または式(2)の反応により還元／酸化を繰り返すことによりゲルは膨潤／収縮し，結果として電極が曲がったり，伸びたりする（図1）。

$$Cu^{2+} + 2e^- \rightleftarrows Cu \tag{1}$$

$$Ag^+ + e^- \rightleftarrows Ag \tag{2}$$

---

* Tetsu Tatsuma 東京大学 生産技術研究所 教授

第15章　高分子ゲルを用いた電気化学および光電気化学アクチュエータ

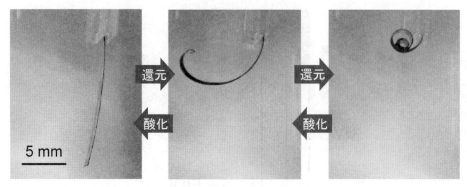

図1　ポリアクリル酸を用いた電気化学アクチュエータ
左面が電極で，右面にゲル膜が貼られている。Ag/Ag$^+$の還元（ゲルは膨潤）と酸化（収縮）に基づいて屈曲・伸張する。

このアクチュエータは，開発当初はもろく，また動作に数分～数十分を要したが，クレイを架橋点とするナノコンポジットゲル[7]を導入することで強度を増すことができた。また，金属イオンの酸化還元ではなく，拡散の速い水素イオンの酸化還元を利用することによって，10秒程度で動作させることが可能になった。とくに，電極としてパラジウムを使うことにより，式(3)に示すように，水素の気泡をあまり発生させることなく，動作させることができる。

$$Pd + xH^+ + xe^- \rightleftarrows PdH_x \tag{3}$$

3　光触媒反応に基づくアクチュエータ

上記のような酸化還元反応を光によって駆動すれば，光によって動作する光電気化学アクチュエータを得ることができる。筆者らは，酸化物半導体の一種であり，光触媒として実用化されている酸化チタン[8]のナノ粒子を用いた。酸化チタンは可視光を吸収しないため無色だが，紫外光を吸収し，価電子帯にある電子が伝導帯に励起される（図2）。伝導帯の電子は，酸素の還元や，一部の金属イオンの還元などの反応を駆動できる。一方，価電子帯に生ずる正孔は，水や有機物から電子を引き抜いて酸化することができる。逆に言えば，酸化される水や有機物がなければ，正孔が電子を引き抜くことができないため，酸化反応だけでなく還元反応も起こらないので，注意が必要である。

ポリアクリル酸ゲルに酸化チタンナノ粒子を分散させておき，これにCu^{2+}を取り込ませれば，上記と同様に，膨潤していたゲルが水を放出して収縮する。これに紫外線を照射すると，酸化チタンが励起され，励起電子によってCu^{2+}は還元され，酸化チタン上に銅微粒子が析出する。こ

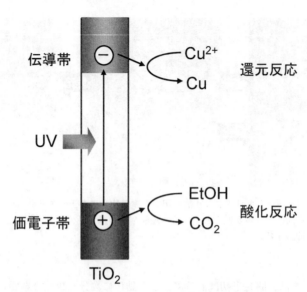

図2 酸化チタン光触媒の機構と反応の例

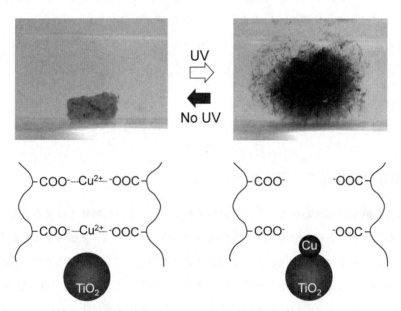

図3 酸化チタン,銅,ポリアクリル酸ゲルからなる
光電気化学アクチュエータの膨潤・収縮挙動とその原理

のとき同時に水が酸化されるが,エタノールを加えておけば,水より効率的に酸化されるため,Cu^{2+}の還元も起きやすくなる。結果として,ゲル内におけるCu^{2+}濃度が低下し,ゲルは膨潤して,体積は50倍にもなる(図3)[6, 9]。その際,ゲルの色は青から黒褐色に変化するが,これはCu^{2+}の色から銅微粒子の色への変化に対応する。

第15章 高分子ゲルを用いた電気化学および光電気化学アクチュエータ

紫外線の照射を停止するとゲルは徐々に収縮を始め（図3）[6, 9]，同時に，黒褐色であったゲルは徐々に青色に戻る。これは，式(4)に示すように，溶液中の溶存酸素によって銅微粒子が酸化され，Cu^{2+}に戻るためだと考えられる。

$$O_2 + 4H^+ + 2Cu \rightleftarrows 2H_2O + 2Cu^{2+} \tag{4}$$

実際，溶存酸素を取り除けば，ゲルの収縮は起こらない。

4 部分的な形状変化

光電気化学アクチュエータの最大の特徴は，光をあてたところだけ動くことである。丸い形状の酸化チタン-Cu^{2+}-ポリアクリル酸ゲルを作り，その上部二か所に紫外光のスポットをあてると，その部分だけが膨潤し，耳のようになる（図4a）。紫外光照射を停止すれば，耳は徐々に小さくなり，元の状態に戻る。

ポリアクリル酸ゲルの一部にのみ酸化チタン微粒子を取り込ませたゲルの場合は，ゲル全体に

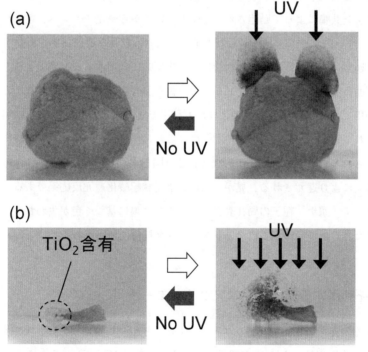

図4 酸化チタン，銅，ポリアクリル酸ゲルからなる光電気化学アクチュエータの(a)部分的光照射または(b)部分的な酸化チタン導入による部分的膨潤

紫外光を照射しても，酸化チタン微粒子を含む部分だけが膨潤する（図4b）。

5 プラズモン光電気化学反応の利用

上述の，Cu^{2+}を用いた光電気化学アクチュエータは，紫外光照射により膨潤し，それを停止すれば収縮する。したがって，膨潤状態を維持するには光照射を続ける必要がある。用途によっては，これが不都合を生じる場合もあるかも知れない。また，紫外光下での光触媒反応によって，水やエタノールだけではなく，ポリマー鎖も酸化を受ける可能性もある。しかし，アゾベンゼンを用いた光アクチュエータで，紫外光により屈曲，可視光により伸張するものが報告されているものの[10]，体積変化の大きな光応答性ゲルはいずれも[11〜14]，光によって膨潤または収縮の一方のみを引き起こし，光照射の停止によって逆プロセスを引き起こしていた。筆者らは，膨潤と収縮を異なる波長の光で制御するため，新しく見出した光電気化学反応を利用した。

それは，局在表面プラズモン共鳴に基づく光電気化学プロセスである。局在表面プラズモン共鳴とは，金属ナノ粒子などの電子が，入射した光の電場と共鳴して振動する現象である。その結果吸収された光のエネルギーは，熱や散乱光として放出される。金属が金，銀，銅などの場合には，主に可視光と共鳴する。筆者らは，金や銀のナノ粒子が酸化チタンと接触しているとき，局在表面プラズモン共鳴によって励起された金属ナノ粒子から酸化チタンへ，電子が移動することを見出した[15〜20]。酸化チタンに移動した電子は，酸素の還元などの反応を駆動することができる。一方，金属ナノ粒子に残された正電荷は，酸化反応に利用することができる。金ナノ粒子の場合には，周囲の分子，たとえばエタノールの酸化を引き起こすことができる。この反応は，光触媒反応に利用できるほか[17,19]，光電変換にも利用できる[17,19]。銀ナノ粒子の場合には，それ自体が酸化されて銀イオンとなる（図5a）[15,18]。これに紫外光を照射すると，酸化チタン上で銀イオンが還元されて再び銀ナノ粒子が形成される（図5b）。すなわちこの系は，可視光により酸化され，紫外光により還元される，見かけ上可逆な光誘起酸化還元反応系である。この反応系では，酸化に伴って，銀ナノ粒子の局在表面プラズモン共鳴に基づく色が失われる。このことに基づいて，あてた光の色に変わる多色フォトクロミック材料に利用される[15,16]。

6 Ag^+を利用する光電気化学アクチュエータ

そこで，上述の光電気化学アクチュエータのCu^{2+}をAg^+に置き換えて，実験を行った（図6a）[6,20]。紫外光を照射するとAg^+が還元されて銀ナノ粒子が形成されるためにゲルは黒褐色となり，徐々に膨潤する。照射を停止すると，さらに少し膨潤した後に膨潤も止まった。Cu^{2+}を

第15章　高分子ゲルを用いた電気化学および光電気化学アクチュエータ

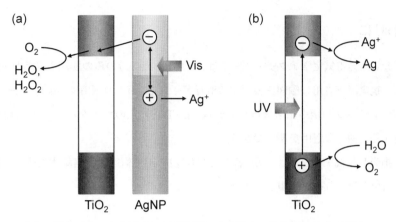

図5　酸化チタン存在下での(a)可視光による銀ナノ粒子（AgNP）の酸化，(b)紫外光による銀イオンの再還元

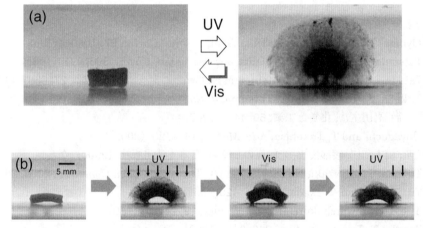

図6　酸化チタン，銅，ポリアクリル酸ゲルからなる光電気化学アクチュエータの(a)全体的な，および(b)部分的な膨潤・収縮挙動

用いた場合と異なり，そのまま放置しても再収縮は起こらなかった。しかし，次に強い可視光を照射すると，徐々に収縮した。酸化チタン上に析出していた銀ナノ粒子が可視光を吸収して酸化され，銀イオンが放出されるためと考えられる。つまり，このアクチュエータはほぼ期待通りに作動することがわかった。

ゲルの上部にのみ紫外光を照射すると，上部のみが膨潤し，ゲルの屈曲が見られた（図6b）。その両端にのみ可視光を照射すると，その部分のみが収縮し，その部分にさらに紫外光を照射すると，膨潤が見られた。このように，光照射により部分的な膨潤・収縮がともに可能な，新しい光電気化学アクチュエータを開発することができた。

7 おわりに

本章で紹介した光電気化学アクチュエータは，光照射した部分のみの膨潤や収縮が可能である。したがって，視覚障害者用に触図を表示する触覚ディスプレイ，医療用の可動カテーテルやバルーン，ラボオンチップや微小化学分析システム（μ-TAS）用のマイクロバルブ，印刷用リライタブル凸版など，様々な応用が期待できる。

本研究を担当した高田主岳博士（現 名工大准教授），田中信宇氏，宮崎太地氏，細田康介氏，今後徹氏，石川宏典氏らに感謝申し上げたい。

文　献

1) 金藤敬一, 本書第6章.
2) N. Oyama, T. Tatsuma, and K. Takahashi, *J. Phys. Chem.*, **97**, 10504 (1993)
3) T. Tatsuma, Y. Hioki, and N. Oyama, *J. Electroanal. Chem.*, **396**, 371 (1995)
4) T. Tatsuma, K. Takada, H. Matsui, and N. Oyama, *Macromolecules*, **27**, 6687 (1994)
5) K. Takada, N. Tanaka, and T. Tatsuma, *J. Electroanal. Chem.*, **585**, 120 (2005)
6) 立間　徹, 高田主岳, 化学と工業, **60**, 440 (2007)
7) K. Haraguchi and T. Takehisa, *Adv. Mater.*, **14**, 1120 (2002)
8) 藤嶋昭, 橋本和仁, 渡部俊也, 光触媒のしくみ, 日本実業出版社 (2000) など
9) K. Takada, T. Miyazaki, N. Tanaka, and T. Tatsuma, *Chem. Commun.*, **2006**, 2024
10) Y. Yu, M. Nakano, T. Ikeda, *Nature*, **425**, 145 (2003)
11) M. Irie, D. Kunwatchakun, *Macromolecules*, **19**, 2476 (1989)
12) A. Suzuki, T. Tanaka, *Nature*, **346**, 345 (1990)
13) X. Zhang, Y. Li, Z. Hu, C. L. Littler, *J. Chem. Phys.*, **102**, 551 (1995)
14) S. Juodkazis, N. Mukai, R. Wakaki, A. Yamaguchi, S. Matsuo, H. Misawa, *Nature*, **408**, 178 (2000)
15) Y. Ohko, T. Tatsuma, T. Fujii, K. Naoi, C. Niwa, Y. Kubota, and A. Fujishima, *Nature Mater.*, **2**, 29 (2003)
16) K. Naoi, Y. Ohko, and T. Tatsuma, *J. Am. Chem. Soc.*, **126**, 3664 (2004)
17) Y. Tian and T. Tatsuma, *J. Am. Chem. Soc.*, **127**, 7632 (2005)
18) K. Kawahara, K. Suzuki, Y. Ohko, and T. Tatsuma, *Phys. Chem. Chem. Phys.*, **7**, 3851 (2005)
19) N. Sakai, Y. Fujiwara, Y. Takahashi, and T. Tatsuma, *ChemPhysChem*, **10**, 766 (2009)
20) 立間　徹, 坂井伸行, 化学と工業, **63**, 324 (2010)
21) T. Tatsuma, K. Takada, and T. Miyazaki, *Adv. Mater.*, **19**, 1249 (2007)
    立間　徹, 松原一喜, 光アライアンス, (2), 23 (2007) など

第3編
高分子アクチュエータのモデリング・制御

第16章　高分子アクチュエータの分子論的メカニズム

清原健司[*1]，杉野卓司[*2]，安積欣志[*3]

1　序

　高分子アクチュエータは，柔軟・軽量・低電圧駆動という特徴を持つ次世代のアクチュエータとして盛んに開発が進められている[1]。多くの高分子アクチュエータは，電圧印加に伴う高分子材料の体積変化を利用している。例えば，電極層－電解質層－電極層の三層構造を持つ高分子アクチュエータ[2]は，両端の電極層の間に電圧を印加すると一方に屈曲し，電圧の正負を反転させると逆向きに屈曲する（図1）。これは，両電極層が印加される電圧の符号に応じて膨潤あるいは収縮し，正に帯電した電極層と負に帯電した電極層とでその程度に差があるためである。しかし，なぜこのような電極層の膨潤あるいは収縮が起こるのかについては，いくつかの有力な説はあるものの，まだよくわかっていない。用途に応じた高分子アクチュエータの設計を行うために

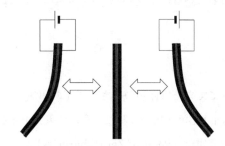

図1　三層構造型のアクチュエータが電圧印加によって屈曲する様子
両端の二層（黒）は電極層，中の層（灰色）は電解質層を示す。

---

*1　Kenji Kiyohara　㈱産業技術総合研究所　健康工学研究部門　人工細胞研究グループ　主任研究員

*2　Takushi Sugino　㈱産業技術総合研究所　健康工学研究部門　人工細胞研究グループ　主任研究員

*3　Kinji Asaka　㈱産業技術総合研究所　健康工学研究部門　人工細胞研究グループ　研究グループ長

は，この電極層の膨潤・収縮のメカニズムの解明が重要な課題である。

　現在開発されている多くの高分子アクチュエータは，その大きさや変位が数ミリメートル程度である。また各層の厚さは 10～100μm 程度であり，その材料としての物性はこのスケールでほぼ一様である。よって，電圧印加に伴う膨潤・収縮の特性が既知の材料を用いて高分子アクチュエータを作製する際には，弾性体論を用いることで，各層の長さ・幅・厚さなどについて最適な構造を設計することができる。しかし，材料の電圧印加に伴う膨潤・収縮の特性そのものを改良するためには，材料を分子レベルで設計しなければならない。電圧印加に対する電極層の膨潤・収縮という巨視的な応答も，その元をたどれば分子レベルでの応答だからである。

　高分子アクチュエータの電極層には，炭素材料，金属，導電性高分子，そしてそれらの複合材料などさまざまな材料が使われており，材料に応じて分子レベルでの電圧印加に対する応答のメカニズムは大きく異なると考えられる。ここでは特に，炭素材料とその複合材料を中心に議論することにする。まず，電圧印加に伴う電極層の膨潤・収縮について，いくつかの実験的研究に基づいて「現象論」として巨視的な立場から概観し，そのメカニズムがどのように考えられているかを紹介する。次に，電極層の膨潤・収縮についての分子レベルの研究を「分子論」として分子内（intramolecular）の構造の変化と，分子間（intermolecular）の構造の変化とに分けて紹介する。そして最後に，提案されているいくつかのメカニズムについて比較検討を行う。

2　現象論

　Oren らは，グラファイトでできた電極層の長さが電圧の印加で変化する様子を測定した[3]。電解質としては，5M の NaCl 水溶液が用いられた。その結果，電極層の伸びと印加電圧の関係は，電極層の電荷がゼロになる電位（Point of Zero Charge＝PZC）を中心としたパラボラ型になることを見出した（図2上）。印加電圧の増減に伴ってヒステレシスが見える。また，電極層の伸びを電極層に蓄えられた電荷の関数として表すと，電極層の伸びは PZC を中心としたパラボラ型になり，ヒステレシスはほとんど見られない（図2下）。すなわち，彼らが用いた電極層は，電荷の符号に寄らず，電極層に蓄えられる電荷の量で決まり，電荷の量が大きいほど電極層は伸びる。このことから Oren らは，この電極層の膨潤のメカニズムについて，電圧印加によってグラファイトの多孔質性の電極表面に電気二重層が形成され，この電気二重層内で斥力が発生して電極層の膨潤が起こると考える。電極層の長さは 150mm であり，グラフに示された最大の伸びに対する伸び率は 0.016％程度である。

　Hahn らは，活性炭やグラファイトでできた電極層の厚さが電圧の印加で変化する様子を測定した[4]。電解質としては，1M の TEABF$_4$（Tetraethylammonium Tetrafluoroborate）のアセト

第16章　高分子アクチュエータの分子論的メカニズム

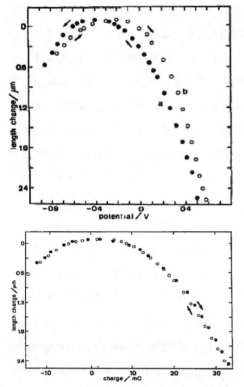

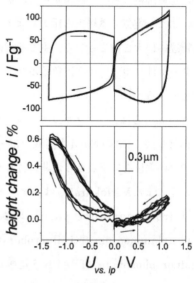

図2　上：SCEを基準とした印加電圧に対するグラファイトの電極の伸び。電圧の走引速度は2mV/s。PZCは−350mV付近に位置する。下：同じ実験で横軸に電極に蓄積された電荷をとったもの。電荷がゼロの点で伸びもゼロになっている。縦軸の下向きが正にとってあることに注意。
Orenらによる。文献3）より許可を得て転載。（Copyright Elsevior（1985））

図3　活性炭の電極に電圧印加した際の電圧（横軸）と電流（縦軸：上）および電極の伸び率（縦軸：下）
電圧に対して非対称なパラボラ状を示す。ヒステレシスも観測された。横軸を電極に蓄積された電荷を取ると，電荷がゼロの点で伸びもゼロになっている。Hahnらによる。文献4）より許可を得て転載。（Copyright Springer（2006））

ニトリル溶液が用いられた。Hahnらが用いた電極層も，電荷の符号に寄らず電極層に蓄えられる電荷が大きいほど電極層は膨潤することがわかった。活性炭の場合は電圧と膨潤の関係はほぼPZCを中心としたパラボラ型であったが，Orenらの場合と異なり，正極と負極で明らかな非対称性が観測された（図3）。同じ電圧に対しては負極の方がより伸びる。また，電極層の伸びを電極層に蓄えられた電荷の関数として表しても，電極層の伸びは電荷がゼロの点を中心としたほぼパラボラ型だが，電圧の正負に対しては非対称であった。グラファイトの場合は，電極層の膨潤・収縮はより限られた電圧の範囲において観測された。Hahnらは，これらの電極層の電圧印加による膨潤は，電極層の炭素の層や粒子の間にイオンが入り込むインターカレーションによる

ものと考える。グラファイトのインターカレーションについては既に多くの研究があり[5]，グラファイトの層の間にイオンや分子が入り込むと層の間隔が大きくなることや，グラファイトと層間に入り込むイオンや分子との間で電荷移動が起こる場合には，炭素の結合長が負に帯電すると伸び，正に帯電すると縮むこと（次節参照）などがわかっている。Hahnらは，彼らが用いた電極層は正負両極において膨潤することから，炭素の結合長の変化による効果は，相対的に弱いとした。また，電気二重層内の斥力による効果についても，測定された膨潤率がOrenらの結果よりも桁違いに大きいことから，主たる電極の膨潤の要因ではないとした。正負両極における膨潤率の非対称性については，正負イオンでインターカレーションの過程で何らかの差異があるためと考えている。

　Baughmanらは，シングルウォール・カーボンナノチューブを紙状にしたもの（Buckypaper）を電極として，1MのNaCl水溶液で電圧印加に対する伸縮を測定した[6]。その結果，PZCよりもやや高い電位を最下点とした非対称なパラボラ型となった。同じ電圧に対しては負極の方がより伸びる。またMirfakhraiらは，マルチウォール・カーボンナノチューブを編んでできた電極層（Carbon nanotube yarn）の長さが電圧の印加で変化する様子を，0.5Mのtetrabutylammonium tetrafluoroborate（TBATFB）および0.2Mのtetrabutylammonium hexafluorophosphate（TBAP）を電解質として測定した[7]。するとシングルウォール・カーボンナノチューブの場合と同様に，電極層の伸びと印加電圧の関係はAg/Ag$^+$電極に対してゼロV付近を中心とした非対称なパラボラ型が観測された（図4）。この場合も，同じ電圧に対しては負極の方がより伸び，これはHahnらの実験における活性炭やグラファイトの場合とも共通している。BaughmanやMirfakhraiらは，BuckypaperやCarbon nanotube yarnの電圧印加による膨潤は，炭素の結合長が変化することと，電気二重層の内部で働く静電相互作用による反発力とが組み合わさって起こると考えている。炭素の結合長はほぼ電圧印加に線形に応答し，一方，電気二重層の内部の斥力は電圧の正負で対称なパラボラ型になるとすると，これらが組み合わさって，電極層の膨張は印加電圧に対して正負で非対称な曲線になるというわけである。また，Carbon nanotube yarnの研究において，電解質がTBATFBの場合とTBAPの場合で伸び率と電圧の関係に大きな差がないことから，イオンがカーボンナノチューブの束と束の間に入り込むことで電極層が膨潤する可能性は退けている。

　Fukushimaらは，骨格となる高分子（poly（vinylidene fluoride-cohexafluoropropylene）（PVdF（HFP））にカーボンナノチューブとイオン液体（1-butyl-3-methylimidazolium tetrafluoroborate（BMIBF$_4$））を分散させたゲル（Buckygel）でできた電極層を用いて，三層構造の高分子アクチュエータを開発した[2]。Kiyoharaらは，イオン液体に（1-ethyl-3-methylimidazolium tetrafluoroborate（EMIBF$_4$））を用いたBuckygelの高分子アクチュエータ

第16章　高分子アクチュエータの分子論的メカニズム

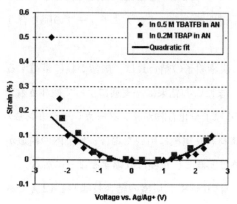

図4　印加電圧とマルチウォール・カーボンナノチューブ糸の伸び率
Mirfakhraiらによる。文献7）より許可を得て転載。（Copyright IOP（2007））

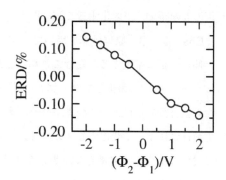

図5　Buckygelの対極に対する印加電圧（横軸）と伸縮率（縦軸）
Kiyoharaらによる。文献8）より許可を得て転載。（Copyright American Institute of Physics（2009））

の屈曲運動を観測し，そのデータを解析することで，その高分子アクチュエータの電極層の長さが電圧の印加で変化する様子を算出した[8]。その結果，電極層の伸びは，対極の電位を基準としたときに，印加電圧にほぼ比例することがわかった（図5）。すなわち，電極層は正極で収縮し，負極で膨潤する。この理由についてFukushimaらは，電解質に用いたイオン液体の正イオンの方が負イオンよりイオン径が大きく，それらが電圧印加で正負両極の間で入れ替わるときに体積差が現れるためと考える。

以上，四つの炭素材料の電極について研究した例を見たが，電極に用いる炭素材料の構造によって，電圧を印加した際の膨潤・収縮の様子は異なることがわかる。上の全ての場合に共通するのは，負極が膨潤することであり，Buckygelの場合を除いた三例では，正極も膨潤する。ただし，印加電圧の強さが同じでも，正極と負極の膨潤の程度が同じとは限らない。これらの現象が観測される原因が何であると考えられているかについては，既にそれぞれの報告の主張に沿って紹介した。以下では，それらの主張の根拠について分子論的立場から考察する。

3　分子論

分子レベルでの電極の膨潤・収縮のメカニズムは，分子内（intramolecular）と分子間（intermolecular）の構造変化に分けて考えることができる。分子内の構造変化とは，電極が電荷を帯びる際に隣り合う炭素原子間の結合長が変化することを指し，分子間の構造変化とは，炭

素材料の間にイオンや溶媒が入り込んだりそこから出て行ったりすることによって，分子レベルでの炭素と炭素の間の距離（例えばグラファイトの層間距離やカーボンナノチューブの隣り合う束の間の距離）が変化することを指す．

　Chanらは第一原理計算を用いて，グラファイトの炭素原子の結合長は，炭素が負に帯電すると伸び，正に帯電すると縮むことを示した[9]（図6）．またこの結果は，実験によって観測されたドナー[9]（図7）およびアクセプター[10]（図8）となる原子や化合物がインターカレーションした際の結合長の変化とつじつまが合う．すなわち，炭素材料を電極に用いた場合，分子内の構造が電荷移動によって変化するメカニズムによると，負極は膨潤し，正極は収縮することになる．

　炭素の結合長の定量的な観測および計算によると（図6～8），炭素の結合長は約1.42 Åであり，1％程度の伸びを得るには炭素原子一個当たり0.1程度の電子が移動する必要がある．BaughmanらのBuckypaperの研究やMirfakhraiらのCarbon nanotube yarnの研究では，0.1％程度の伸びを得るのに炭素原子一個当たり0.01程度の電子が移動している[6, 7]．その比のオーダーがChanらの研究と一致していることを根拠に，BuckypaperやCarbon nanotube yarnの膨潤・収縮には，炭素の結合長の変化が大きく寄与していると考えられている．

　以上のように，電圧印加に対する分子内の構造変化による電極の膨潤・収縮については，これまでの多くの研究によって一定の理解が得られている．これに対して，分子間の構造の変化に伴う電極の膨潤・収縮については，必ずしも共通の理解が得られているわけではない．実際，上に挙げた例でも，メカニズムの解釈に相違がある．Orenらのグラファイトの研究やBaughmanらやMirfakhraiらによるカーボンナノチューブの研究においては，電圧印加によって炭素の表面に形成される電気二重層内部の斥力によって，炭素の表面に平行な方向に伸びるとされている．これに対して，Hahnらの活性炭やグラファイトの研究では，イオンが炭素の層や粒子の間に入り込むインターカレーションによって，炭素の表面に垂直な方向に広がることによるとされている．先にも述べたように，グラファイトのインターカレーションについては多くの研究がある．しかし，活性炭のインターカレーションや電気二重層の斥力によって炭素材料の大きさがどれほど変わるかどうかについては，分子レベルでの研究があまりなされておらず，はっきりしたことはわかっていない．

　ここで，分子間距離の変化に注目した分子論的研究を一例紹介する．Kiyoharaらは，電極層内の熱力学的物理量を計算するモンテカルロ・シミュレーションの手法を開発し[11]，モデル化した炭素電極とイオンの系について，電圧を印加した場合に電極内に発生する圧力を計算した[12]．イオンのモデルには剛体球に電荷を埋め込んだプリミティブ・モデルを，電極のモデルには一様に荷電される平板を組み合わせたスリット状の細孔を用いた．すなわち，「静電相互作用」と「排除体積相互作用」を最も単純にモデル化した分子間相互作用を用いている（図9）．正負イオ

第16章 高分子アクチュエータの分子論的メカニズム

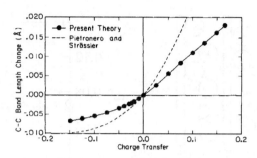

図6 第一原理計算による電荷移動（横軸）とグラファイト中の炭素原子の結合長（縦軸）の関係
結合長は負に帯電すると伸び，正に帯電すると縮む。Chanらによる。文献9）より許可を得て転載。(Copyright American Physical Society (1987))

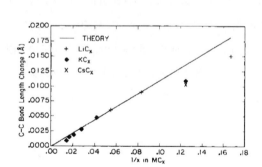

図7 インターカレーションしたアルカリ金属（ドナー）の濃度（横軸）と結合長（縦軸）の実験結果
電荷移動が完全に行われたと仮定した場合の理論値も示されている。Chanらによる。文献9）より許可を得て転載。(Copyright American Physical Society (1987))

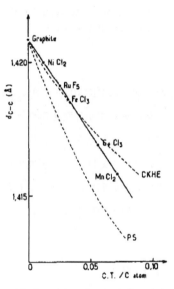

図8 インターカレーションしたアクセプターによる電荷移動（横軸）と炭素の結合長（縦軸）
実線は実験値へのフィッティング，点線は理論値。Flandroisらによる。文献10）より許可を得て転載。(Copyright Elsevior (1989))

ンの非対称性は，それぞれのイオンの直径（d_+およびd_-）を$d_+/d_-=1.4$, 1.6, 1.8と変えることで導入した。その結果，ある温度において同じ細孔径の電極中で電圧を印加すると，細孔内の圧力が増加することがわかった。特に，正負イオンの直径の非対称性が大きいほど正負両極で発生する圧力の非対称性も大きく，より大きな正イオンが集まる負極において発生圧力がより高

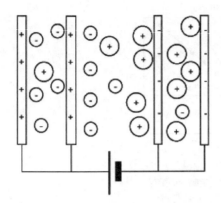
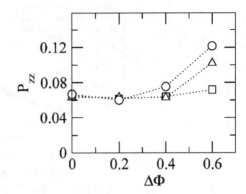

図9 モンテカルロ・シミュレーションで用いられた多孔質性の炭素材料のモデル
Kiyoharaらによる。文献12)より許可を得て転載。(Copyright American Chemical Society (2007))

図10 モンテカルロ・シミュレーションで計算された電圧(横軸)と負極内の発生圧力(縦軸)
□, △, ○はそれぞれ$d_+/d_-=1.4, 1.6, 1.8$の場合。圧力の起源は主として排除体積効果である。Kiyoharaによる文献12)より許可を得て転載。(Copyright American Chemical Society (2007))

いことがわかった(図10)。しかしより詳細な研究によると,正負イオンの直径,温度,印加電圧などの条件をわずかに変えるだけで「静電相互作用」と「排除体積相互作用」のバランスが大きく変化することがわかっており[13],電極層内の膨潤・収縮について包括的に議論するためには,さらに広い条件の範囲で計算を進める必要がある。また,この研究で計算された圧力は二つの離れた炭素の表面の間で面に垂直な方向に働く圧力であり,炭素の表面上に分布したカウンターイオンによって炭素面に平行な方向に働く圧力はまだ計算されていない。

4 まとめ

以上で見たように,炭素を用いた電極層に限っても,その電圧印加に伴う膨潤・収縮のメカニズムについての見方はさまざまである。分子論的に見ると,現在提案されている膨潤・収縮のメカニズムは大きく分けて,①電子状態の変化(炭素の結合長の変化),②静電相互作用(電気二重層の斥力),③排除体積相互作用(インターカレーション,イオン径の差)の三種類に分類することができる。①は分子内,②および③は分子間の構造の変化に伴うメカニズムである。これらのうち,どのメカニズムが支配的であるかを現時点で断定するのは難しい。それは,電極層内での分子間相互作用とその電圧印加に対する応答についての我々の知識が限られていることによる。

炭素以外の材料を元にした高分子アクチュエータには,イオン透過性の高分子の膜と金属の複合体 (Ionconductive Polymer Metal Composite = IPMC) を用いたものや[14],ポリピロールな

第16章　高分子アクチュエータの分子論的メカニズム

どの導電性高分子を用いたものなどがある[15]。IPMCを用いた三層構造型の高分子アクチュエータは，電圧印加と同時にそれぞれ別々の電極層に向かって移動する電解質水溶液中のイオンの水和の量が正負イオンで大きく異なるため，その結果として起こる水分子の濃度の非対称な分布によって膜の体積が正負電極層の近傍で非対称となって屈曲する，と考えられている。また，導電性高分子は，電荷を帯びると同時にゲストイオンを取り込んだり放出したりすると同時に，主鎖の構造が電子状態の変化とともに大きく変化し，これが膨潤・収縮のメカニズムとされている[15, 16]。これらのメカニズムも分子間の構造変化に伴うものであるが，分子レベルでの詳細な検討は，今後の課題である。

　これまでにさまざまな高分子アクチュエータが開発されてきたが，いずれも発生圧力，応答速度，耐久性などの点で実用化に耐えるには十分でなく，さらなる改良が求められている。この期待に応えるためには，高分子アクチュエータの動作メカニズムを分子レベルで明らかにし，材料から設計することが必要である。しかし，電極層の内部を分子レベルで実験的に解析するのは未だ容易ではなく，モンテカルロ・シミュレーションや分子動力学などの分子シミュレーションを併用することが有効であると考えられる。分子シミュレーションによる研究はまだ始まったばかりであり，今後の発展が望まれる。

文　　献

1) Bar-Cohen, Y., Ed. Electroactive Polymer Actuators as Artificial Muscles; SPIE: Washington, DC, 2001.
2) T. Fukushima *et al*., "Fully plastic actuator through layer-by-layer casting with ionic-liquid-based Bucky gel", *Angew. Chem. Int. Ed*., **44**, 2410-2413（2005）
3) Y. Oren *et al*., "The electrical double layer charge and associated dimensional changes of high surface area electrodes as detected by Moire deflectometry" *J. Electroanal. Chem*., **187**, 59-71（1985）
4) M. Hahn *et al*., "Carbon based double layer capacitors with aprotic electrolyte solutions: the possible role of intercalation/insertion processes", *Appl. Phys. A*., **82**, 633-638（2006）
5) M. S. Dresselhaus and G. Dresselhaus, "Intercalation compounds of graphite", *Adv. Phys*., **51**, 1（2002）
6) R. H. Baughman *et al*., "Carbon nanotube actuators", *Science*, **284**, 1340（1999）
7) T. Mirfakhra *et al*., "Electrochemical actuation of carbon nanotube yarns", *Smart Mater. Struct*., **16**, S243-S249（2007）

8) K. Kiyohara, T. Sugino *et al.*, "Expansion and contraction of polymer electrodes under applied voltage", *J. Appl. Phys.*, **105**, 063506 (2009)
9) C. T. Chan *et al.*, "Charge transfer effects in graphite intercalates: Ab imitio calculation and neutron-diffraction experiment", *Phys. Rev. Lett.*, **58**, 1528-1531 (1987)
10) S. Flandrois *et al.*, "Charge transfer in acceptor graphite intercalation compounds", *Synthetic Metals*, **34**, 399-404 (1989)
11) K. Kiyohara and K. Asaka, "Monte Carlo simulation of electrolytes in the constant voltage ensemble", *J. Chem. Phys.*, **126**, 214704 (2007)
12) K. Kiyohara and K. Asaka, "Monte Carlo simulation of porous electrodes in the constant voltage ensemble", *J. Phys. Chem. C*, **111**, 15903 (2007)
13) K. Kiyohara *et al.*, "Electrolytes in porous electrodes: Effects of the pore size and the dielectric constant of the medium", *J. Chem. Phys.*, **132**, 144705 (2010)
14) K. Oguro *et al.*, "Bending of an ion-conducting polymer film-electrode composite by an electric stimulus at low voltage", *J. Micromachine Soc.*, **5**, 27-30 (1992)
15) Q. Pei and O. Inganäs, "Conjugated polymers and the bending cantilever method: Electrical muscles and smart devices", *Adv. Mater.*, **4**, 277-278 (1992)
16) T. F. Otero and J. M. Sansinena, "Soft and wet conducting polymers for artificial muscles", *Adv. Mater.*, **10**, 491-494 (1998)

第17章　連続体的手法によるアクチュエータモデリング

山上達也*

1　はじめに

　高分子電解質ゲルの電場下での変形挙動は，はじめに，膨潤したPVAゲル[1]やポリアクリルアミドゲル[2]のような柔らかいゲルで発見された。これらのゲルは，表面でのイオン濃度変化による浸透圧の変化により変形する[3,4]。一般的に，これらのゲルの応答性はゆっくりで，アクチュエータとして用いるには強度が小さい。

　一方，フッ素系の高分子ネットワークとNaイオンなどのカウンターイオンを持つ高分子電解質ゲルに金属電極を着けたアクチュエータが研究開発されてきた[5,6]。このゲルは，10 [V/mm]の小さい電場で曲がり，サイクル特性も良い。応答性は速く，変形挙動はカウンターイオンの種類により大きく変わる事から，変形メカニズムは電気浸透効果によるとされている。これは，電場下で，ゲル中の微細空孔をイオンが動く際に，水和水が運ばれ，ゲルの表面（電極）での局所的な体積変化により，ゲルが曲がるというメカニズムである。本メカニズムにより，定電流での屈曲挙動は理論的に説明された[7]。

　一方，定電圧では，最初の早い屈曲とその後に続くゆっくりとした曲げの緩和が生じる。最初の早い屈曲は電気浸透効果により，その後のゆっくりとした緩和は屈曲したゲル中に生じる圧力勾配による水の浸透と考えられる。これらの挙動を説明するには，屈曲したゲル中での圧力勾配による水の浸透を考慮する必要がある。

　De Gennes達は，電場と圧力勾配により生じる，電流と水の浸透についての一般的なモデルを現象論から提案した[8]。電解質ゲル中での電流密度j_e，水の流束密度j_sは，圧力pと電場ψで次のように書ける。

$$j_e = -\sigma_e \nabla \psi - \lambda \nabla p \tag{1}$$

$$j_s = -\lambda \nabla \psi - \kappa \nabla p \tag{2}$$

---

*　Tatsuya Yamaue　㈱コベルコ科研　技術本部　エンジニアリングメカニクス事業部　主任研究員

ここで，σ_eは電気伝導度，κはDarcy則の浸透係数，λは電気浸透係数である．これらの式は多孔質体での電気浸透効果（電場により水が運ばれる）や流動電位（水流により電位が生じる）の式として知られているが，ゲルの場合，圧力場が変形による弾性応力場とも結合する．この点は，定性的にDe Gennesにより議論されている．

ここでは，上記の理論のアイデアを拡張し構築した，高分子電解質ゲルアクチュエータの変形メカニズムを記述する電気的な応力拡散結合モデルを紹介する[9~11]．本モデルは，ゲルの変形と弾性応力，水の浸透，イオン輸送を含むモデルであり，マクロには上記の式を含むが，オンザガー係数の微視的な表現を与える為，イオン半径や空孔サイズの効果を議論できる．本モデルを用いて，Nafion^{TM}117膜での各種カウンターイオンについての流動電位の実測値[12]を評価し，更に，電解質ゲルアクチュエータの矩形電圧下での変形と緩和挙動を，TEA (Tetraetylammonium) のような大きいカウンターイオンを含む，様々なカウンターイオンについて，定量的に解析した結果を示す．

2 電気的な応力拡散結合モデル

2.1 基礎方程式

電荷を持つ高分子鎖，水，イオンから成る高分子電解質ゲルを考える．高分子をp，溶媒をs，i種のイオンをi ($i=1, 2, \cdots N$) の添え字で表す．c_pを高分子鎖に着いた荷電基の数密度，c_iをイオン濃度とする．q_pを高分子鎖に着いた荷電基の電荷，q_iをイオンの電荷と置くと，ゲルのバルク領域では電気的中性条件が成り立つ．

$$c_p q_p + \sum_i c_i q_i = 0 \tag{3}$$

w_sを溶媒分子の体積，w_iをカウンターイオンの体積，w_pを高分子鎖の荷電基の体積とすると，非圧縮条件は次のように書ける．

$$c_p w_p + c_s w_s + \sum_i c_i w_i = 1 \tag{4}$$

高分子鎖，溶媒，イオンの（平均）速度を，v_p, v_s, v_iとして，各成分の力の釣り合い式を記述する．

i種のイオンには，電場と圧力場から受ける力，溶媒との摩擦力が生じるので，力の釣り合い式は，

$$c_i \zeta_i (v_i - v_s) = -c_i q_i \nabla \psi - c_i w_i \nabla p \tag{5}$$

第17章　連続体的手法によるアクチュエータモデリング

となる。ここで，ζ_iは溶媒に対するi種イオンの摩擦定数である。

　高分子鎖の荷電基にも同様に，電場と圧力場から受ける力，溶媒との摩擦力が生じる。また，高分子鎖の弾性応力も生じるので，力の釣り合い式は，

$$c_p \zeta_p (v_p - v_s) = -c_p q_p \nabla \psi - c_p w_p \nabla p + \nabla \cdot \sigma \tag{6}$$

となる。ここで，ζ_pは溶媒に対する高分子鎖の摩擦定数である。

　溶媒分子には圧力場から受ける力と，高分子鎖およびイオンとの間の摩擦力が生じるので，力の釣り合い式は，次のようになる。

$$c_p \zeta_p (v_s - v_p) + \sum_i c_i \zeta_i (v_s - v_i) = -c_s w_s \nabla p \tag{7}$$

　電流密度j_eは，

$$j_e = c_p q_p v_p + \sum_i c_i q_i v_i = \sum_i c_i q_i (v_i - v_p) \tag{8}$$

また，電気的中性条件(3)より，

$$\nabla \cdot j_e = 0 \tag{9}$$

同様に，非圧縮性条件(4)より，

$$\nabla \cdot \left(c_p w_p v_p + c_s w_s v_s + \sum_i c_i w_i v_i \right) = 0 \tag{10}$$

となる。これらの式(5)(6)(7)(9)(10)が，場の変数v_p, v_s, v_i, ψ, pを適当な境界条件の下で解く為の閉じた方程式系となる。

2.2　電気的な応力拡散結合モデル

　式(5)(6)(7)を足し合わせる事で，バルク領域での全体の力の釣り合い式が得られる。

$$\nabla \cdot (\sigma - pI) = 0 \tag{11}$$

体積流束密度j_sを高分子鎖に対する溶媒とイオンの流束として，次のように定義する。

$$j_s = c_s w_s (v_s - v_p) + \sum_i c_i w_i (v_i - v_p) \tag{12}$$

　以上より，電流密度j_eと，体積流束密度j_sは，

$$j_e = -\sigma_e \nabla \psi - \lambda \nabla p \tag{13}$$

$$j_s = -\lambda \nabla \psi - \kappa \nabla p \tag{14}$$

電気伝導度 σ_e，Darcy則の浸透係数 κ，電気浸透係数 λ は，次のように書ける．

$$\sigma_e = \frac{c_p q_p^2}{\zeta_p} + \sum_i \frac{c_i q_i^2}{\zeta_i} \tag{15}$$

$$\lambda = \frac{q_p}{\zeta_p}(1-\phi_p) + \sum_i \frac{c_i q_i w_i}{\zeta_i} \tag{16}$$

$$\kappa = \frac{(1-\phi_p)^2}{c_p \zeta_p} + \sum_i \frac{c_i w_i^2}{\zeta_i} \tag{17}$$

ここで，$\phi_p = c_p w_p$ は高分子鎖の体積分率である．

上式を解説する．式(13)-(17)はオンザガーの相反定理を満たし，$\sigma_e > 0$，$\kappa > 0$，$\sigma_e \kappa - \lambda^2 > 0$ の関係を持つ．式(15)の電気伝導度は，第2項のイオンの効果だけではなく，第1項の高分子鎖の固定された電荷の効果を含むため奇妙に見えるかもしれない．しかし，第1項は電場により生じる電気浸透流（圧力勾配が無い場合 $v_s = (q_p/\zeta_p)\nabla \psi$）に乗ってイオンが流れる効果を表しており必須な項である．式(16)の電気浸透係数も2つの項を含む，第1項は帯電した多孔質体や高分子鎖中の通常の電気浸透効果を表し λ_p と書く．一方，第2項はカウンターイオンのサイズに依存し，イオンに水和した水分子の効果を表し λ_i と書く．後述するが，両者の効果が実験値の解釈で重要となる．

式(11)(13)(14)と電気的中性条件(3)，非圧縮条件(4)を合わせて，閉じた方程式系となる．

3 高分子電解質ゲルのオンザガー係数

3.1 イオンサイズの効果

単純な摩擦モデルを用いて，輸送係数（オンザガー係数）を推算する．カウンターイオンと溶媒の間の摩擦係数として，ストークス・アインシュタインの式を用いる．

$$\zeta_i = 6\pi \eta a_i \tag{18}$$

ここで，η は溶媒の粘度，a_i はイオン半径（ストークス半径・流体力学的半径）を示す．高分子鎖と溶媒の間の摩擦係数の推算の為に，ゲルの空孔（水路）の特徴的な幅を ξ_b とすると，ゲルの摩擦についてのブロッブモデルから単位体積あたりの高分子鎖と溶媒の摩擦係数は $6\pi\eta/\xi_b^2$ より，摩擦係数は以下の通りに書ける．

第17章 連続体的手法によるアクチュエータモデリング

$$\zeta_p = \frac{6\pi\eta}{\xi_b^2 c_p} \tag{19}$$

以上より,式(15)-(17)のオンザガー係数は次のように書ける。

$$\sigma_e = \frac{1}{6\pi\eta}\left[\sum_i \frac{c_i q_i^2}{a_i} + c_p q_p^2 \xi_b^2\right] \tag{20}$$

$$\lambda = \frac{1}{6\pi\eta}\left[-(1-\phi_p)c_p q_p \xi_b^2 + \sum_i \frac{c_i q_i w_i}{a_i}\right] \tag{21}$$

$$\kappa = \frac{1}{6\pi\eta}\left[(1-\phi_p)^2 \xi_b^2 + \sum_i \frac{c_i w_i^2}{a_i}\right] \tag{22}$$

1種類のカウンターイオンのみを含む電解質ゲルでは,$c_i = c_p$,$q_i = -q_p$ より単純になる。

$$\sigma_e = \frac{c_p q_p^2}{6\pi\eta\xi_b}\left[c_p \xi_b^3 + \frac{\xi_b}{a_i}\right] \tag{23}$$

$$\lambda = \frac{c_p q_p \xi_b^2}{6\pi\eta}\left[-(1-\phi_p) + \frac{3}{4\pi}\left(\frac{a_i}{\xi_b}\right)^2\right] \tag{24}$$

$$\kappa = \frac{(1-\phi_p)^2 \xi_b^2}{6\pi\eta}\left[1 + \left(\frac{4\pi}{3(1-\phi_p)}\right)^2 c_p \xi_b^3 \left(\frac{a_i}{\xi_b}\right)^5\right] \tag{25}$$

ここで,イオンの体積 $\omega_i = (4\pi/3)a_i^3$ とした。典型的なフッ素系高分子電解質ゲルでは,$\phi_p \approx 0.5$,$\xi_b \approx 1.0[\text{nm}]$,$c_i \approx 1.0/z[\text{mol/l}]$ である[12]。ここで,zはカウンターイオンの荷数である。これらの値を用いて評価した,カウンターイオンのストークス半径とオンザガー係数との関係を図1に示す。図1(a)より,電気伝導度は,主に,電気浸透流よりもカウンターイオンの寄与が大きい。これは,通常,カウンターイオンよりもゲルの空孔サイズが大きい ($\xi_b \gg a_i$) 為である。図1(b)より,高分子鎖の電荷による通常の電気浸透流 λ_p は,カウンターイオンのサイズに依らないが,カウンターイオンのサイズ(水和)の効果 λ_i は,イオンサイズが大きくなるほど(または,空孔サイズが小さくなるほど)重要になる。図1(c)より,Darcy則の浸透係数は,通常,カウンターイオンよりもゲルの空孔サイズが大きい ($\xi_b \gg a_i$) 為,ゲルの空孔サイズにより決まる。

3.2 流動電位の実測値との比較

本理論を,様々なカウンターイオンについてのNafion™117膜の流動電位の実測値[12]と比較し,評価する。図2に,流動電位(与えた圧力差と生じた電位差の比)$|\Delta\psi/\Delta p| = \lambda/\sigma_e$ と,ゲルの空孔サイズ ξ_b に対するカウンターイオンのストークス半径 a_i の比 a_i/ξ_b の関係を示す。実測値を▲,理論値を○で示す。ここで,各種カウンターイオンのストークス半径 a_i は,無限希釈溶

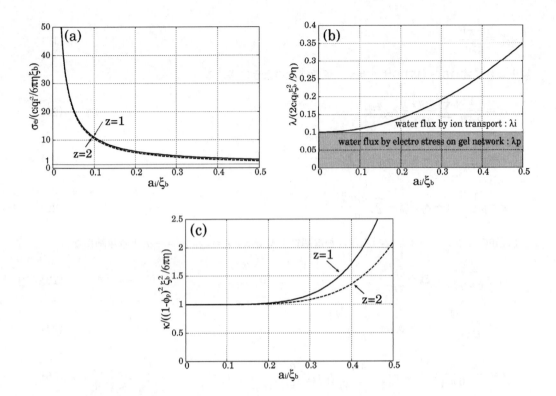

図1 (a)：電気伝導度 σ_e と，ゲルの空孔サイズ ξ_b に対するカウンターイオンのストークス半径 a_i の比の関係
(b)：電気浸透係数 λ と，ゲルの空孔サイズ ξ_b に対するカウンターイオンのストークス半径 a_i の比の関係
(c)：Darcy則の浸透係数 κ と，ゲルの空孔サイズ ξ_b に対するカウンターイオンのストークス半径 a_i の比の関係

液でのモル伝導率[13] からの推算値を使用し，空孔サイズには文献[12] の値を使用した（表1参照）。カウンターイオン種に依らず，高分子体積分率 $\phi_p \approx 0.7$，イオン濃度として $c_i \xi_b^3 \approx 2.2/z$ （z は荷数）を用いた。理論値の流動電位は，実測値のイオン種による傾向をほぼ再現する。

また，電気浸透係数として，通常の電気浸透（高分子鎖の電荷による）とイオン体積（水和水）の効果を含めたもの $\lambda = \lambda_i + \lambda_p$ （実線）と，イオン体積（水和水）の効果のみとした場合 $\lambda = \lambda_i$ （点線）を示す。実測値と同等の値を得るには，イオン体積（水和水）の効果の電気浸透だけでは小さく，通常の電気浸透（高分子鎖の電荷による）とイオン体積（水和水）の両方の電気浸透効果が重要である事が分かる。

第17章 連続体的手法によるアクチュエータモデリング

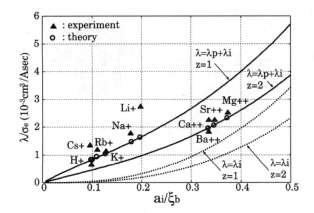

図2 Nafion™117膜での流動電位 $|\Delta\psi/\Delta p| = \lambda/\sigma_e$ とゲルの空孔サイズ ξ_b に対するカウンターイオンのストークス半径 a_i の比の関係の実測値（▲）と理論値（○および実線・点線）。理論値の実線は，電気浸透係数 $\lambda = \lambda_i + \lambda_p$，点線は，電気浸透係数 $\lambda = \lambda_i$（イオンの水和水のみ）での評価結果。

表1 各種カウンターイオンのストークス半径 a_i[13]，Nafion™117膜の空孔サイズ ξ_b[12]，比 a_i/ξ_b の関係

カウンターイオン	ストークス半径 a_i [Å]	空孔サイズ ξ_b [Å]	比 a_i/ξ_b
H^+	1.3	13.0	0.10
Li^+	2.12	11.0	0.19
Na^+	1.64	9.6	0.17
K^+	1.12	9.0	0.12
TEA^+	2.60	(8.8)	(0.30)
Ca^{2+}	2.76	8.2	0.34

TEA^+（テトラエチルアンモニウムイオン（$[C_2H_5]_4N^+$））について，空孔サイズの実測値が無かった為，大きいサイズのカウンターイオンでの典型的な比の値（0.30）とした。

4 ゲルの曲げと緩和のメカニズム

4.1 基礎方程式

定ステップ電圧を印加された際の，高分子電解質ゲルの曲げのメカニズムを述べる。電極表面で電気化学反応が生じない程度の小さい電圧印加を考える。

ゲルは厚み h の短冊状とし，図3のように，膜の中央を原点，膜厚方向を x 軸とし，座標系を設定する。$R(t)$ を時刻 t での曲げの曲率半径とする。

ゲルが曲率 $1/R(t)$ で曲がる際の，位置 $\mathbf{r}$ での変位 $\mathbf{u}(r, t)$ は，以下のように書ける。

$$u_x = u_x(x, t) \tag{26}$$

未来を動かすソフトアクチュエータ

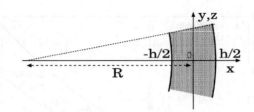

図3　高分子電解質ゲルの1次元曲げモデル

$$u_y = \frac{xy}{R(t)} \tag{27}$$

$$u_z = \frac{xz}{R(t)} \tag{28}$$

膨潤率 $f(x, t) \equiv \nabla \cdot \mathbf{u}(r, t)$ は，

$$f(x, t) = \frac{\partial u_x}{\partial x} + \frac{2x}{R(t)} \tag{29}$$

応力テンソル σ は，高分子ゲルネットワークの構成則で与えられる。ここでは，線形弾性体の応力テンソルを用いる。

$$\sigma_{ij} = K \sum_k \frac{\partial u_k}{\partial x_k} \delta_{ij} + G \left(\frac{\partial u_i}{\partial x_j} + \frac{\partial u_j}{\partial x_i} - \frac{2}{3} \sum_k \frac{\partial u_k}{\partial x_k} \delta_{ij} \right) \tag{30}$$

ここで，K, G は，各々，体積弾性率とせん断弾性率である。

膜厚方向の力の釣り合い式 $\partial(\sigma_{xx} - p)/\partial x = 0$ と，表面への外力印加無しの境界条件（$\sigma_{xx} - p = 0$ at $x = \pm h/2$）より，

$$p(x, t) = \sigma_{xx}(x, t) \tag{31}$$

トルクの釣り合い式より，

$$\int_{-h/2}^{h/2} dx (\sigma_{yy}(x, t) - p(x, t)) x = 0 \tag{32}$$

式(29)-(32)より，膨潤率の分布 $f(x, t)$ と曲率半径 $R(t)$ の関係は以下のようになる。

$$\frac{1}{R(t)} = \frac{4}{h^3} \int_{-h/2}^{h/2} dx f(x, t) x \tag{33}$$

式(13)(14)(31)より，流束 j_s は以下のように書ける。

$$j_s(x, t) = -\left(\kappa - \frac{\lambda^2}{\sigma_e} \right) \left(K + \frac{4}{3} G \right) \frac{\partial f}{\partial x} + \left(\kappa - \frac{\lambda^2}{\sigma_e} \right) \frac{4G}{R(t)} + \frac{\lambda}{\sigma_e} j_e(x, t) \tag{34}$$

連続の式 $\partial f/\partial t = \partial j_s/\partial x$ より，膨潤率の時間変化は以下のように書ける。

第17章　連続体的手法によるアクチュエータモデリング

$$\frac{\partial f}{\partial t} = D'\frac{\partial^2 f}{\partial x^2} \tag{35}$$

ここで，電荷の保存則$\partial j_e/\partial x = 0$を用いた。電解質ゲルの有効拡散定数$D'$は以下の通り。

$$D' = \left(\kappa - \frac{\lambda^2}{\sigma_e}\right)\left(K + \frac{4}{3}G\right) \tag{36}$$

電極が溶媒を通さない（$j_s(x=\pm h/2)=0$）とすると，次の境界条件が得られる。

$$\frac{\partial f}{\partial x} = \frac{\lambda}{D'\sigma_e}j_e(x,t) \pm \frac{4G}{K+\frac{4}{3}G}\frac{1}{R(t)} \text{ at } x=\pm\frac{h}{2} \tag{37}$$

式(35)-(37)が緩和を含む電解質ゲルの曲げを記述する方程式系である。

4.2　初期の曲げ

ゲルに電場が印加された際，電流が流れ，極めて短時間に電極表面に電気二重層が形成される。電気二重層形成に必要な時間τ_eは，バルクの電気伝導度σ_eと電気二重層の容量Cを用いて，以下のように書ける。

$$\tau_e \cong \frac{hC}{\sigma_e} \cong \frac{\varepsilon\kappa_D h}{\sigma_e} \tag{38}$$

ここで，単純な電気二重層モデルを用いた。εは溶媒の誘電率，κ_Dはデバイパラメータであり，$\kappa_D = (\sum_i c_i q_i^2/\varepsilon k_B T)^{1/2}$で与えられる。室温でのNafion^{TM}117膜ではτ_eはおよそ$0.1\sim 0.5$［msec］と極めて短い時間である。

初期の時間τ_eの間には圧力勾配は無く，専ら，電気浸透効果により電極へ溶媒が運ばれ，その流束の大きさは，

$$j_s = -\lambda\nabla\psi = \frac{\lambda}{\sigma_e}j_e \tag{39}$$

と書ける。時間τ_eの間に電極に運ばれる溶媒の体積Wは，電極に運ばれる電荷量をQとすると，

$$W = \frac{\lambda Q}{\sigma_e} \tag{40}$$

よって，式(33)より，初期（時刻τ_e）での曲率半径$R(0)$は，以下のようになる。

$$\frac{1}{R(0)} = \frac{4W}{h^2} = \frac{4}{h^2}\frac{\lambda}{\sigma_e}Q \tag{41}$$

これは，初期の曲げの大きさが，一方の電極から他方の電極に運ばれた電荷量に比例する事を示

しており，実験結果と一致する．

4.3 緩和時間

初期の電気二重層への充電により，電極近くに大きい圧力勾配が生じ，溶媒が圧力の高い領域から低い領域へ流れる事で，曲げの緩和が生じる．特徴的な緩和時間は式(36)より，

$$\tau_{relax} \cong \frac{h^2}{D'} = \frac{h^2}{\left(\kappa - \dfrac{\lambda^2}{\sigma_e}\right)\left(K + \dfrac{4}{3}G\right)} \quad (42)$$

と書ける．1種類のカウンターイオンのみを含む電解質ゲルでは，

$$\sigma_e \kappa - \lambda^2 = \frac{c_i q_i^2 \xi_b^2}{(6\pi\eta)^2 a_i} \{c_i w_i - (1-\phi_p)\}^2 \quad (43)$$

より，カウンターイオンの体積が$w_i \approx (1-\phi_p)/c_i$に近づくと，有効浸透係数は極めて小さく，緩和時間は極めて大きくなる．

図4に，流動電位の評価で用いたのと同じ典型的なNafion™117膜の条件での，各種カウンターイオンでの有効浸透係数を示す．

5 実験との比較

文献[6, 14]と同様な手順で金をメッキし作成したNafion™117膜のアクチュエータに，様々なカウンターイオンを交換し，定ステップ電圧を印加した際の変位挙動を図5に示す．アクチュエータは幅1mm，長さ15mmの短冊形であり，変位測定点は固定点から10mmの長さである．変位Δxは，曲率半径Rと，$\Delta x = R(1-\cos(L/R))$の関係で表される．ここで，$L$は固定点から測定点までの長さの10mmである．

図6に，初期の曲率とカウンターイオンのサイズの関係を示す．初期の曲率は充電電荷量に依存する為に，充電電荷量の効果を消し，カウンターイオンの違いを取り出す為に，プロトンでの実測値および理論値との比で表す．実測値と理論値は良好に一致する．また，流動電位の評価と同様に，電気浸透係数として，水和水の効果だけではなく，通常の高分子鎖の電荷による電気浸透を含めた両者の考慮が必要である事を示す．

図7に，緩和時間とカウンターイオンのサイズの関係を示す．実測値から緩和時間は，プロトンに対して8.0 [sec]，Na^+で20 [sec]，Li^+で12 [sec]，Ca^{2+}で45 [sec]であった．緩和時間は弾性率や膜厚に依存する為に，カウンターイオンによる違いを取り出す為に，プロトンでの

第17章 連続体的手法によるアクチュエータモデリング

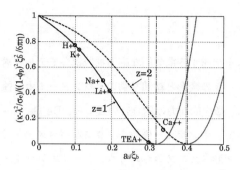

図4 Nafion™117膜での有効浸透係数の,ゲルの空孔サイズξ_bに対するカウンターイオンのストークス半径a_iの比との関係の理論値

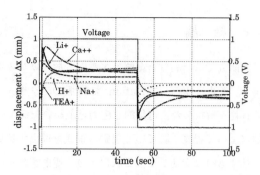

図5 各種カウンターイオンを用いたNafion™117のアクチュエータの変形と緩和挙動の実測結果

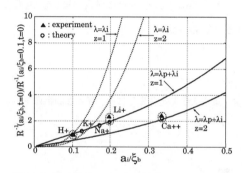

図6 初期の曲率の大きさ(プロトン比)と,ゲルの空孔サイズξ_bに対するカウンターイオンのストークス半径a_iの比との関係の実測値(▲)と理論値(○)の比較
実線・点線は理論曲線。理論曲線の実線は,電気浸透係数$\lambda = \lambda_i + \lambda_p$,点線は,電気浸透係数$\lambda = \lambda_i$(イオンの水和水のみ)での評価結果。

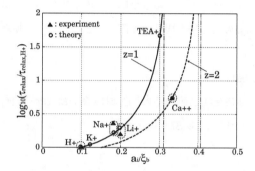

図7 緩和時間(プロトン比)と,ゲルの空孔サイズξ_bに対するカウンターイオンのストークス半径a_iの比との関係の実測値(▲)と理論値(○)の比較
実線・点線は理論曲線。理論曲線の実線は1荷のイオン,点線は2荷のイオンを表す。

実測値および理論値との比で表す。

　Na$^+$とLi$^+$の大小関係は逆転するが,緩和時間の予測値は実測と大きくは外れておらず,カウンターイオンサイズが大きくなる事で,緩和時間が長くなる傾向は実測結果と一致する。特に,Ca^{2+}での長い緩和時間を良好に予測する。このように,本理論は,カウンターイオンサイズが大きくなると共に,緩和時間が増加し,ある程度大きいカウンターイオンでは緩和しなくなる傾向を予測する。本理論は,巨大なカウンターイオンTEA$^+$では,緩和挙動が無くなる実測結果を定性的に説明づける。

6 結論

　本研究では，高分子電解質ゲルの変形メカニズムを記述する電気的な応力拡散結合モデルを構築し，その応用としてNafion™117膜のアクチュエータの変形と緩和挙動のカウンターイオン種依存性を解析した。電気的な応力拡散結合モデルは，微視的な力の釣り合い式から，De Gennes達によって提案されている運動方程式を導出する事で，オンザガー係数をミクロなパラメータで記述する事に成功した。これにより，電解質ゲルの変形メカニズムへのカウンターイオンサイズや空孔サイズへの依存性が解析可能となった。本理論により，カウンターイオンが大きくなる事で緩和時間が急激に長くなり，ある程度の巨大イオンでは緩和が無くなる事を再現した。

　本理論ではイオンのサイズと荷数のみを考慮し，バルクのメカニズムを構築した。様々なソフトアクチュエータの挙動解析への応用においては，イオン種による化学的な性質の違い，電極界面での応力発生機構の評価，等と合わせての評価が必要であろう。

【謝辞】

　本研究の共同研究者の，産業技術総合研究所・安積先生，東京大学・土井先生には，様々な御指導を頂きました。心より感謝いたします。

文　献

1) R. Hamden, C. Kent and S. Shafer : *Nature*, **206**, 1149 (1965)
2) T. Tanaka, I. Nishio, S. Sun and S. Ueno-Nishio : *Science*, 218, 467 (1982)
3) M. Doi, M. Matsumoto and Y. Hirose : *Macromolecules*, 25, 5504 (1992)
4) T. Wallmersperger, B. Kroplin and R. W. Gulch : *Mechanics of Materials*, 36, 411 (2004)
5) K. Oguro, Y. Kawami and H. Takenaka : *J. Micromach*, 5, 25 (1992) (in Japanese)
6) K. Asaka, K. Oguro, *et al.* : *Polymer Journal*, 27, 436 (1995)
7) K. Asaka, K. Oguro : *Polymer Journal of Electroanalytical Chemistry*, 480, 186 (2000)
8) P. G de Gennes, K. Okumura, *et al.* : *Europhysics. Lett.*, 50 [4], 513 (2000)
9) M. Doi: Dynamics and Patters in Complex Fluids, A. Onuki and K. Kawasaki Eds. Springer, p.100 (1990)
10) T. Yamaue and M. Doi: *Phys. Rev.*, E 69, 041402 (2004), *Phys. Rev.*, E 70, 011401 (2004)
11) T. Yamaue, H. Mukai, K.Asaka and M. Doi : *Macromolecules*, 38, 1349, 7528 (2005)
12) G. Xie and T. Okada : *J. Electrochem. Soc.*, 142, 3057 (1995)
13) 電気化学便覧：電気化学会編, 丸善 (2000)
14) N. Fujiwara, K. Asaka, *et al.* : *Chem. Mater.*, 12, 1750 (2000)

第18章　高分子アクチュエータの材料モデリング

都井　裕*

1　イオン導電性高分子アクチュエータ

　近年，ロボット用の電気駆動アクチュエータあるいは人工筋肉，またスマート材料，MEMSへの応用の観点から，イオン導電性高分子・金属複合材料（Ionic conducting Polymer-Metal Composites；以下ではIPMCと略す）が関心を集めている[1]。パーフルオロスルフォン酸（PFS）膜の両面に白金電極をめっきしたイオン導電性高分子ゲル膜（Ionic Conducting Polymer gel Film；以下ではICPFと略す）アクチュエータの屈曲運動が，1992年に小黒により発見されており[2]，その後デュポン社製のNafion膜の両面に白金板を装着したIPMCアクチュエータの動作に関する実験的，理論的研究がいくつか行われている。

　電場下におけるIPMC膜の曲げ変形は，厚さ方向への膨潤の勾配に起因して生ずる。すなわち，電場によるクーロン力によって水和した移動性陽イオンが陰極側に引き寄せられ，陰極側が膨潤，陽極側が収縮することにより，IPMCはりの曲げ変形あるいは屈曲運動が起こる。このようなIPMCアクチュエータの動作に関する電気化学・力学モデリングの立場からの研究例を以下に示す。

　菅野ら[3]は，ICPFアクチュエータのブラックボックスモデリングを行っている。Shahinpoor[4]は，IPMC人工筋肉はりにおける電気化学作用をモデル化し，発生した曲げモーメントからベルヌーイ・オイラーのはり理論に基づいて曲率を決定することにより，静的・動的変形応答を解析している。Nemat-NasserとLi[5]は，マイクロメカニックスに基づいてIPMCアクチュエータの電気化学・力学応答を特徴づける支配方程式を誘導し，短時間応答解が実験結果と整合することを示している。また，Tadokoroら[6]は，水和陽イオンの移動に起因する水分子の分布に着目して，変形応答を解析した。以上の解析はすべて，水中あるいは湿潤状態におけるIPMCアクチュエータの挙動を対象としているが，PopovicとTaya[7]は，実用性の観点から空気中におけるIPMCアクチュエータのモデリングを行い，一次元の電気化学反応の支配方程式を差分法により解析し，はり理論から変形の時刻歴を求めている。都井と姜[8,9]は，IPMC材の電気化学挙動を支配する一次元（厚さ方向）方程式に対し，Galerkin法[10]に基づく有限要素定式

---

*　Yutaka Toi　東京大学　生産技術研究所　機械・生体系部門　教授

未来を動かすソフトアクチュエータ

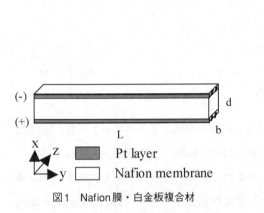

図1 Nafion膜・白金板複合材

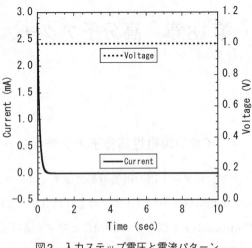

図2 入力ステップ電圧と電流パターン

化を行い，その結果から得られる固有ひずみを三次元固体の有限要素解析に入力することにより，IPMC材の一般的な三次元変形応答解析を行っている．

2 イオン導電性高分子アクチュエータの電気化学応答の計算モデリング

図1に示すようなNafion膜・白金板複合材に，図2に示すような単位ステップ電圧を加えると，次のような2つのプロセスによる変形応答を示す．まず，第一プロセスとして，水和陽イオンの陰極側への急激な移動により，ごく短い時間帯内に陽極側へ大きな曲げ変形を起こす「前方運動」が現れる．その後に第二プロセスとして，自由水分子の陽極側への拡散により，ゆっくりと曲げ変形が回復する「後方運動」が現れる．以下に，これら二つのプロセスを支配する電気化学方程式系とその有限要素定式化について述べる．

2.1 前方運動

白金板に単位ステップ電圧を加えることにより，Nafion膜に電場が発生し，水和陽イオンに対し陰極側への電気力が生ずる．逆に，陽極側へ粘性抵抗力と拡散力が働くことにより，電気力と釣り合う．すなわち，式(1)から全電荷量 $Q(x,t)$ が求められる．式中のiは図2に示すような電流である．初期条件と境界条件は式(2)により与えられる．

$$\eta_1 \frac{\partial Q(x,t)}{\partial t} = kT \frac{\partial^2 Q(x,t)}{\partial x^2} - \frac{\partial Q(x,t)}{\partial x}\left\{\frac{e}{\varepsilon_\phi S_x}\left[\int_0^t i(\tau)d\tau + Q(x,t) - Q(x,0)\right]\right\} \tag{1}$$

第18章 高分子アクチュエータの材料モデリング

表1 前方運動解析のための材料パラメータと計算条件

Coefficient of viscosity for hydrated Na$^+$	$\eta_1 = 1.18 \times 10^{-11}$ (N·s/m^2)
Boltzmann constant	$k = 1.380 \times 10^{-23}$ (N·m/K)
Absolute temperature	$T = 293$ (K)
Elemental charge	$e = 1.6 \times 10^{-19}$ (C)
Dielectric constant of hydrated Nafion membrane	$\varepsilon_e = 2.8 \times 10^{-3}$ (C^2/N·m^2)
Cross section area	$S_x = 34.2 \times 10^{-6}$ (m^2)
Avogadro number	$N_a = 6.02 \times 10^{23}$ (/mol)

$$\{Q(x,0)\} = N_a e S_x c_0 x, \quad \{Q(0,t)\} = 0, \quad \{Q(d,t)\} = N_a e S_x c_0 d \tag{2}$$

表1に，これらの式を解くために必要な前方運動に関するパラメータ値の一覧を示す．全電荷量が求められると，電荷密度 $c(x, t)$ は次式から計算される．

$$Q(x,t) = N_a e S_x \int_0^x c(\xi,t) d\xi \tag{3}$$

電荷密度より，水分子の濃度 $w(x, t)$ が次式より計算される．

$$w(x,t) = w_1 + w_2(x,0) + nc(x,t) \tag{4}$$

全電荷量に関する支配方程式(1)に対してGalerkin法による有限要素定式化を行うと，節点における全電荷量ベクトル $\{Q_N(x, t)\}$ に関する次式を得る．

$$\begin{bmatrix} A_{11}^{(e)} & A_{12}^{(e)} \\ A_{21}^{(e)} & A_{22}^{(e)} \end{bmatrix} \{Q_N(x,t+\Delta t)\} = \begin{bmatrix} B_{11}^{(e)} & B_{12}^{(e)} \\ B_{21}^{(e)} & B_{22}^{(e)} \end{bmatrix} \{Q_N(x,t)\} \tag{5}$$

続いて，全電荷量と電荷密度の関係を示す式(3)に対してGalerkin法による有限要素定式化を行うと，節点における電荷密度ベクトル $\{c_N(x, t)\}$ に関する次式を得る．

$$\begin{bmatrix} C_{11}^{(e)} & C_{12}^{(e)} \\ C_{21}^{(e)} & C_{22}^{(e)} \end{bmatrix} \{c_N(x,t)\} = \begin{bmatrix} D_{11}^{(e)} & D_{12}^{(e)} \\ D_{21}^{(e)} & D_{22}^{(e)} \end{bmatrix} \{Q_N(x,t)\} \tag{6}$$

2.2 後方運動

第二プロセスとして，自由水分子が陽極側へ時間をかけて拡散する現象が現れる．式(7)から水分子濃度 $w(x, t)$ が計算できる．初期条件と境界条件は式(8)により与えられる．

$$\frac{\partial w(x,t)}{\partial t} = \frac{kT}{\eta_2} \frac{\partial^2 w(x,t)}{\partial x^2} \tag{7}$$

$$w(x,0)=w_1+w_2(x,0)+nc(x,t_1), \quad \frac{\partial w(0,t)}{\partial x}=0, \quad \frac{\partial w(d,t)}{\partial x}=0 \tag{8}$$

表2に，これらの式を解くために必要な後方運動に関するパラメータ値の一覧を示す．

式(7)に対してGalerkin法による有限要素定式化を行うと，節点における水分子濃度ベクトル$\{w_N(x,t)\}$に関する次式を得る．

$$\begin{bmatrix} A_{11}^{(e)} & A_{12}^{(e)} \\ A_{21}^{(e)} & A_{22}^{(e)} \end{bmatrix} \{w_N(x,t+\Delta t)\} = \begin{bmatrix} E_{11}^{(e)} & E_{12}^{(e)} \\ E_{21}^{(e)} & E_{22}^{(e)} \end{bmatrix} \{w_N(x,t)\} \tag{9}$$

3　イオン導電性高分子アクチュエータの三次元変形応答解析

前節で求めた水分子濃度$w(x,t)$に比例する固有ひずみをIPMCはりの初期ひずみとして与え，三次元有限要素法（8節点6面体要素）による変形応答解析を行う．次式は，初期ひずみ増分$\{\Delta \varepsilon_i\}$が与えられた場合の増分形剛性方程式である．

$$[k]\{\Delta u_N\}=\{\Delta f_i\} \tag{10}$$

ここに，

$$\{\Delta f_i\}=\int_{V_e}[B]^T\{\Delta \sigma_i\}dV, \quad \{\Delta \sigma_i\}=[D]\{\Delta \varepsilon_i\} \tag{11}$$

であり，$[k]$は要素剛性マトリックス，$\{\Delta u_N\}$は節点変位増分ベクトル，$[B]$はひずみ・節点変位マトリックス，$[D]$は応力・ひずみマトリックスである．

解析したモデルは，図1のようなNafion膜・白金板複合材である．Nafion膜と白金板に対し仮定した材料定数を表3に示す．モデルの寸法は，長さ$L=20$mm，Nafion膜の厚さ（電極間の距離）$d=200\mu$m，幅$b=1.8$mm，各白金板電極の厚さは0.25μmである．

図3は，はり先端部のたわみの時刻歴であり，前方運動から後方運動に至る変形プロセスが良好に再現されている．また，水分子が集まる陰極側（上）のひずみが陽極側（下）より大きく，

表2　後方運動解析のための材料パラメータと計算条件

Concentration of bound water to the fixed SO_3^- groups	$w_1=4381$(mol/m^3)
Concentration of free water molecules	$w_2=4381$(mol/m^3)
Time of ending of first stage and beginning of second stage	$t_1=0.11$s
Hydration number of Na$^+$ ions in swollen Nafion	$n=4.7$
Coefficient of viscosity for free water molecules	$\eta_2=11.6\times 10^{-11}$(N・s/m^2)

第18章　高分子アクチュエータの材料モデリング

表3　IPMCの材料特性

	Young's modulus (GPa)	Poisson's ratio
Nafion membrane	0.23	0.49
Platinum layer	146.8	0.39

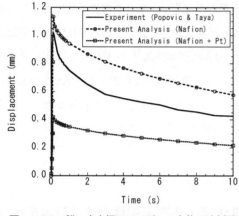

図3　Nafion膜・白金板はりモデルの変位の時刻歴　　図4　Nafion膜・白金板はりモデルの変形

図4に示すように，はりは下側に曲がる．幅は長さの1/10程度のため，幅方向にはほとんど湾曲せず，A点（先端部端点）とB点（先端部中央点）のたわみはほとんど等しい．

本解析の詳細[8,9]，電気化学反応の支配方程式の多次元化[11]，Flemionなど他の材料を用いたIPMCアクチュエータ解析への拡張[12,13]などについては文献を参照されたい．

4　導電性高分子アクチュエータ

ポリピロール（Polypyrrole）などの導電性高分子を利用したアクチュエータは，①発生力が大きい（人の筋肉の数十倍），②構造が単純で軽量，③音を発生しない，④低電圧（1〜2V）で駆動可能などの特長を有しており，ロボット工学，生体・医用工学，MEMS分野などにおける開発と適用，製品化が期待されている[14〜18]．

電解液中の導電性高分子膜は，内外の圧力差による電解液の出入りに起因して伸縮変形を起こす．これは受動的な多孔質弾性挙動である[14〜16]．さらに導電性高分子と電解液間に通電すると，イオンの出入りにより導電性高分子膜の伸縮変形が加減速される．これは能動的な電気化学・多孔質弾性挙動である[14〜16]．たとえばClO_4^-のような相対的に小さい陰イオンをドープされたポリピロールは，陰イオンの浸入と放出（酸化と還元）により膨張・収縮し，陰イオン駆動アクチュエータと呼ばれる[17,18]．他方，DBS（DocecylBenzene Sulfonate）のような相対的に大きい

陰イオンをドープされたポリピロールでは陰イオンが移動せず，代わりに陽イオンの浸入と放出（還元と酸化）により膨張・収縮し，陽イオン駆動アクチュエータと呼ばれる[17, 18]。

ポリピロールを用いた導電性高分子アクチュエータの応答に対し，Della Santaら[14〜16]は多孔質弾性理論に基づく連続体モデリングの支配方程式系を与え，受動的多孔質弾性挙動に対する一次元理論解と実験結果を比較検討しているが，能動的電気化学・多孔質弾性挙動に対する具体的な定式化は与えられていない。都井と鄭[19, 20]は，ポリピロール膜の受動的多孔質弾性挙動に対しDella Santaら[14〜16]により与えられた，Biotの多孔質弾性論[21]に基づく三次元連続体モデリングをOnsager則[22]に従って能動的電気化学・多孔質弾性挙動に対する定式化に拡張し，Tadokoroら[6]による一次元イオン輸送方程式と組み合わせた支配方程式系を構築した。これらを有限要素法により離散化して，ポリピロール膜の受動的多孔質弾性挙動および能動的電気化学・多孔質弾性挙動に対する数値計算を行っている。

5 導電性高分子アクチュエータの電気化学・多孔質弾性応答の計算モデリング

5.1 多孔質弾性体の剛性方程式

Biotの理論[21]によれば，流体を含む多孔質弾性体の平衡方程式は以下のとおりである。

$$\frac{\partial \sigma_{ij}^t}{\partial x_j} = 0 \tag{12}$$

ここに，

$$\sigma_{ij}^t = \sigma_{ij}^s + \sigma_{ij}^f, \quad \sigma_{ij}^s = \frac{E}{1+\nu}\varepsilon_{ij}^s + \frac{\nu E}{(1+\nu)(1-2\nu)}e^s \delta_{ij}, \quad \sigma_{ij}^f = -\beta P \delta_{ij} \tag{13}$$

式中，σ_{ij}^tは全応力，σ_{ij}^sは固体応力，σ_{ij}^fは流体応力，x_jは直角座標，Eはヤング率，νはポアソン比，ε_{ij}^sは固体ひずみ，e^sは固体の体積ひずみ，δ_{ij}はクロネッカーのデルタ，βは空孔率，Pは圧力である。

各有限要素内において変位増分$\{\Delta u\}$と圧力増分ΔPを次式のように仮定する。

$$\{\Delta u\} = [N_u]\{\Delta u_N\}, \quad \Delta P = [N]\{\Delta P_N\} \tag{14}$$

ここに，$[N_u]$と$[N]$は8節点6面体要素の形状関数マトリックスとする。$\{\Delta u_N\}$は節点変位増分ベクトル，$\{\Delta P_N\}$は節点圧力増分ベクトルである。式(13)より，固体応力増分ベクトル$\{\Delta \sigma^s\}$と流体応力増分ベクトル$\{\Delta \sigma^f\}$はそれぞれ，次式のように表現される。

第18章 高分子アクチュエータの材料モデリング

$$\{\Delta\sigma^s\}=[D^s]\{\Delta\varepsilon\}=[D^s][B]\{\Delta u^N\}, \quad \{\Delta\sigma^f\}=-\beta[H]^T\Delta P \tag{15}$$

ここに，$[B]$は固体のひずみ・節点変位マトリックス，$[D^s]$は固体の応力・ひずみマトリックス，$[H]$は式(13)から定まる係数マトリックスである。

式(15)を式(12)と等価な仮想仕事式に代入すると，多孔質弾性体に対する次式の三次元要素剛性方程式を得る。

$$[K]\{\Delta u_N\}=\beta[B^*]\{\Delta P_N\} \tag{16}$$

ここに，

$$[K]=\int_{V_e}[B]^T[D^s][B]dV, \quad [B^*]=\int_{V_e}[B]^T[H][N]dV \tag{17}$$

5.2 圧力に対するポアソン方程式

Onsager則に従えば，イオン流束J，質量流束V^f，電気ポテンシャル勾配$\nabla\varphi$および圧力勾配∇Pの関係は次式のように表現される[22]。

$$J=K_{11}\nabla\phi+K_{12}\nabla P, \quad V^f=K_{21}\nabla\phi+K_{22}\nabla P \tag{18}$$

式(18)の両辺のdivをとり，$\nabla^2\varphi$を消去した上で次式の関係を用いる。

$$\mathrm{div}V^f=\frac{\partial e^f}{\partial t} \tag{19}$$

さらに，受動的多孔質弾性挙動に対する関係式[14]

$$\frac{\partial e^f}{\partial t}=-\frac{(1-\beta)}{f}\nabla^2 P \tag{20}$$

を参照し，Biotの連続式[21]

$$\frac{\partial e^s}{\partial t}=-\frac{\beta}{1-\beta}\frac{\partial e^f}{\partial t} \tag{21}$$

を用いれば，電気化学反応を伴う場合の圧力に関するポアソン方程式として次式が誘導される。

$$\frac{\partial e^s}{\partial t}=C_1\frac{-\beta}{(1-\beta)}\nabla J+C_2\frac{\beta}{f}\nabla^2 P \tag{22}$$

ここに，fは多孔質固体の流体に対する浸透性の尺度を表わす係数であり，固体・流体間の摩擦係数と呼ばれている[14]。

式(22)に対してGalerkin法による有限要素定式化を行うと，節点における体積ひずみ速度

$\{\dot{e}_N^s\}$，電荷密度の時間変化率 $\{\dot{c}_N\}$ および圧力 $\{P_N\}$ に関する次式の連立方程式を得る。

$$[S]\{\dot{e}_N^s\} = C_1 \frac{\beta}{(1-\beta)}[S]\{\dot{c}_N\} - C_2 \frac{\beta}{f}[A]\{P_N\} \tag{23}$$

5.3 体積ひずみ速度の発展方程式

受動的多孔質弾性挙動に対して成立する関係式[14]

$$\frac{(1-\nu)E}{(1+\nu)(1-2\nu)}\nabla^2 e^s = \beta \nabla^2 P \tag{24}$$

に，式(22)を代入すると，電気化学・多孔質弾性挙動に対する体積ひずみの発展方程式として次式を得る。

$$L\nabla^2 e^s = \frac{1}{C_2}\frac{\partial e^s}{\partial t} + \frac{C_1}{C_2}\frac{\beta}{(1-\beta)}\nabla J \tag{25}$$

ここに，

$$L = \frac{(1-\nu)E}{f(1+\nu)(1-2\nu)} \tag{26}$$

式(25)に対してGalerkin法による有限要素定式化を行うと，節点における体積ひずみ速度 $\{\dot{e}_N^s\}$，電荷密度の時間変化率 $\{\dot{c}_N\}$ および体積ひずみ $\{e_N^s\}$ に関する次式の連立方程式を得る。

$$[S]\{\dot{e}_N^s\} = C_1 \frac{\beta}{(1-\beta)}[S]\{\dot{c}_N\} - C_2 J[A]\{e_N^s\} \tag{27}$$

5.4 イオン輸送方程式

固体電解質あるいは電解液中におけるイオンの移動に伴う全電荷量および電荷密度の変化はそれぞれ，式(5)と式(6)により表される。

5.5 計算手順

前項までの有限要素関係式を用いた，能動的電気化学・多孔質弾性挙動の計算手順は，凡そ次のとおりである。式(5)と式(6)の全体系式より，電荷密度が求まる。電荷密度の時間変化率と体積ひずみを用いて，式(27)の全体系式より体積ひずみ速度が求まる。体積ひずみ速度と電荷密度の時間変化率を用いて，式(23)の全体系式より圧力が求まる。圧力増分を用いて，式(16)の全体系式より変位増分が求まる。変位増分と圧力増分を用いて式(15)より固体応力増分と流体応力増分が求まる。これらの手順を微小時間増分毎に最終時間まで繰り返す。

第18章 高分子アクチュエータの材料モデリング

6 固体電解質ポリピロールアクチュエータの電気化学・多孔質弾性応答解析

固体電解質アクチュエータは，図5のように，ポリフッ化ビニリデン（PVDF）などのような高分子ゲル電解質や固体電解質にポリピロール膜を貼り合わせた接合体であり，空気中駆動を可能にしたアクチュエータである。負の電圧が印加された陰極近傍では，PF_6^-イオンが放出されることにより，ポリピロールの体積が収縮する。逆に，正の電圧が印加された陽極近傍では，PF_6^-イオンが浸透することにより，ポリピロールの体積膨張が起こる。

本解析で用いたモデルの寸法および諸定数値をそれぞれ，図6と表4に示す。図7は，印加電圧1Vの場合に計測された電流時刻歴であり[23, 24]，この電流時刻歴が式(1)における$i(\tau)$に代入されて，イオン輸送方程式が解かれる。1V以外の電圧（0.25V，0.5V，0.75V）に対応する電流値は，1Vの場合の電流値に0.25，0.5，0.75を乗じた値を仮定した。また，式(23)における係数は，1Vの場合の実験結果と整合するように，$C_1 = 0.5 m^3/mol$，$C_2 = 28/m^3$と仮定した。図8は，各電圧（0.25V，0.5V，0.75V，1V）が加えられたときの曲げ変形形状である。解析結果は実験結果[23〜25]と良好に対応している。

本解析の詳細[19, 20, 26]，ポリアニリン（Polyaniline）など他の導電性高分子への応用[27]など

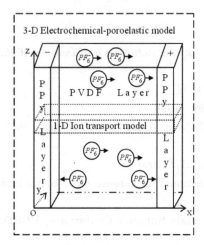

図5 固体電解質ポリピロールアクチュエータの模式図

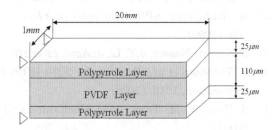

図6 固体電解質ポリピロールアクチュエータの寸法

表4 多孔質弾性解析のための材料パラメータ

Friction coefficient	$f = 1.29 \times 10^{20}$ (Nsm^{-4})
Porosity	$\beta = 0.108$
Elastic constants for PPy	$E_{PPy} = 80$MPa, $\nu_{PPy} = 0.42$
Elastic constants for PVDF	$E_{PVDF} = 440$MPa, $\nu_{PVDF} = 0.412$

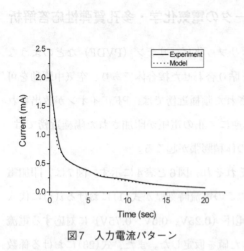

図7 入力電流パターン

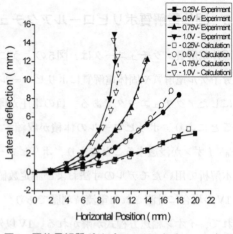

図8 固体電解質ポリピロールアクチュエータの変形

については文献を参照されたい．

文　献

1) M. Uchida et al., *SPIE Conference on Electroactive Polymer Actuators and Devices*, **4695**, 57 (2002)
2) K. Oguro et al., *J. of Micromachine Society*, **5**, 27 (1992)
3) 菅野隆ほか, 日本機械学会論文集 (C), **62** (598), 2299 (1996)
4) M. Shahinpoor, *SPIE Conference on Electroactive Polymer Actuators and Devices*, **3669**, 109 (1999)
5) S. Nemat-Nasser, J.Y. Li, *J. Appl. Phys.*, **87** (7), 3321 (2000)
6) S. Tadokoro et al., Proc. of the 2000 IEEE International Conference on Robotics and Automation, 1340 (2000)
7) S. Popovic, M. Taya, 2001 Mechanics and Materials Summer Conference, UCSD, (2001)
8) 都井裕, 姜成洙, 日本機械学会論文集 (A), **70** (689), 9 (2004)
9) Y. Toi, S.-S. Kang, *Computers and Structures*, **83** (31/32), 2573 (2005)
10) B. A. Finlayson, "The Method of Weighted Residuals and Variational Principles", Academic Press, (1972)
11) 姜成洙, 都井裕, 日本機械学会論文集 (A), **71** (702), 225 (2005)
12) 姜成洙, 都井裕, 日本機械学会論文集 (A), **72** (716), 397 (2006)
13) W.-S. Jung et al., *Computers and Structures*, **88** (15/16), 938 (2010)

14) A. Della Santa *et al.*, *Material Science and Engineering*, **C5**, 101 (1997)
15) A. Della Santa *et al.*, *Synthetic Metals*, **90**, 93 (1997)
16) A. Della Santa *et al.*, *Smart Materials and Structures*, **6**, 23 (1997)
17) M. T. Cortes, J. C. Moreno, *e-Polymers*, **41**, 1 (2003)
18) S. Hara *et al.*, *Polymer Journal*, **36** (2), 151 (2004)
19) 都井裕, 鄭祐尚, 日本機械学会論文集 (A), **72** (719), 1065 (2006)
20) Y. Toi, W.-S. Jung, *Computers and Structures*, **85** (19/20), 1453 (2007)
21) M. A. Biot, *Journal of Applied Physics*, **26**, 182 (1954)
22) A. Katchalsky, P. F. Curran, "Non-equilibrium Thermodynamics in Biophysics", p.85, Harvard University Press, (1967)
23) G. Alici *et al.*, *Sensors and Actuators A*, **126**, 396 (2006)
24) P. Metz *et al.*, *Sensors and Actuators A*, **130-131**, 1 (2006)
25) G. Alici, N. N. Huynh, *International Workshop on Advanced Motion Control*, 478 (2006)
26) 都井裕, 鄭祐尚, 日本機械学会論文集 (A), **74** (740), 513 (2008)
27) 鄭祐尚, 都井裕, 日本機械学会論文集 (A), **76** (770), 1263 (2010)

第19章 イオン導電性高分子アクチュエータの制御モデル

高木賢太郎[*1], 釜道紀浩[*2]

1 はじめに

電場応答性高分子（Electro-active polymer, EAP）は，イオン導電性高分子，電子導電性高分子，電歪型高分子などに分類できる[1~3]。電歪型高分子は高電圧による駆動が必要であるのに対して，イオン導電性高分子や電子導電性高分子は数[V]という低電圧で駆動が可能である。そこで本章では取扱いが容易なイオン導電性高分子に着目する。イオン導電性高分子アクチュエータを単に動かすだけであれば電池とスイッチさえあればよく，駆動に精度を求めないのであればモデルは必要ではない。ここでモデルとは，対象とするシステムの数理的な表現であり，アクチュエータ系の動特性を表す数式やデータのことである。しかしながら，イオン導電性高分子アクチュエータには応力が緩和する現象や動特性が変動しやすいという特徴がある。そのため実用上フィードバック制御が必要になると予想され，その場合モデルを用いた解析や設計が有効である。また高速・高精度な位置決めや力制御が要求される場合には，モデルを用いた制御が必要となる。本章では制御系の解析や設計に利用しやすいモデルを得るため，アクチュエータの本質的な特性を有し，かつ解析や設計が容易なモデルを導出することを目的とした研究を紹介する。

本章で着目するイオン導電性高分子貴金属複合体（Ionic polymer-metal composite, IPMC）は，水中や湿潤した状態で1~2[V]の電場を加えると屈曲する。IPMCは高分子電解質ゲル膜（Nafionなどの陽イオン交換樹脂膜）の両面に金や白金などを化学メッキし電極とした3層構造をしており，屈曲の原理は電気浸透による体積効果や電極界面に発生する応力による効果などが考えられている[4]。またIPMCに一定の電圧を加えると，最初の素早い屈曲の後，ゆっくりと元の形状に戻っていく現象が観察される[4,5]。電圧を加えているにもかかわらず曲げが戻るというIPMCに特徴的なこの現象を応力緩和現象と呼び，ポリマー内のカウンターイオンの種類により大きく変化することが知られている[6]。そのため，応力緩和現象を表現できるモデルが望ましい。

[*1] Kentaro Takagi　名古屋大学　大学院工学研究科　機械理工学専攻　助教
[*2] Norihiro Kamamichi　東京電機大学　未来科学部　ロボット・メカトロニクス学科　助教

第19章　イオン導電性高分子アクチュエータの制御モデル

本章では，はじめに一般的なモデリングの手法について解説する。続いて，IPMCの発生力を制御する場合の伝達関数モデルを紹介する。そして，緩和現象を説明できる物理モデリング[5]に基づく，状態方程式モデルを紹介する。

2　高分子アクチュエータのモデリング

2.1　モデリングの手法

アクチュエータを望み通りに動かす（制御する）ためには，その対象のシステムが加えた入力に対してどのような出力を出すのかといった，システムのふるまいをよく理解する必要があり，対象のふるまいを特徴づけるモデルを構築することが重要である。モデルを構築することをモデリングと言い，一般的には，複雑なシステムの現象を単純化して，数学モデルを導出することになる。数学モデルとしては，微分方程式や代数方程式，伝達関数など様々な表現方法が存在する[7～9]。また，モデリングの方法は大きく分けて，

- ホワイトボックスモデリング
- ブラックボックスモデリング

の二つがある。ホワイトボックスモデリングは，システムの構造や，構成要素，動作原理が分かっている場合に適用できる方法で，物理的，および，化学的考察に基づきモデリングを行うことである。運動方程式や回路方程式などの関係式に従ってモデルを導出することであり，第一原理モデリングや物理モデリングとも呼ばれる。ブラックボックスモデリングは，システムの構成要素や原理を考慮せずに，システムをブラックボックスとして扱い，実験で得られた入出力データだけからモデルを導出する方法である。システムのモデルを入出力データだけから得るため，システム同定とも呼ばれる。また，ホワイトボックスモデリングとブラックボックスモデリングの中間として，一部に対象の物理的構造や，先験情報を組み込んだモデルの導出方法をグレーボックスモデリングと呼ぶこともある。

2.2　IPMCアクチュエータのモデリング

高分子アクチュエータのモデリングは，応答の解析や動作原理の解明，制御系設計のためなどに，様々なアプローチが研究されている。物理的，化学的考察に基づく動作原理を組み込んだホワイトボックスモデリングについて，高分子物理学，電気化学の分野から数多くの研究がある[4, 5, 10～14]。しかしながら，ホワイトボックスモデルは一般に複雑でそのままでは解析や設計に用いにくいため，現象論によってモデリングを一部簡素化したグレーボックスモデリングも研究されている[15～19]。一方，制御指向のモデリングとして，アクチュエータの入出力データに基

づくブラックボックスモデリングも非常に有用な手法である[20～26]。様々なシステム同定の手法が開発されており，とくに線形システムの同定手法においては体系化されている。線形時不変モデルに対しては，スペクトル解析法や予測誤差法（最小二乗法），部分空間同定法など様々な手法がある[7～9]。ブラックボックスモデリングは実験データだけを用いるため，イオン導電性高分子に限らず，他の種類の高分子アクチュエータについても同様の手法が使える。しかしながら，ブラックボックスモデリングは物理原理を考慮しないため，試料ごとにその都度システム同定を行う必要がある。なおブラックボックスモデルの具体例は，第20章の制御手法において紹介する。

3 力制御のための伝達関数モデル

前節ではモデリング手法とブラックボックスモデルの概要について解説した。ところで，IPMCアクチュエータは材料自体が柔軟であるため，その固有の柔軟性を活用して力制御を行うことは有用であると考えられる。そして力制御の際には，発生力の大きさを計測する必要がある。本節では，グレーボックスモデルの例として，IPMCの発生力計測系のモデル化と，IPMCの電気特性，電気機械変換特性のシンプルな伝達関数モデルを紹介する[27]。

3.1 IPMCアクチュエータの力計測

IPMCに加わるblocked forceを力センサにより計測することを考える。ここで，blocked forceとは，アクチュエータが変形しないように固定した状態で発生する力のことである。本研究では，ひずみゲージを用いて力計測を行う場合を考える。図1に，ひずみゲージを用いた力計測の概念図を示す。v[V]はIPMCへの印加電圧であり，f[N]は計測点においてIPMCの発生する力とする。電圧を加えるとIPMCが屈曲し，力センサに力を及ぼす。力センサは薄い鋼製の梁にひずみゲージが貼り付けられたものとし，ひずみゲージの信号はアンプによって増幅され，梁のひずみを計測することができる。ひずみが微小であるとき，力とひずみは線形の関係があるた

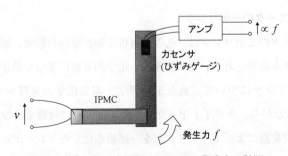

図1 ひずみゲージを用いたIPMCの発生力の計測

第19章　イオン導電性高分子アクチュエータの制御モデル

め，ひずみを計測することで力を推定することができる．次節では，IPMCへの印加電圧vから，計測された力fまでの動特性をモデル化する．

3.2　電気系モデルおよび電気機械変換系モデル

IPMCアクチュエータの電気インピーダンスは容量性である．そのキャパシタンスは電気2重層に起因し，またポリマー膜の抵抗が存在する[17, 18]．そこで1次近似として，電気2重層による静電容量C_d[F]と膜抵抗R_m[Ω]を用いて，電圧v[V]から電流i[A]までの伝達関数$G_e(s)=I(s)/V(s)$を近似的に次のようにモデル化する．

$$G_e(s) = \frac{C_d s}{T_e s + 1} \tag{1}$$

ここで$T_e = R_m C_d$は電気系（アドミタンス）の時定数を表す．

続いて，電流から発生力までを表す系，すなわち電気機械変換特性を表す伝達関数$G_{em}(s) = F(s)/I(s)$を近似的に次のようにモデル化する．まず，電流に対して1次遅れ系として比例する項を考える．この項は電流入力がなくなると次第に0へ収束するため，応力の緩和を表すことができる．ここで，応力の緩和とは，水分子の拡散により応力もしくは変形がもとに戻ってしまう効果である[4, 5]．もうひとつは，電流の積分すなわち電荷に比例する項であり，電荷に比例して発生する応力[11]を表す．

$$G_{em}(s) = \frac{K_r}{T_{em} s + 1} + \frac{K_s}{s} \tag{2}$$

ここでT_{em}は応力の緩和時定数を表し，K_r, K_sは電流と電荷から力への変換係数である．

また，力を計測するためのひずみゲージ用のアンプには通常ローパス特性がある．そのため，力を計測するためのセンサ特性を次のようにモデル化する．

$$G_f(s) = \frac{1}{T_f s + 1} \tag{3}$$

ここでT_fはアンプを含めた計測系の時定数を表す．

3.3　力計測系全体のモデル

以上のシステムをまとめ，図2に提案するモデルのブロック線図を示す．1つ目のブロックは電気的特性を表す伝達関数G_eであり，2つ目のブロックは電気機械変換特性を表す伝達関数G_{em}

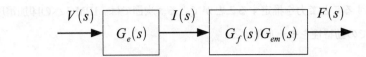

図2　IPMCの力発生と計測モデルのブロック線図

と力センサとアンプの動特性を表す伝達関数G_fである．式 (1)，(2)，(3)より，電圧から計測された力までの伝達関数を$G(s)$とおくと，次式で与えられる．

$$G(s) = G_f(s)G_{em}(s)G_e(s) = \frac{(K_r + K_s T_{em})C_d s + K_s C_d}{(T_f s + 1)(T_{em} s + 1)(T_e s + 1)} \tag{4}$$

式(4)より，モデルは分母3次，分子1次の伝達関数で表されることがわかる．

次章の力制御においては，ブラックボックスモデルとして，システム同定手法を用いて係数を推定する．すなわち，時定数や抵抗，キャパシタンスといった物理パラメータは独立に求めないこととする．式(4)の分母分子を$(K_r + K_s T_{em})C_d$で除し，係数をまとめなおすことで，力制御のためのブラックボックスモデリング用の数式モデルとする．

$$G(s) = \frac{s + b_0}{a_3 s^3 + a_2 s^2 + a_1 s + a_0} \tag{5}$$

さらに式(4)，(5)において，$K_r + K_s T_{em} \gg K_s$と仮定すると，$b_0 \approx 0$とすることができる．すなわち，緩和現象が支配的な場合に，次式で与えられる伝達関数を制御系設計のための数式モデルとする．

$$G(s) = \frac{s}{a_3 s^3 + a_2 s^2 + a_1 s + a_0} \tag{6}$$

式(4)，(5)もしくは式(6)の伝達関数の係数は定数であるが，IPMCのサイズ，ベースポリマーの種類，電極金属の種類，カウンターイオン種などによって異なる．また，ポリマーの含水率によっても物理パラメータが変化するため，伝達関数の係数は時間とともにゆっくりと変動するとも考えられる．そのため，係数の推定においては不確かさや変動を考慮してパラメータを決定する必要がある．詳細は第20章4節のロバストなPID制御の手法において述べる．

第19章 イオン導電性高分子アクチュエータの制御モデル

4 物理原理（電場応力拡散結合）に基づく状態方程式モデル

これまでの節では，ブラックボックスモデリングや，グレーボックスモデルとして力制御のための単純な伝達関数モデルを示した。本節では，物理原理に基づいたモデルをもとに，IPMCの統合的なモデルの表現に向けた取り組みを紹介する[31,32]。物理原理に基づいているため，ホワイトボックスモデルもしくはグレーボックスモデルといえる。また統合的なモデルとは，電気特性，電気機械変換特性，機械特性すべてを含むという意味である。動特性をすべて記述したモデルであれば，シミュレーションはもちろん，位置制御・力制御への応用など，工学的な解析，設計に必要十分な可能性を持っている。

なお，本節で説明するモデルは，線形モデルであり，また緩和応力のみに着目しているため，電荷に応じて発生する静的な応力は再現できない。しかしながら，状態方程式で記述されているため，将来的にモデルの拡張も可能である。以降では，モデルの概要を述べた後で，各部分系（電気系，電気機械変換系，機械系）について説明し，最後に全体系の状態方程式表現とそれを用いたシミュレーション結果を示す。

4.1 状態方程式とは

動的システムの理論や現代制御論において，状態方程式とはシステムの動特性を表す1階連立常微分方程式のことであり，線形時不変系の場合は次のような式で表される[7~9]。

$$\dot{x}(t) = Ax(t) + Bu(t)$$
$$y(r, t) = C(r)x(t) + D(r)u(t)$$

ここで u は入力，y は出力，x は状態と呼ばれる。A，B，$C(r)$，$D(r)$ は定数マトリクスであり，そのサイズはベクトル u，x，y による。また r は位置座標など状態 x とは独立なパラメータである。状態方程式のような常微分方程式系を数値的に解くソフトウェアやライブラリは数多くあり，一般に広く使用することができる。例えば，商用ソフトではMATLABや，フリーウェアにもいろいろなソフトウェア[28~30]がある。また状態方程式で表現することにより，モデルに基づいた制御系設計理論を利用することができる。以降では，梁状のIPMCアクチュエータの動特性を表す偏微分方程式系を近似して，線形状態方程式表現を導く。

4.2 電場応力拡散結合モデルとその状態空間表現について

アクチュエータの特性において重要な部分は電気的な物理量を機械的な物理量に変換する部分である電気機械変換特性であり，これを山上らによって提案された電場応力拡散結合（Electrostress diffusion coupling）モデル[5]）をもとに表現する．電場応力拡散結合モデルは，IPMCなどイオン導電性高分子アクチュエータに特徴的な応力緩和現象を表現することができるものである．電場応力拡散結合モデルによって，応力緩和の時定数とイオン半径などの物理パラメータの関係が明らかにされている．なお，一定電圧下における定常的な力の発生は表現できないため，IPMCの動作原理を完全に説明できるわけではないが，イオン種によって異なる緩和挙動が再現できるホワイトボックスモデルである．文献5）では入出力を持つシステムとしては表現されていないため，機械系のダイナミクスや任意の電圧に対する電流の応答を考慮したうえで，制御系設計に適したモデル表現や近似が必要である．以降では，まず電気的特性，電気機械変換特性，機械的特性の3つにわけて支配方程式を示す．そして，状態空間表現を行うために偏微分方程式系を変数分離によって常微分方程式系に変換し，全体系の状態方程式を得る．簡単のため，それぞれの系において最初のただ一つの固有モードのみを考慮し近似する．シミュレーションによって，イオン種によって大きく異なる応答をすることを示し，提案する状態空間モデルの有効性を示す．

4.3 電気系

電気系のモデルは電圧入力 v_a [V] に対する電流（もしくは電荷）の応答を表す．ここでは，ポリマーの膜抵抗 R_m [Ωm²] と電気2重層容量 C_d [F/m²] からなる最も簡単な等価回路を考える．そして単位表面積あたりの電荷を Q [C/m²] で表す．また素子の非線形性は考慮しない．すると，回路方程式は次式のように与えられる．

$$v_a(t) = R_m \dot{Q}(t) + \frac{1}{C_d} Q(t) \tag{7}$$

4.4 電気機械変換系

電流密度 $j_e (=\dot{Q})$ [A/m²] を入力とし，出力を曲げモーメント M_a [Nm] として捉えたシステムを電気機械変換系と呼ぶことにする．文献5）によると，ポリマーに加えた電流によって溶媒の流れが生じ，圧力が生じる．圧力と応力の釣り合いの方程式，および弾性力学より，厚み方向 z [m] に関する膨潤率（もしくは体積ひずみ）f_s の方程式が導かれる．それは次のような境界に電流を入力にもつ拡散方程式で与えられる．

$$\frac{\partial f_s(z, t)}{\partial t} = D \cdot \frac{\partial^2 f_s(z, t)}{\partial z^2} \tag{8}$$

第19章　イオン導電性高分子アクチュエータの制御モデル

$$\left.\frac{\partial f_s(z, t)}{\partial z}\right|_{z=\pm h/2} = \frac{\lambda_c}{D´\sigma_e} j_e(t) - \frac{4G}{K+\frac{4}{3}G}\frac{\partial^2 w(r, t)}{\partial r^2} \tag{9}$$

ここで式中の係数はポリマーに関する物理定数であり，$D´[\mathrm{m^2/s}]$ は電場応力拡散結合モデルより得られる拡散係数，$K=Y/3(1-2\nu)[\mathrm{Pa}]$ は体積弾性率，$G=Y/2(1+\nu)[\mathrm{Pa}]$ は横弾性係数，$Y[\mathrm{Pa}]$ はヤング率，ν はポアソン比である。$\lambda_c[\mathrm{m^2/Vs}]$ はOnsagerの関係式における結合係数であり，$\sigma_e[1/\Omega\mathrm{m}]$ は導電率である。$h[\mathrm{m}]$ はポリマー膜の厚さである。

続いて，生じた膨潤率から応力が計算でき，そして応力から発生するアクチュエーションに関係する曲げモーメントが次のように計算できる。

$$M_a(r, t) = W(r)\int_{-h/2}^{h/2}(K-\frac{2}{3}G)f_s(r, z, t)bzdz \tag{10}$$

ここで $b[\mathrm{m}]$ はIPMCの幅であり，$W(r)$ は次に示す窓関数である。

$$W(r) = u_s(r) - u_s(r-L)$$

これは発生する曲げモーメントの領域が梁の長さ $L[\mathrm{m}]$ であることを意味している。

4.5　機械系

この節では梁状のIPMCに働く力から変形までの支配方程式を示す。すなわち運動方程式を示す。入力は発生したアクチュエーション曲げモーメント $M_a[\mathrm{Nm}]$ と外力 $F_e[\mathrm{N/m}]$ であり，出力は変形 $w[\mathrm{m}]$ である。変形は十分に小さく，曲率が $\theta \approx \partial w/\partial r$ と近似できると仮定して，Euler-Bernoulli梁のモデルを用いる。z 方向の変位に関する運動方程式と，片持ち梁としての境界条件は次の式で与えられる。

$$\rho bh\frac{\partial^2 w(r, t)}{\partial t^2} + \frac{YI}{1+\nu}\frac{\partial^4 w(r, t)}{\partial r^4} = \frac{\partial^2 M_a(r, t)}{\partial r^2} + F_e(r, t) \tag{11}$$

$$w|_{r=0}=0, \quad \left.\frac{\partial w}{\partial r}\right|_{r=0}=0, \quad \left.\frac{\partial^2 w}{\partial r^2}\right|_{r=L}=0, \quad \left.\frac{\partial^3 w}{\partial r^3}\right|_{r=L}=0 \tag{12}$$

ここで $\rho[\mathrm{kg/m^3}]$，$YI[\mathrm{Nm^2}]$ は，質量密度，曲げ剛性である。なお簡単のため，以降では外力 $F_e(r, t)$ は位置 $r=r_f$ における集中外力であるとして，$F_e(r, t) = f_d(t)\delta(r-r_f)$ とおく。

4.6 全体の系の状態方程式

 以上の電気系，電気機械変換系，機械系を常微分方程式系に変換し，状態方程式表現に直したうえで結合する．入力は電圧v_aと外力f_dであり，出力は電流j_eと変位wを選ぶ．また，状態は各系の状態を全て並べたものになる．

$$x(t):=[x_e(t)^\mathrm{T} \quad x_{em}(t)^\mathrm{T} \quad x_m(t)^\mathrm{T}]^\mathrm{T}, \quad u(t):=[v_a(t) \quad f_d(t)]^\mathrm{T} \tag{13}$$

ここで，$x_e = Q$，$x_{em} = [\xi_{0c}, \xi_{01}]^\mathrm{T}$，$x_m = [\eta_1 \quad \dot{\eta}_1]^\mathrm{T}$である．最も低次の固有値だけを用いて高次のモードは打ち切りにより無視し近似することで，全体の系の状態方程式は次式で表される．

$$\Sigma_{all}:\begin{cases}\dfrac{dx(t)}{dt} = \begin{bmatrix} A_e & O_{1\times 2} & O_{1\times 2} \\ B_{em1}C_e & A_{em} & B_{em2}C_{m2} \\ O_{2\times 1} & B_{m2}C_{em2} & A_m \end{bmatrix}x(t) + \begin{bmatrix} B_e & 0 \\ B_{em1}D_e & O_{2\times 1} \\ O_{2\times 1} & B_{m1} \end{bmatrix}u(t) \\[2em] j_e(t) = \begin{bmatrix} C_e & O_{1\times 2} & O_{1\times 2} \end{bmatrix}x(t) + \begin{bmatrix} D_e & 0 \end{bmatrix}u(t) \\[1em] w(r,t) = \begin{bmatrix} 0 & O_{1\times 2} & C_{m1}(r) \end{bmatrix}x(t) \end{cases} \tag{14}$$

ここで，各係数行列は以下の通りである．

$$A_e = -\frac{1}{R_m C_d},\ B_e = \frac{1}{R_m},\ C_e = A_e,\ D_e = B_e$$

$$A_{em} = \mathrm{diag}(\lambda_{d1}, \lambda_{d1}),\ B_{em1} = \begin{bmatrix} k_{J0} \\ 0 \end{bmatrix},\ B_{em2} = \begin{bmatrix} 0 \\ k_{R0} \end{bmatrix},\ C_{em2} = [l_{J1} \quad l_{W1}]\begin{bmatrix} C_{MF0} & 0 \\ 0 & C_{MF0} \end{bmatrix},$$

$$A_m = \begin{bmatrix} 0 & 1 \\ -\omega_1^2 & -2\zeta_1\omega_1 \end{bmatrix},\ B_{m1} = \begin{bmatrix} 0 \\ k_{f1} \end{bmatrix},\ B_{m2} = \begin{bmatrix} 0 \\ 1 \end{bmatrix},\ C_{m1}(r) = \begin{bmatrix} \varphi_1(r) & 0 \end{bmatrix},\ C_{m2} = \begin{bmatrix} 1 & 0 \end{bmatrix}$$

また，パラメータや固有関数は次の通りである．なお$i=0$, $j=1$とする．

$$\lambda_{di} = \frac{(2i+1)\pi}{h},\ k_{Ji} = (-1)^i\frac{4\lambda_c}{h\sigma_e},\ k_{Ri} = (-1)^i\frac{16D'G}{h\left(K+\dfrac{4}{3}G\right)},\ C_{MFi} = \frac{2b(K-2G/3)h^2(-1)^i}{\pi^2(2i+1)^2},$$

$$l_{Ji} = \frac{\int_0^L \dfrac{\partial^2 \varphi_j(r)}{\partial r^2}dr}{\rho bh \int_0^L \varphi_j^2(r)dr},\ l_{Wj} = \frac{\int_0^L \left(\dfrac{\partial^2 \varphi_j(r)}{\partial r^2}\right)^2 dr}{\rho bh \int_0^L \varphi_j^2(r)dr},\ \omega_j^2 = \frac{\beta_j^4 YI}{\rho bh(1+\nu)},\ k_{fj} = \frac{\varphi_j(r_f)}{\rho bh \int_0^L \varphi_j^2(r)dr}$$

$$\varphi_j(r) = (\cos\beta_j r - \cosh\beta_j r) - \frac{\cos\beta_j L + \cosh\beta_j L}{\sin\beta_j L + \sinh\beta_j L}(\sin\beta_j r - \sinh\beta_j r)$$

ここでβ_jは$\cos\beta_j L \cosh\beta_j L = -1$を満たす定数であり，$j=1$の場合$\beta_1 L = 1.875$である．

第19章 イオン導電性高分子アクチュエータの制御モデル

得られた状態方程式は，最も簡単な近似の結果，5次の線形時不変系となる。また機械系の変位を表すために，空間変数rを含んだモデルとなっている。

4.7 シミュレーション

提案したモデルの検証のため，ステップ電圧に対するIPMC梁の応答のシミュレーション結果を示す。1[V]の電圧を10秒おきに入れたり切ったりする状況を考える。表1にシミュレーションで用いたモデルのパラメータを示す。図3は位置$r=35$[mm]における変位を示す。実線はNaイオンの場合を，破線はTEA（Tetra-ethyl-ammonium）イオンの場合を表す。カウンターイオンがNaの場合に振動しているのは，力の立ち上がりが速いためである。これは，電流がNaの場合には急激に流れるためであり，電流の時間応答がイオン種によって大きく異なることが原因である。また，図3において電圧を加え続けても変形がもとに戻るという緩和現象がどちらの

表1 状態方程式モデルのパラメータ

	Na^+ Case	TEA^+ Case
L[m]	43.5×10^{-3}	←
b[m]	5×10^{-3}	←
h[m]	200×10^{-6}	←
ρ[m]	1.633×10^3	←
Y[MPa]	90	←
ν	0.3	←
ζ_1	0.033	←
R_m[Ωm^2]	9.821×10^{-4}	53.14×10^{-4}
C_d[F/m²]	61.09	282.3
λ_c/σ_e[m³/As]	2.895×10^{-10}	5.070×10^{-10}
D'[m²/s]	32.62×10^{-11}	1.375×10^{-11}
B_{em1}の修正係数	$0.4\, B_{em1}$	$0.11\, B_{em1}$

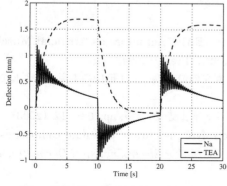

図3 位置35[mm]での変位wの時間応答

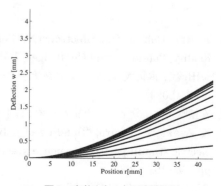

図4 変位$w(r, t)$の時間発展

場合にも確認できる。実験でも観察されるように[31, 32]，Naイオンの場合の早い緩和に対して，TEAイオンでは応答の振幅も大きく緩和は非常にゆっくりとしている。図4は，TEAイオンの場合に，変形形状$w(r, t)$を0秒から5秒まで0.5秒おきに重ね描きしたものである。いったん数値積分によって状態$x(t)$が計算できれば，$w(r, t)$はシミュレーションの後でも式(14)より代数的に計算することができる。

以上のシミュレーション結果は，イオン種による緩和特性の違いをよく再現しており，IPMCの電気機械変換特性や機械的特性をよく表現していることがわかる。

5 まとめ

本章ではIPMCアクチュエータに着目し，その制御モデルについて紹介した。ブラックボックスモデル，力制御のためのグレーボックスモデル，そして電場応力拡散結合に基づくホワイトボックスモデルを示した。力制御のためのグレーボックスモデルでは，3次の伝達関数を示した。電場応力拡散結合モデルをもとにした状態方程式表現では，偏微分方程式系を常微分方程式系に変換し，そのうち最も低次のモードを使って近似することで状態方程式を導出した。状態方程式モデルは電圧を入力とし，電流や変形を表すことができる。そしてシミュレーションによってモデルの妥当性を示した。

なお，物理的な原理に基づくホワイトボックスモデルは未だ研究途上と考えられる。また，ブラックボックスモデルについても，アクチュエータの特性変動や非線形性を考慮することなどが課題として挙げられ，今後の研究が期待される。

文　献

1) Y. Bar-Cohen, ed., Electroactive Polymer (EAP) Actuators as Artificial Muscles: Reality, Potential, and Challenges, 2nd ed., SPIE Press (2004)
2) 長田義仁 編集代表, ソフトアクチュエータ 開発の最前線－人工筋肉の実現をめざして－, NTS (2004)
3) 安積欣志, "高分子アクチュエータ", 日本ロボット学会誌, **21** (7), pp.708-712 (2003)
4) K. Asaka, K. Oguro, "Bending of polyelectrolyte membrane platinum composites by electric stimuli part II. Response kinetics", *Journal of Electroanalytical Chemistry*, **480**, pp.186-198 (2000)
5) T.Yamaue *et al.*, M.Doi, "Electrostress diffusion coupling model for polyelectrolyte gels",

第19章 イオン導電性高分子アクチュエータの制御モデル

Macromolecules, **38**, pp.1349-1356 (2005)
6) K. Onishi *et al.*, "The effects of counter ions on characterization and performance of a solid polymer electrolyte actuator", *Electrochimica Acta*, **46**, pp.1233-1241 (2001)
7) 足立修一, システム同定の基礎, 東京電機大学出版局 (2009)
8) 片山徹, システム同定入門, 朝倉書店 (1994)
9) L. Ljung, T. Glad, Modeling of Dynamic Systems, Prentice Hall (1994)
10) P.G. de Gennes *et al.*, "Mechanoelectric Effects in Ionic Gels", *Europhysics Letters*, **50** (4), pp. 513-518 (2000)
11) S.Nemat-Nasser, J. Y. Li, "Electromechanical response of ionic polymer-metal composites", *Journal of Applied Physics*, **87** (7), pp.3321-3331 (2000)
12) S. Tadokoro *et al.*, "Modeling of Nafion-Pt composite actuators (ICPF) by ionic motion", *Proc. SPIE*, **3987**, pp. 262-272 (2000)
13) 都井裕, 姜成洙, "イオン導電性高分子・貴金属複合材の電気化学・力学的挙動の有限要素モデリング", 日本機械学会論文集A編, **70** (689), pp.9-16 (2004)
14) T. Wallmersperger *et al.*, "Transport modeling in ionomeric polymer transducers and its relationship to electromechanical coupling", *Journal of Applied Physics*, **101**, pp. 024912 (2007)
15) 菅野隆, 田所諭ほか, "ICPF (イオン導電性高分子ゲル膜) アクチュエータのモデル化 (第2報, 電気的特性と線形近似モデリング)", 日本機械学会論文集C編, **62** (601), pp.3259-3535 (1996)
16) 菅野隆, 田所諭ほか, "ICPF (イオン導電性高分子ゲル膜) アクチュエータのモデル化 (第3報, 応力発生特性と線形近似アクチュエータモデル)", 日本機械学会論文集C編, **63** (611), pp.2345-2350 (1997)
17) X.Bao *et al.*, "Measurements and macro models of ionomeric polymer-metal composites", *Proc. SPIE*, **4695**, pp.220-227 (2002)
18) K. M. Newbury, D. J. Leo, "Linear electromechanical model of ionic polymer transducers-part I: Model development", *Journal of Intelligent Material Systems and Structures*, **14**, pp.333-342 (2003)
19) Z. Chen, X. Tan, "A Scalable Dynamic Model of Ionic Polymer Metal Composite Actuators", *Proc. SPIE*, **6927**, pp.69270I (2008)
20) 菅野隆, 田所諭ほか, "ICPF (イオン導電性高分子ゲル膜) アクチュエータのモデル化 (第1報, 基礎的特性とブラックボックスモデリング)", 日本機械学会論文集C編, **62** (598), pp.2299-2305 (1996)
21) K. Mallavarapu, D. Leo, "Feedback control of the bending response of ionic polymer actuators", *J. of Intelligent Material Systems and Structures*, **12**, pp. 143-155 (2001)
22) M. Yamakita *et al.*, "Development of an artificial muscle linear actuator using ionic polymer-metal composites," *Advanced Robotics*, **18** (4), pp. 383-399 (2004)
23) Z. Chen *et al.*, "Quasi-static Positioning of Ionic Polymer-Metal Composite (IPMC) Actuators", Proceedings of the 2005 IEEE/ASME International Conference on Advanced Intelligent Mechatronics, pp. 60-65 (2005)
24) C. Kothera, D. Leo, "Bandwidth characterization in the micropositioning of ionic

polymer actuators", *Journal of Intelligent Material Systems and Structures*, **16** (1), pp.3-13 (2005)

25) S. Kang, J. Shin *et al.*, "Robust control of ionic polymer-metal composites", *Smart Structures and Materials*, **16**, pp.2457-2463 (2007)

26) M. Yamakita *et al.*, "Integrated design of an ionic polymer-metal composite actuator/sensor", *Advanced Robotics*, **22**, pp. 913-928 (2008)

27) S. Sano *et al.*, "Robust PID force control of IPMC actuators", *Proc. SPIE*, **7642**, 76421U (2010)

28) Octave, http://www.gnu.org/software/octave/

29) Scilab, http://www.scilab.org/

30) Netlib, http://www.netlib.org/

31) T. Osada *et al.*, "State Space Modeling of Ionic Polymer-Metal Composite Actuators based on Electrostress Diffusion Coupling Theory", Proceedings of 2008 IEEE/RSJ International Conference on Intelligent Robots and Systems, pp. 119-124 (2008)

32) K. Takagi *et al.*, "Distributed parameter system modeling of IPMC actuators with the electro-stress diffusion coupling theory", *Proc. SPIE*, **7287**, 72871Q (2009)

第20章　イオン導電性高分子アクチュエータの制御手法

釜道紀浩[*1]，佐野滋則[*2]

1　はじめに

電場応答性高分子材料（Electro-active polymer：EAP）[1,2]は，電気刺激に対して屈曲や変形をする機能性高分子材料であり，柔軟で軽量なソフトアクチュエータとして注目されている。生物のようなしなやかな動作や優れた成形性から応用化が期待されているアクチュエータの一つである。本章では，イオン導電性高分子アクチュエータを対象として，その駆動方法，制御手法について解説する。イオン導電性高分子アクチュエータについては，本書の中でも詳しく解説されているが，基本的には，イオン導電性高分子を電極で挟んだ三層構造をしており，高分子内のイオンの移動に伴い屈曲変形を生じるものである。典型的な構成としては，Ionic polymer-metal composites（IPMC）[3]やバッキーゲルアクチュエータ[4]と呼ばれるものがある。

また，これら素子は，電気刺激に対して変形するアクチュエータとは逆に，変形に対して電気信号を取り出すことができ，変位センサや力センサとしても利用可能である[5,6]。同一素子において，アクチュエータ機能とセンサ機能の双方を有していることから，柔軟で軽量な機能性高分子材料の特長を損なうことなくセンサ・アクチュエータの一体化が可能である。

本章では，イオン導電性高分子アクチュエータの変形量や発生力の制御手法について，実験結果を示しながら解説する。まず，変形量の制御手法として，フィードバック制御手法の一つであるPID制御と，アクチュエータの同定モデルに基づく制御を適用した結果を示す。また，同素子をセンサとしても利用し，そのセンサ情報に基づくフィードバック制御について示す。さらに，発生力の制御手法として，PIDゲイン設計法に基づくロバスト力制御の手法を示す。

[*1]　Norihiro Kamamichi　東京電機大学　未来科学部　ロボット・メカトロニクス学科　助教

[*2]　Shigenori Sano　豊橋技術科学大学　機械工学系　助教

2 変形量の制御[7]

バッキーゲルアクチュエータを対象に，変位量の制御手法について解説する。短冊状のアクチュエータ素子の片端を固定し，屈曲変形したときの先端付近の変位を制御することとする。ここでは，バッキーゲルアクチュエータを例に説明するが，IPMCなど他のイオン導電性高分子アクチュエータにおいても，駆動方法は基本的に同じであり，ここで説明する制御手法も同様に適用可能である。

2.1 ハードウェア構成例

イオン導電性高分子アクチュエータは，高分子内の電荷（イオン）の移動，つまり電流量に応じて内部応力が発生し，屈曲変形する。基本的には，DCモータなどの電磁気モータと同様の駆動系を構成することで動作させることが可能である。駆動系の構成例を図1に示す。コンピュータなどで指令値を生成し，パワーアンプなどの駆動回路を通して，駆動信号をアクチュエータに印加する。また，制御系を構成するためには，アクチュエータの状態を観測するセンサが必要であり，変形量であればレーザ変位計や画像計測，発生力であれば力センサなどの計測器により測定し，コンピュータへ取り込む。アクチュエータの駆動方法としては，電圧駆動や，電流駆動，PWM駆動などが可能であるが，ここでは電圧指令で駆動することとする。

本節の実験に用いたバッキーゲルアクチュエータ素子は，単層カーボンナノチューブ，ベースポリマーのポリフッ化ビニリデン-ヘキサフルオロプロピレン共重合体（PVdF（HFP）），イオン液体の3-Methyl-1-octylimidazolium tetrafluoroborateで構成された素子で，サイズは20 mm×2mm，厚みは約130μmである。

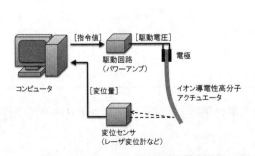

図1 アクチュエータ駆動系の構成例

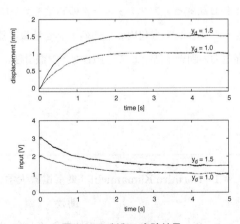

図2 PID制御の実験結果

第20章　イオン導電性高分子アクチュエータの制御手法

2.2 PID制御

　まず，単純なフィードバック制御としてPID制御を適用する。PID制御は産業界において広く用いられている実用的な制御手法である。目標値と測定値の偏差に対して，その比例（Proportional），積分（Integral），微分（Derivative）の線形和によって，入力を決定する手法である。センサにより計測した変形量を$y(t)$，目標値を$y_r(t)$，変形量と目標値との偏差を$e(t)=y_r(t)-y(t)$とすると，PID制御による入力$u(t)$は，

$$u(t)=K_p e(t)+K_i\int_0^t e(\tau)d\tau+K_d \dot{e}(t) \tag{1}$$

と決定される。K_p, K_i, K_dは定数で，それぞれ比例ゲイン，積分ゲイン，微分ゲインである。

　図2に実験結果を示す。この実験では比例ゲイン$K_p=2$，積分ゲイン$K_i=2$としてPI制御を行っている。目標値が1.0mmと1.5mmの結果を示しており，上図が変形量，下図が入力電圧である。PID制御は測定値と目標値との偏差情報のみをフィードバックする単純な構造の制御則であるが，なめらかな応答で変形量の制御が実現されていることが確認できる。

2.3 ブラックボックスモデルを用いた2自由度制御系

　次に，対象となるアクチュエータの同定モデル（数学モデル）に基づいた制御手法について述べる。図3に制御系のブロック線図を示す。この制御系は，フィードフォワードとフィードバックを併せた2自由度制御系である。制御対象の逆システム$P^{-1}(s)$とフィルタ$L(s)$の部分がフィードフォワード系であり，目標値にローパスフィルタを通した参照信号と出力の誤差がフィードバックされる形となっている。フィードフォワード部は，目標値応答の整形や，制御性能の改善の役割を果たす。また，フィードバック部は，外乱の抑制や，モデル化誤差の影響の低減の役割を果たす。

　図4に実験結果を示す。制御対象のモデルは図2のPID制御の実験（$y_r=1.5$）の入出力データから1次システムとして同定した。また，制御則に含まれるローパスフィルタは1次フィルタとし，時定数を1.0sと0.5sの2種類の結果を図示している。フィードバック部はPI制御とし，ゲインは$K_p=10$, $K_i=10$である。図4の上図より，変形量は参照信号とほぼ一致しており，目標値に追従していることが確認できる。また，下図より，入力電圧はフィードフォワード成分から大きく変動することなく，制御が実現できており，線形時不変システムとして同定した制御対象のモデルも有効であることが分かる。

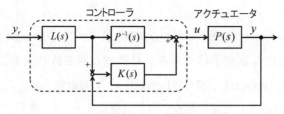

図3　2自由度制御系のブロック線図

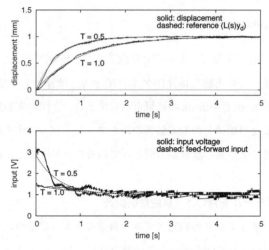

図4　2自由度制御系の実験結果

3　IPMCセンサ統合系を用いたフィードバック制御[8]

　先にも述べた通り，IPMCやバッキーゲル素子などのイオン導電性高分子アクチュエータは，変形に対して電気信号を取り出すことができ，センサとして利用可能である．図5は，短冊状のIPMCの一部を電極で固定し，変形を加えたときの電極間の電圧を観測している様子を示している．サイズや素子の組成にもよるが，IPMCの場合は数mV程度の起電力を観測することができ，センサとして十分利用可能である．図6にセンサ機能の検証データを示す．このデータは，20mm×2mmのサイズで，200μmの厚みのIPMCを片持ち梁状に固定し，先端付近に手動で変位を加え，屈曲変形させたときの変形量と，そのときに測定された電圧信号を示している．速い変形に対しても応答していることが確認できる．しかし，一定の位置に固定した場合，センサ信号はゆっくりではあるが，減衰していることが分かる．この実験結果から確認できる通り，IPMCの変形量とセンサ出力には動特性が存在しているが，何らかの方法でその特性を補償できれば，IPMCのセンサ情報に基づくフィードバック制御も可能である．ここでは，同定したセンサモデルとオブザーバを用いることで動特性を補償し，推定した変位に基づくフィードバック制

第20章　イオン導電性高分子アクチュエータの制御手法

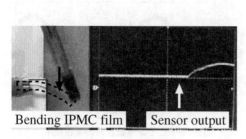

図5　センサの応答の様子

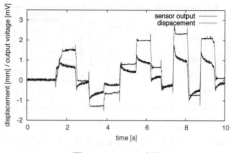

図6　センサの応答

御系構築の一手法を示す。

まず，実験の入出力データよりセンサ特性を線形時不変システムとして同定し，以下のように表現する。

$$\begin{cases} \dot{x} = Ax + Bu \\ y = Cx + Du \end{cases} \tag{3}$$

yはセンサの出力電圧，uはセンサ素子の変形量，xはシステムの状態量である。ここで，変形量の変化は小さい，つまり，$\dot{u} \approx 0$と仮定し，拡大系を以下のように構成する。

$$\begin{cases} \dot{\bar{x}} = \bar{A}\bar{x} \\ y = \bar{C}\bar{x} \end{cases} \tag{4}$$

ただし，拡大系の状態は$\bar{x} = [x^T, u]^T$とし，また，

$$\bar{A} = \begin{bmatrix} A & B \\ 0 & 0 \end{bmatrix}, \quad \bar{C} = [C \; D]$$

である。このシステム(4)が可観測であれば，状態量の一部として入力uを推定するオブザーバが構成可能である。オブザーバはオブザーバゲインをKとし，以下の式となる。

$$\dot{\hat{x}} = (\bar{A} - K\bar{C})\hat{x} + Ky \tag{5}$$

上記の手法を適用し，推定を行った結果を図7に示す。センサ特性を線形システムでモデル化し，変形量の推定を行っているが，精度良く推定できていることが確認できる。

次に，このオブザーバを用いて推定した変形量情報を用い，センサ・アクチュエータ統合系に対してフィードバックを適用した結果を示す。ここでは，2枚のIPMC素子をそれぞれ，センサ，アクチュエータとして用い，並行に並べて先端部を接着テープで固定した状態で駆動する。セン

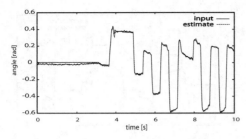
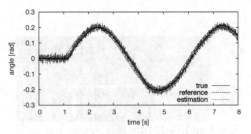

図7 センサシステムの検証結果（変形量推定）　　図8 IPMCセンサ統合系の実験結果

サ素子の出力電圧より推定した変位に対してPI制御を適用し，アクチュエータの変形量制御を行う．図8に実験の結果を示す．正弦波信号を目標値として制御した結果であるが，誤差はあるものの，目標値近傍に制御できていることが確認できる．オブザーバにより変位の推定が実現され，その推定値を利用してフィードバック制御も実現されていることが確認できる．

4　力制御のためのロバストなPIDフィードバック[9]

IPMCなどの高分子アクチュエータは，動作環境によってその動特性が大きく変化する．そのため，動特性の変動に対してロバスト安定な制御系を構築することが望ましい．ここでは，力制御を想定して，動特性の変動をモデルのパラメータの変動として表現し，パラメータ変動に対してロバストな制御則の設計手法を示す．

4.1　IPMCアクチュエータの不確かさの表現と制御系設計手法

まず，前章で示した力制御のためのモデルにおいて，パラメータの不確かさの表現と，PID制御器を含んだ閉ループ系の伝達関数を示す．前章で述べたように，次式で与えられる伝達関数を制御系設計のための数式モデルとする．

$$G(s, \theta) = \frac{s}{a_3 s^3 + a_2 s^2 + a_1 s + a_0} \tag{6}$$

ここで，$\theta = [a_0 \ a_1 \ a_2 \ a_3]$であり，また$a_i > 0 (i=0, 1, 2, 3)$とする．式(6)において，係数$a_i$に不確かさが存在するものとして，係数が以下の集合に含まれるとする．

$$\Theta = \{\theta | \alpha_i \leq a_i \leq \beta_i \quad (i=0, 1, 2, 3)\} \tag{7}$$

式(6)，(7)で与えられる制御対象に対して，次のPID制御器を用いる．

第20章　イオン導電性高分子アクチュエータの制御手法

$$v(t) = K_p e(t) + K_i \int_0^t e(\tau) d\tau + K_d \dot{e}(t) \tag{8}$$

$$e(t) = f_r(t) - f(t) \tag{9}$$

ここで，f_r は力の目標値である．このとき，目標値 f_r から，実際の発生力 f までの伝達関数は式(6)，(8)，(9)より，次式で与えられる．

$$\frac{F(s)}{F_r(s)} = \frac{K_d s^2 + K_p s + K_i}{a_3 s^3 + (a_2 + K_d) s^2 + (a_1 + K_p) s + (a_0 + K_i)} \tag{10}$$

式(10)のDCゲインは $K_i / (a_0 + K_i)$ であるため，ステップ入力に対してわずかな定常偏差が残るが，$a_0 \ll K_i$ であるため定常偏差はほとんど生じないことに注意する．

閉ループ系の式(10)は，式(7)で表現されるパラメータの不確かさを含んでいるために，特性方程式もまた不確かさを含んだ多項式の集合である区間多項式（族）で表現される．まず，制御系の特性方程式は式(10)より以下で与えられる．

$$K(s, \theta) = \alpha_3 s^3 + (a_2 + K_d) s^2 + (a_1 + K_p) s + (a_0 + K_i) \tag{11}$$

このとき，区間多項式 $K(s, \Theta)$ は以下のように定義される．

$$\begin{aligned}K(s, \Theta) &= \{K(s, \theta) \mid \theta \in \Theta\} \\ &= [\alpha_3 \quad \beta_3] s^3 + [\alpha_2 + K_d \quad \beta_2 + K_d] s^2 + [\alpha_1 + K_p \quad \beta_1 + K_p] s \\ &\quad + [\alpha_0 + K_i \quad \beta_0 + K_i]\end{aligned} \tag{12}$$

式(7)で表される任意のパラメータ不確かさに対して，系が安定であることが制御目標である．すなわち，制御系設計問題は，$K(s, \Theta)$ が安定な族となるためのPIDゲイン K_p, K_i, K_d を求めることである．

Kharitonovの定理によると，式(12)で表される3次の区間多項式に含まれる多項式すべてが安定になるための必要十分条件は，次式で表される多項式が安定であることである[10]．

$$K_2(s) = \beta_3 s^3 + (\alpha_2 + K_d) s^2 + (\alpha_1 + K_p) s + (\beta_0 + K_i) \tag{13}$$

したがって，$K_2(s)$ が安定になるようにPIDゲイン K_p, K_i, K_d を定めれば，式(7)で表される任意のパラメータ不確かさに対して式(11)の系はロバスト安定となる．

ここでは，極配置法に基づき，PIDゲインを定める．極配置後の $K_2(s)$ を $K_2^d(s)$ とし，希望する安定な根を p_1, p_2, p_3 とすると，

$$K_2^d(s) = \beta_3(s-p_1)(s-p_2)(s-p_3) \tag{14}$$

となる．式(13)と式(14)を比較することで，以下のようにPIDゲインを決定することができる．

$$\begin{aligned}
K_d &= -\beta_3(p_1+p_2+p_3) - \alpha_2 \\
K_p &= \beta_3(p_1p_2+p_2p_3+p_3p_1) - \alpha_1 \\
K_i &= \beta_3 p_1 p_2 p_3 - \beta_0
\end{aligned} \tag{15}$$

本手法の手順をまとめると，以下のとおりである．

① 複数回の同定実験の結果から式(7)で表されるパラメータの下限 α_i と上限 β_i を求める．
② Kharitonov多項式 $K_2(s)$ の係数を決定するため，希望とする極 p_1, p_2, p_3 を決める．
③ 式(15)より，PIDゲインを求める．

4.2 実験

4.2.1 実験装置

本実験で用いたIPMCはNafionNE-1110を5回金メッキして作製したものであり，カウンターイオンはNa$^+$，サイズは40mm×5mm×0.28mmである．実験装置を図9に示す．水中にIPMC2つと，力センサを配置する．下側が制御用のIPMCであり，上側が外乱を加えるためのIPMCである．図中 v, f は，IPMCへの印加電圧，IPMCの発生力を表す．v_d, f_d は外乱生成用のIPMCへの印加電圧と発生力を表す．IPMCが発生した力を計測するために，薄いステンレス鋼製の板にひずみゲージを貼り付けたものを力センサとしている．ひずみゲージの信号は10Hzのカットオフ特性をもつアンプ（NEC，AS1201）により増幅する．IPMCへの電圧はパワーOPアンプ（TI，OPA541AP）によって与える．サンプリング周期は5msとし，ディジタル制御器は，連続時間PID制御器を差分と双一次変換により離散化して得られる．

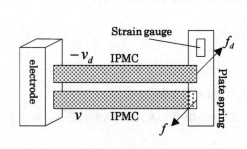

図9 力制御のための実験装置

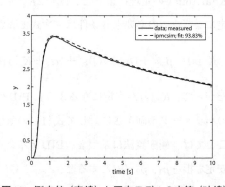

図10 測定値（実線）と同定モデルの応答（破線）

第20章　イオン導電性高分子アクチュエータの制御手法

表1　パラメータの同定結果

	a_3	a_2	a_1	a_0
最小値（α_i）	2.658×10^{-3}	1.395×10^{-1}	4.944×10^{-1}	4.888×10^{-2}
最大値（β_i）	5.674×10^{-3}	2.704×10^{-1}	7.410×10^{-1}	8.011×10^{-2}

4.2.2　同定実験

式(6)の係数を求めるために，同定実験を行う．得られた応答の入出力データに対して，システム同定手法を適用しパラメータを求める．MATLAB System Identification Toolboxのidentコマンドを用いて，データから係数を求めることができる．なお，式(6)の構造をもつ伝達関数とし，極は実数に制約する．図10に，計測により得られた応答（実線）と，同定されたモデルの応答（破線）を示す．両者がよく一致していることが分かる．実験を5回繰り返し，それぞれの応答に対して同様にシステム同定を行った．その結果，式(6)の構造をもつ5つの伝達関数が得られ，それぞれの係数の最大値と最小値をまとめたものを表1に示す．

4.2.3　制御実験

まず，式(13)のKharitonov多項式の係数を表1より求める．

$$K_2(s) = (5.674 \times 10^{-3})s^3 + (K_d + 1.395 \times 10^{-1})s^2 + (K_p + 4.944 \times 10^{-1})s \\ + (K_i + 8.011 \times 10^{-2}) \tag{16}$$

続いて，得られた多項式の極を，$p_1 = -10$, $p_2 = -10 + 10j$, $p_3 = -10 - 10j$ となるように，式(15)を用いて，K_p, K_i, K_d を決定する．得られた制御器ゲインは，$K_p = 1.78[\mathrm{V/N}]$, $K_i = 11.3[\mathrm{V/N \cdot s}]$, $K_d = 0.030[\mathrm{V \cdot s/N}]$ となった．

もし，適当でないPIDゲインを設定すると，制御系は不安定になる．図11に不安定になった制御実験の応答を示す．上のグラフが力の時系列であり，下のグラフが電圧の時系列である．目標値は1mNであるが，一定値とならず不安定化していることが分かる．

目標力 f_r を次式とし，定力制御を行った結果を示す．

$$f_r(t) = \begin{cases} 0.5(1.0 - \cos(2\pi t)) & t \leq 0.5 \\ 1.0 & t > 0.5 \end{cases} \tag{17}$$

ここで t は時刻を表す．また外乱用IPMCに与える電圧 v_d は，

$$v_d(t) = A_d(1 - \cos(\omega_d t)) \tag{18}$$

とした．実験結果を図12に示す．図12(a)の上図は力の時系列であり，目標値 f_r を破線で，実測した力 f を実線で示す．両者がよく一致していることが分かる．また，図12(a)の下図は，制御

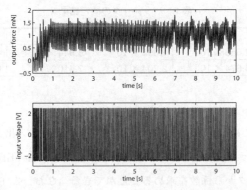

図11 適切でないゲインを用いた場合の不安定な応答例

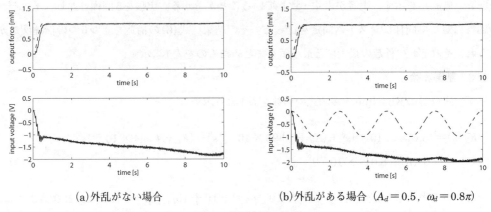

(a) 外乱がない場合　　　　　(b) 外乱がある場合（$A_d = 0.5$, $\omega_d = 0.8\pi$）

図12 検証実験の結果

電圧 v の時系列を実線で示している．電圧は徐々に大きくなってきており，これはIPMCの応答緩和特性に対して積分器 K_i/s が動作しているためと考えられる．図12(b)は，$A_d = 0.5$，$\omega_d = 0.8\pi$ の外乱が作用する場合である．(a)との違いは，下図で破線で示した外乱用IPMCへの電圧 v_d が加わっていることである．(b)の上の図から，外乱があるにもかかわらず，一定の力 f を保持できていることが分かる．

5　まとめ

イオン導電性高分子アクチュエータを対象として，制御手法と実験例を示した．EAP材料は電場駆動であり，駆動系や制御系設計については，比較的容易に実現可能である．PID制御器は構造が簡単で一般に広く用いられているものであるが，高分子アクチュエータの制御に対しても，十分性能を発揮する．高分子アクチュエータは環境に対して動特性が変動しやすいため，ロバス

第20章 イオン導電性高分子アクチュエータの制御手法

トなコントローラは有用である．また，線形時不変モデルとして同定したアクチュエータやセンサの数学モデルも，有効であることが示された．

今回紹介した以外にも，様々な制御手法の適用例が示されている[11〜13]．また，水中ロボットや機械システムへの利用も研究されており，制御系を組み込んだ実システムへの応用が期待される．さらに，本章で対象とした材料は，センサとしても利用可能であることから，両機能を統合した利用も期待される．

文　献

1) Y. Bar-Cohen (Ed.), Electroactive Polymer (EAP) Actuators as Artificial Muscles: Reality, Potential, and Challenges, SPIE Press (2001)
2) K. J. Kim and S. Tadokoro (Eds), Electroactive Polymers for Robotic Applications: Artificial Muscles and Sensors, Springer (2007)
3) 小黒啓介ほか，イオン導電性高分子膜―電極接合体の低電圧刺激による屈曲，*J. Micromachine, Soc.*, **5**, pp. 27-30 (1992)
4) T. Fukushima *et al.*, "Fully plastic actuator though layer-by-layer casting with ionic-liquid based bucky gel", *Angew. Chem.*, **44**, pp. 2410-2413 (2005)
5) M. Mojarrad and M. Shahinpoor, "Ion-exchange-metal composite sensor films", *Proc. of SPIE Smart Structures and Materials, Smart Sensing, Processing, and Instrumentation*, **3042**, pp. 52-60 (1997)
6) N. Kamamichi *et al.*, "Sensor property of a novel EAP device with ionic-liquid-based bucky gel", Proc. of IEEE Conf. on Sensors, pp. 221-224 (2007)
7) N. Kamamichi *et al.*, "Experimental verifications on control and sensing of bucky gel actuator/sensor", Proc. of IEEE/RSJ Int. Conf. on Intelligent Robots and Systems, pp. 1172-1177 (2007)
8) M. Yamakita *et al.*, "Integrated design of IPMC actuator/sensor", Proc. of IEEE Int. Conf. on Robotics and Automation, pp. 1834-1839 (2006)
9) S. Sano *et al.*, "Robust PID force control of IPMC actuators", *Proc. of SPIE*, **7642**, 76421U (2010)
10) B. R. Barmish, New Tools for Robustness of Linear Systems, Macmillan Publishing Company (1994)
11) K. Mallavarapu and D. J. Leo, "Feedback control of the bending response of ionic polymer actuators", *Journal of Intelligent Material Systems and Structures*, **12**, pp. 143-155 (2001)
12) R. Richardson *et al.*, "Control of ionic polymer metal composites", *IEEE/ASME Transactions on Mechatronics*, **8** (2), pp. 245-253 (2003)
13) S. Kang *et al.*, "Robust control of ionic polymer-metal composites", *Smart Materials and Structures*, **16**, pp. 2457-2463 (2007)

第21章　高分子ゲルアクチュエータの電場による制御

大武美保子*

1　はじめに

　高分子アクチュエータの機能性は年々向上し，従来からの，材料の機能向上や素過程の解明という観点の研究に加え，材料の機能性を活かして新たな機械システムを構成する研究が盛んになってきた。二次元送り機構，三次元位置決め機構や触覚ディスプレイ，カテーテル，二足歩行機構等，変形する構造材料としての性質に着目した，様々なメカニズムの研究が盛んに行われている[1]。従来，機械は固く，環境の変化に左右されないとする考え方に沿って，機械設計学が体系化されてきたことから，高分子アクチュエータのように，柔らかく，環境の変化に応じて応答する材料を，元来有する機能性を活かした形で使いこなす手法に関する研究は，性能が向上する近年，盛んになりつつある。

　前章，前々章では，イオン導電性高分子アクチュエータの制御モデル，制御手法について紹介した。これらはいずれも，電極を高分子に密に接合する構成である。この構成では，電極がアクチュエータの自由度を規定する。無限の自由度を有する柔軟なアクチュエータを，電極の数に縮約して用いることになる。本章では，素材の柔らかさをさらに生かすため，入力の数に対してより大きな自由度を有する高分子アクチュエータを構成する手法と，その制御手法について述べ，電気活性高分子ゲルで構成される柔軟ロボット，ゲルロボット構成法について紹介する[2,3]。

　本章で用いるイオン性高分子ゲル，ポリアクリルアミドジメチルプロパンスルホン酸ゲル[4]は，界面活性剤溶液中に複数電極を配置し各電極に異なる電位を与えると，相対的に低い電位の電極に対し凸向きに，高い電位の電極に対し凹向きに屈曲する。この時，電位の高い電極が正に帯電した界面活性剤分子を湧き出し，電位の低い電極が界面活性剤分子を吸い込む向きに流れが生じている。電場により駆動された界面活性剤分子は，ゲル表面に吸着し表面を収縮させ，ゲル全体の屈曲変形を引き起こす。

　本章ではまず，電場により制御するイオン性高分子ゲルの変形運動を記述するモデルについて，高分子ゲルの基本モデルに基づいて説明する。このモデルから，一様定常電場において，平板状のゲルが波形状に到達可能であることを導いた上で，一様電場において極性を反転させることに

---

*　Mihoko Otake　東京大学　人工物工学研究センター　准教授

第21章 高分子ゲルアクチュエータの電場による制御

より，多様な形状に到達可能であることを，シミュレーションと実験により示す．その上で，電極を同一平面上に複数配置することで，空間的に分布する電場を生成し，その中で動的な変形運動の制御が可能であることを，シミュレーションと実験により示す．

2 イオン性高分子ゲルの変形モデル

2.1 高分子ゲルの基本モデル

本章において紹介する，イオン性高分子ゲルの変形運動を記述するモデルは，基本モデルに基づき，支配的なパラメータを残して記述するホワイトボックスモデルである．高分子ゲルは，固有の物理的性質をもつことから，まず，高分子ゲルの基礎的な特性を説明する基本モデルについて述べる．

ゲルは，高分子が三次元網目構造を持ち，隙間に液体または気体を含む物質の形態を指し，その構造から固体と液体の中間の性質を持つ[5]．スポンジとは異なり，高分子と液体の間に相互作用があるため，軽く押しただけでは内部に含まれる液体が即座に流れ出すことはない．しかし，液体に浸しておくと，高分子網目の隙間を通って，ゲル内外の液体が行き来する．即ち，ゲルは開放系である．このため，ゲルの外部環境の変化が内部状態の変化を引き起こす．高分子ゲルは，液体に浸しておくと液体を吸収して膨潤したり，液体を排出して収縮したりする．また，膨潤，収縮が局所的に生じることで，全体として変形する．この現象は，ゲル内外の圧力差である浸透圧を用いて説明することができる．高分子科学の基礎となるFlory-Huggins の方程式[6]から導かれるゲルの浸透圧πは，以下の四つの圧力の和で表される．

① 三次元網目構造を形成する高分子のゴム弾性による圧力 π_1
② 高分子と溶媒の相互作用による圧力 π_2
③ イオン化した高分子と溶液中のイオンとの相互作用による圧力 π_3
④ 高分子と溶液との混合エントロピーによる圧力 π_4

ここでは，要約[7]をさらに簡潔に解説する．ゴム弾性による圧力π_1は，高分子鎖は温度が高く熱運動が激しいと縮む方向に，温度が低いと伸びる方向に働く．従って，ボルツマン係数をk，絶対温度をT，高分子鎖の体積分率をϕ，高分子鎖がランダム形状を取った時の体積分率をϕ_0とすると，

$$\pi_1 = kT \cdot \left(\frac{\phi}{2\phi_0} - \left(\frac{\phi}{\phi_0}\right)^{1/3} \right) \tag{1}$$

と表される．

高分子が疎水性で溶媒が有機溶媒，または高分子が親水性で溶媒が水であると，高分子と溶液の相互作用は大きい。逆の組み合わせであれば，相互作用は小さい。高分子と溶媒の相互作用が大きいと，高分子網目が広がって膨潤し，高分子と溶媒の相互作用が小さいと，高分子同士が凝集して収縮する。高分子鎖と溶媒の相互作用による圧力 π_2 は，高分子と溶液との相互作用による自由エネルギーを ΔF，液体分子一個の体積を v とすると，

$$\pi_2 = -\frac{\Delta F}{v} \phi^2 \tag{2}$$

である。

高分子がイオン化していると，対イオンが高分子鎖に沿ってゲル中を動き回り圧力を生じる。解離している対イオンによって与えられる圧力 π_3 は，架橋点間高分子鎖一本あたりの解離している対イオンの数を f，単位体積辺りの高分子数を ν として

$$\pi_3 = f \cdot \nu \cdot kT \left(\frac{\phi}{\phi_0}\right) \tag{3}$$

となる。

高分子鎖と溶液が単独で存在する時と，混ざっている時では，異なるエントロピーを有する。エントロピーの違いに基づく圧力 π_4 は，液体分子の数を n とすると，

$$\pi_4 = \frac{kT}{v}(ln(1-\phi)+\phi) \tag{4}$$

である。

以上により，ゲルの浸透圧は

$$\pi = kT \cdot \left(\frac{\phi}{2\phi_0} - \left(\frac{\phi}{\phi_0}\right)^{1/3}\right) - \frac{\Delta F}{v} \phi^2 \\ -\frac{kT}{v}(ln(1-\phi)+\phi) + f \cdot \nu \cdot kT\left(\frac{\phi}{\phi_0}\right) \tag{5}$$

と表される。

このように，ゲルの内部状態は四つの力のバランスで定まるので，ゲルが平衡状態にある時，$\pi=0$ となる。ゲルは開放系であり，外部環境の変化が内部にすぐ伝わる。温度 T や溶媒組成により決まる自由エネルギー ΔF，対イオンの数 f を変化させると，$\pi=0$ になるまで遷移し，高分

第21章 高分子ゲルアクチュエータの電場による制御

子鎖の体積分率ϕ，すなわち体積が変化することが分かる．例えば，溶媒組成を変えると，高分子と液体の相互作用による圧力π_2を変化する．また，温度が変化すると，Tを含むπ_1，π_3，π_4が変化する．イオン解離基を持っているゲルは，pHを上下することで，プラスに帯電した水素イオンH^+またはマイナスに帯電した水酸化物イオンOH^-濃度を変化させ，対イオンと高分子鎖の相互作用に基づく圧力π_3を変化させることができる．また，電解質溶液中で電場を印加すると，対イオンが泳動して分布が変化し，同様にπ_3が変化する．

即ち，ゲルの内部状態は，温度，溶媒組成，対イオン濃度，電場などの関数であるので，これらの変化に対するセンサとしての働きを持つ．また，内部状態の変化により体積や形状が変化するため，外部環境に働きかけるアクチュエータ機能を有することが分かる．

2.2 吸着解離方程式に基づくイオン性高分子ゲルの変形モデル

以上に述べたように，ゲルは四種類の基本相互作用，ファンデルワールスの分散力，疎水相互作用，水素結合，静電的相互作用を考慮し，平衡状態を求めることで，体積や変形を扱うことができる．本章で用いるポリアクリルアミドジメチルプロパンスルホン酸ゲル[4]は，マイナスに帯電しており，対イオンの数fが多いイオン性ゲルである．界面活性剤溶液中で電場を印加すると，プラスに帯電した界面活性剤分子が泳動して，マイナスに帯電したゲルの高分子鎖に吸着し，電気的に中和して，対イオンによる圧力π_3が減少し，収縮する．同時に，吸着した分子同士が疎水性相互作用するため，一度吸着した分子が解離しにくいという性質を持つ．分子の吸着量に応じて応力が発生し，吸着面が収縮し変形する．観測結果と動作原理より，疎水相互作用と静電的相互作用が変形に対して支配的である．このため，入力刺激に対する内部状態変化を表現する式は，次の吸着解離方程式で近似できる．

$$\frac{d\alpha}{dt} = -ai \cdot n - d\alpha \tag{6}$$

iは，電解質溶液中の電流密度ベクトル，αは単位長さ辺りの界面活性剤分子の吸着密度，nはゲル表面の法線ベクトル，a，dはそれぞれ吸着解離定数である．内部状態変化に対する変形を表現する式は，曲率をR，ゲルのヤング率をE，ゲルの厚さをhとして，次のように表せる．

$$\frac{1}{R} = \frac{3b\alpha}{Eh} \tag{7}$$

発生応力は吸着密度に比例すると近似して，bはその比例定数である．変形により変化する内部状態量として，ゲル表面の傾きがある．ゲルの一端を固定して，固定端から距離lにおけるゲル

表面の傾きをψとすると，次のように表せる．

$$\psi = \int_0^l \frac{1}{R} dr = \frac{3b}{Eh} \int_0^l \alpha dr \tag{8}$$

比例定数 b を，吸着密度を表す変数 α が曲率 $1/R$ を表すよう規格化すると，パラメータは a, d の二つに集約される．これらのパラメータは，一様電場を印加した時の変形応答と，印加を終えた後，初期形状に戻る際の変形応答から，実験により求めることができる．材料によりばらつきがあるが，$a = 2.2 \times 10^{-2} [\mathrm{mA/mm^2}]$, $d = 2.0 \times 10^{-3}$ と表せる．以下，これらの値を用いてシミュレーションを行う．

3 一様電場によるイオン性ゲルの形状制御

3.1 一様電場におけるイオン性高分子ゲルの波形状パタン形成

以上のモデルから，平板状のイオン性ゲルに，一様定常電場を印加し続けると，波形状に到達を可能にする現象が観測されることを実験的に示し，次に，モデルを用いたシミュレーションにより説明する．

一端を固定したイオン性ゲル（幅 4[mm]，長さ 16[mm]，厚さ 1[mm]）を平行平板電極対（幅 40[mm]，高さ 25[mm]）に対して平行に配置し，一様定常電場を印加する．この時生成される電流密度はガルバノスタットを用いて $0.15[\mathrm{mA/mm^2}]$ に保った．ゲルの根元を原点とし，ゲル先端に向かって x 軸，陽極に向かって y 軸を取る．先端の傾きは，x 軸との角度を取る（図 1）．

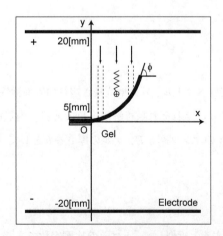

図1　一様電場を印加する平行平板電極対と一端を固定したイオン性ゲルで構成される実験装置

第21章 高分子ゲルアクチュエータの電場による制御

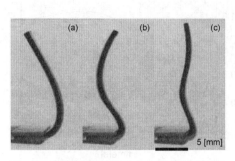

図2 一様定常電場におけるイオン性高分子ゲルの波形状パターン形成：実験結果

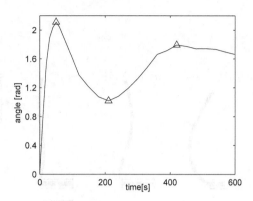

図3 一様定常電場における一端を固定したイオン性高分子ゲルの先端の傾き ϕ の時間変化：実験結果

電極に電圧を印加すると，ゲルは陽極側に屈曲し，先端の傾きは増加する。先端の傾きが最大になった時のゲル形状を図2(a)に示す。印加し続けると，先端の傾きは減少し，極の数は2に増加する。図2(b)は，先端の傾きが極小となった時の形状である。さらに印加し続けると，先端の傾きは再び増加し，極の数は3に増加する（図2(c)）。以上の先端傾き変化をプロットしたものが図3である。

　以上の実験結果は，モデルからも明らかであり，シミュレーションにより再現することができる。電極が x 軸に平行に配置されていることから，電流密度ベクトルは次のように表せる。

$$i = (i_x, i_y) = i_c(0, -1) \tag{9}$$

このとき，$i_c = 0.15 [\mathrm{mA/mm^2}]$ である。x 軸に対するゲル表面の角度を θ とすると，ゲル表面の法線ベクトルは次のように表せる。

$$n = (n_x, n_y) = (-\sin\theta, \cos\theta) \tag{10}$$

この実験系における吸着解離方程式は，一般式の式(6)に，式(9)と式(10)を代入することにより得られる：

$$\frac{d\alpha}{dt} = ai_c\cos\theta - d\alpha \tag{11}$$

以上の式に基づいてゲルの変形をシミュレーションしたものを図4に示す。また，ゲルの先端の傾き ϕ の時間変化をシミュレーションしたものを図5に示す。ゲルが波形状に変形し，先端の傾きが振動する。このことは，以下の考察からも明らかである。式(11)から，ゲルの変形を左右す

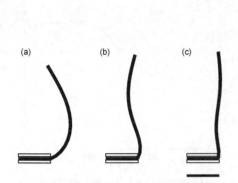

図4 一様定常電場におけるイオン性高分子ゲルの波形状パタン形成：シミュレーション結果

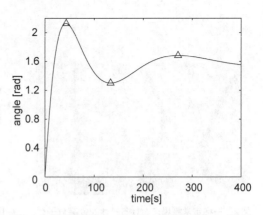

図5 一様定常電場における一端を固定したイオン性高分子ゲルの先端の傾きϕの時間変化：シミュレーション結果

る界面活性剤分子の吸着量の時間的変化が，ゲル表面の法線ベクトルの電場に対する角度により変化し，振動することが分かる．ゲル表面の法線ベクトルが電場に対して垂直になる時，即ち，接線ベクトルが平行になる時，$\cos\theta=0$となり，吸着量はほとんど変化しない．逆に，ゲル表面の法線ベクトルが電場に対して平行になる時，即ち，接線ベクトルが垂直になる時，$\cos\theta=1$となり，吸着量が大きく変化する．分子が吸着した面が収縮し一方に大きく屈曲すると，その先にあるゲルの吸着する面が反転する．電場に対して傾きが反転した領域による影響が，反転しない領域による影響を超えると，先端の傾きが極値を取る．式(11)の第一項が，波形状を生成する要因となる．

3.2 極性反転によるイオン性高分子ゲルの形状制御

一様定常電場を印加することによっても，式(11)の非線形性により，先端が波打ちながらゆるやかな波形状に到達することが分かった．そこで，極性をタイミングよく反転させ，より曲率変化の大きい形状に到達させることを試みた．到達可能形状が明らかでなかったので，目標とする形状の性質を記述する効用関数として，次のようなものを設計した．

$$f_3 = (\theta_{\frac{2}{3}} - \theta_1) + (\theta_{\frac{2}{3}} - \theta_{\frac{1}{3}}) + (\theta_0 - \theta_{\frac{1}{3}}) \\
= \theta_0 - 2\theta_{\frac{1}{3}} + 2\theta_{\frac{2}{3}} - \theta_1 \tag{12}$$

一端を固定したゲルを根元から先端までを三等分し，それぞれの位置での傾きをθ_0，$\theta_{\frac{1}{3}}$，$\theta_{\frac{2}{3}}$，θ_1とする．f_3は，隣り合う等分点同士の傾きの差の，三区間における合計を表す．この値が最大となるものが，三つの極を有する波形状のうち最も曲率変化が大きいものである．電流密度の絶対

第21章 高分子ゲルアクチュエータの電場による制御

値はガルバノスタットを用いて$0.1[mA/mm^2]$に保ち，極性のみを反転させた．電場の一方の極性を0，もう一方の極性を1に対応させ，基本周期を0から10[s]おきに120[s]とし，それぞれ8ステップの入力信号列の組（$2^8 = 256$通り）を印加した場合に得られる最終形状をシミュレーションにより評価した．f_3が最大になる時の入力は，入力信号列が（00001111），基本周期120[s]の場合であった．即ち，480[s]後に電場の極性を反転させる．印加開始から120[s]毎のゲル形状のシミュレーション結果を図6に示す．モデル化誤差や，素材による性質のばらつきにより，ゲルの応答速度にばらつきがある．そこで，シミュレータ上で480[s]後に先端が到達する位置まで，実際のゲルが到達した時に，極性を反転ように読み替えることにより，シミュレーション結果を実験に適用することができる．実験を行い，きわめてシンプルな電場入力で，曲率が大きく変化し，三つの極を有する波形状に到達させることができた．シミュレーションの各ステップに対応する形状に到達した実験におけるゲルの変形過程を図7に示す．

以上のシミュレーションと実験から，吸着解離に基づく変形という化学反応と機械的応答のカップリング，一様電場中にゲルを一端固定するという機械的な拘束条件により生じる，式(11)に示される非線形性を活用することにより，入力数1に対して，より大きい自由度の変形出力を得ることができることが分かる．

4 空間分布電場によるイオン性高分子ゲルの変形運動制御

4.1 一列に配置した電極により生成される電場によるイオン性高分子ゲルの屈曲反転運動制御

前節で導いた，吸着解離方程式に基づくイオン性高分子ゲルの変形モデル（式(6)，式(7)）は，

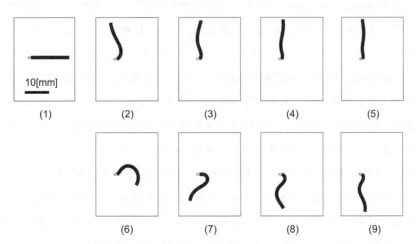

図6 三つの極を有する波形状のうち最も曲率変化が大きい形状に到達するまでの120[s]毎のゲルの変形シミュレーション結果

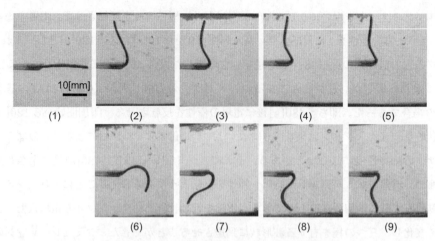

図7 三つの極を有する波形状のうち最も曲率変化が大きい形状に到達するシミュレーションに基づくゲルの変形実験結果

電解質溶液中の電流密度ベクトルとゲル表面の法線ベクトルの内積が，界面活性剤分子の吸着速度，すなわち，イオン性高分子ゲルの局所的な変形速度を決める主要な要因であることを意味している．ゲルに対して垂直で十分な大きさの電場を生成できれば，局所的に大変形することが予測された．そこで，幅4[mm]，電極間距離2[mm]の電極16枚が一列に配置されるアレイ状電極装置を製作した（図8）．各電極に異なる電圧を印加して，空間的に分布する電場を生成することで，ゲルを大変形させることが可能であることを確かめた．

複数電極を3つの部分に分けて，中央3枚の電極に-10[V]，周囲に10[V]を印加すると，中央の電極に向かう電場が生じる．低い電圧を印加した電極の真下に電極の配列方向に長手方向を合わせて，長さ16[mm]，幅4[mm]，厚さ1[mm]のゲルを配置する（図9(a)）．相対的に低い電位の電極に界面活性剤分子が吸い込まれ，この流れに沿って移動する界面活性剤分子がゲルの電極と逆向きの側に吸着し表面が収縮する．この時ゲルは電極に対して凸向きに屈曲する（図10(a)）．ここで低い電圧を印加する電極の位置を一つ右に平行移動すると（図9(b)），生成される空間分布電場も平行移動する．ゲルは低い電圧の電極に向かってさらに屈曲する（図10(b)）．この時，進行方向の端よりも中心が外側に来るように全体形状を遷移させることができれば，ゲルはバランスを失って倒れ，表裏が反転すると考えられる．

ゲルの真上の電極3枚に-10[V]を，残りの電極に10[V]を印加する時間T_1，電圧の組を電極一枚分右に移動した後の印加時間T_2をそれぞれ0[s]から100[s]まで10[s]おきに変化させて，短冊状ゲルの変形運動を計算した．ゲルの右端の角度θが$-\pi/2$以下，ゲルの左端の高さhが0以上の時，反転運動が生成したと判定した．電場印加時間と反転運動の成否をプロットしたものが図11である．右上の領域では反転運動が生成し，左下の領域では生成せずに非対称凸形状に変

第21章 高分子ゲルアクチュエータの電場による制御

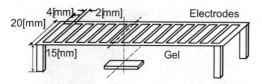

図8 16枚の電極で構成されるアレイ状電極装置

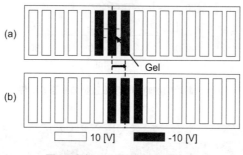

図9 印加した電圧の組み合わせ

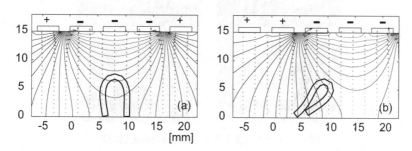

図10 アレイ状電極装置が生成する空間分布電場におけるゲルの変形シミュレーション

化した。右上領域内 $(T_1, T_2) = (90[s], 40[s])$ では，切り替え時のゲル両端が地面に対して垂直になった。実験において，シミュレーションと同じ形状，即ち両端が垂直になった時（70[s]）に電場入力を切り替えた所，屈曲反転運動を生成することに成功した（図12）。

4.2 二次元配列状に配置した電極により生成される電場によるヒトデ型ゲルロボットの起き直り運動制御

複数電極が一列に配置されるアレイ状電極装置により生成される電場で，イオン性高分子ゲルの屈曲反転運動を生成できることが分かった。以上の結果に基づいて，電極を二次元配列状に配置し，ヒトデ型ゲルロボットの起き直り運動制御を試みた。

10mm四方の白金電極を5mm間隔で4行4列に配置したマトリクス状電極装置を製作した（図13(a)）。任意の電極の真下にヒトデ形状に加工したゲルロボットを置き，その真上対角線上

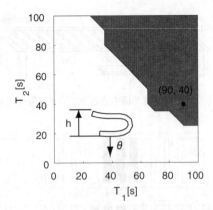

図11 電場印加時間と反転運動の成否の関係

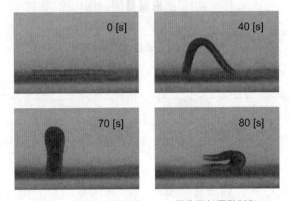

図12 イオン性高分子ゲルの屈曲反転運動制御

に-10V，それ以外の場所に10Vを印加すると（図13(b)），電極に平行な部分が局所的に大変形し，全体として凸向きに屈曲する．ここで低い電圧を印加する電極の位置を一つ平行移動すると（図13(c)），生成される空間分布電場も平行移動し，ゲルロボットは低い電圧の電極に向かってさらに屈曲し表裏が反転する．印加電圧と移動方向の組み合わせにより，任意の方向に起き直り運動をさせることができた（図14）．同様の方法で，物体への巻きつき運動の生成にも成功している．

5 まとめ

本章では，イオン性高分子ゲルを用い，入力の数に対してより大きな自由度を有する高分子アクチュエータを構成する手法と，その制御手法を紹介した．まず，高分子ゲルの基本モデルから，吸着解離方程式に基づく変形モデルを導いた．モデルから，従来のシステム構成による一様電場

第21章 高分子ゲルアクチュエータの電場による制御

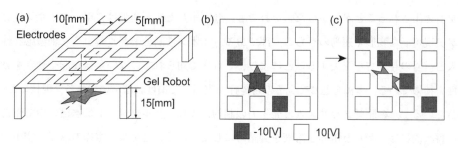

図13 ヒトデ型ゲルロボット
(a)マトリクス状電極装置，入力電圧パターン，(b)切り替え前，(c)切り替え後。

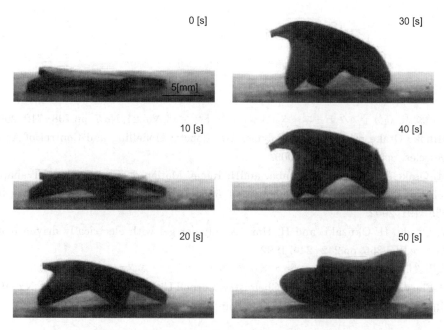

図14 ヒトデ型ゲルロボットの起き直り運動の様子

であっても，電場の極性をタイミングよく反転させることで，複数の極を有する波形状に到達させることができることを示した。そして，電極を同一平面上に複数配置する新しいシステムを考案した。一列に配置された電極により生成される空間分布電場により，イオン性高分子ゲルの屈曲反転運動を生成することができること，二次元配列状に配置した電極により生成される空間分布電場によりヒトデ型ゲルロボットの起き直り運動制御が可能であることを，シミュレーションに基づく実験により示した。

本章で用いたイオン性高分子ゲルは，従来，平行平板電極間で電圧を印加することにより，屈曲変形することのみが知られていた。一連の研究[2]により，これまで知られていない豊かな変形

運動が引き出されることが分かった．それでも，今回示した変形運動は，用いたイオン性高分子ゲルが実現可能な変形や運動のうちの一部である．イオン性高分子ゲルのような刺激応答性材料は，入力信号の与え方を工夫することにより，これまで知られていない多様な形や動きを見せる可能性を秘めている．本稿を通じて，その可能性を実感して頂ければ幸いである．現状において，使用しているゲルの駆動メカニズムと発生力の制約により，ゲルロボットは水槽の中で駆動している．将来的には，ゲルと電極と溶液を袋詰めにして，あるいはゲルと電極のみで，空中で駆動させるようになるであろう．この場合でも，少数入力で電場を生成し，全体を一括駆動しつつ局所的な変形を生成する手法が適用できると考えられる．

文　　献

1) 安積欣志, 高分子アクチュエータ, 日本ロボット学会誌, Vol.21, No.7, pp.708-712, 2003.
2) Mihoko Otake. Electroactive Polymer Gel Robots: Modelling and Control of Artificial Muscles. Springer-Verlag, 2009.
3) M. Otake, Y. Kagami, M. Inaba, and H. Inoue. Motion design of a star.sh-shaped gel robot made of electro-active polymer gel. *Robotics and Autonomous Systems*, Vol.40, pp.185-191, 2002.
4) Y. Osada, H. Okuzaki, and H. Hori. A polymer gel with electrically driven motility. *Nature*, Vol.355, pp.242-244, 1992.
5) 長田義仁, 梶原完爾編, ゲルハンドブック, エヌ・ティー・エス, 1997.
6) P. Flory. Principles of Polymer Chemistry. Cornell University Press, Ithaca, NY, 1953.
7) 山内愛造, 廣川能嗣, 高分子新素材 One Point-24 機能性ゲル, 共立出版, 1990.

第4編
高分子アクチュエータの応用

第22章　有機アクチュエータと有機トランジスタを用いた点字ディスプレイの開発

関谷　毅[*1], 加藤祐作[*2], 福田憲二郎[*3], 染谷隆夫[*4]

1　はじめに

　有機エレクトロニクスが，注目を集めている。これは低温プロセス性，機械的可撓性など，有機材料が固有に持つ特徴を活かすことで，シリコンなど無機材料エレクトロニクスでは実現が困難とされてきた全く新しいエレクトロニクスを実現できるためである。有機エレクトロニクスは，現在のシリコンエレクトロニクスが苦手とする特性を補間できるため，いわば相補の関係にあり，次世代のエレクトロニクスの基幹技術として期待されている。有機エレクトロニクスが特に人々の注目を集めている要因のひとつは，「軽量＆薄膜」が容易に実現できる点であろう。

　筆者らの研究グループでは，有機半導体でチャネル層を形成する有機トランジスタ開発と新応用を開拓する取り組みを進めている。本稿では，有機トランジスタとイオン導電性高分子アクチュエータを集積化した，世界初のシート型点字ディスプレイの研究開発について紹介したい（図1）[1]。このシート型点字ディスプレイは，大電流駆動可能な有機トランジスタアクティブマトリクスとイオン導電性高分子アクチュエータをプラスティックフィルム上に集積化することで実現されており，軽量・薄型，耐衝撃性，機械的フレキシビリティーといった特長をもつ。これらの技術は，視覚障害者の方々に便利なコミュニケーション装置を提供したというだけではなく，触覚ディスプレイを含む，プラスティックアクチュエータの新領域開拓の第一歩として位置づけることができる。

[*1]　Tsuyoshi Sekitani　東京大学大学院　工学系研究科　講師
[*2]　Yusaku Kato　東京大学大学院　工学系研究科
[*3]　Kenjiro Fukuda　東京大学大学院　工学系研究科
[*4]　Takao Someya　東京大学大学院　工学系研究科　教授

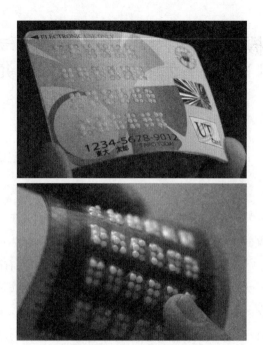

図1 シート型点字ディスプレイ。軽量・薄型で機械的フレキシビリティー,耐衝撃性といった特長を併せ持つ。シート型点字ディスプレイの利用例の一つとして,カードに搭載されたシート型点字ディスプレイのイメージ写真。電子マネーやプリペイドカードの残高,会員番号,など,必要に応じてさまざまな情報を表示することができる。

2 研究背景

2.1 有機トランジスタとエレクトロニクス

有機材料で活性層を形成した有機トランジスタが注目されており,全世界で基礎物性から応用まで幅広い研究が活発に行われている。特に,フレキシブル基板上に作製される有機トランジスタの多くは,半導体層に単結晶ではなく,他結晶やアモルファス系の材料が用いられることから,移動度が高々 $1cm^2/Vs$ 程度である。これは単結晶シリコントランジスタ ($>100cm^2/Vs$) と比べて高くない。その結果として,周波数応答など電気的性能では単結晶シリコントランジスタには及ばない。しかしながら有機トランジスタは,プラスティックフィルム上に常温プロセスで作製可能であり,軽量で耐衝撃性に優れ,可撓性(機械的フレキシビリティー)を有する。さらには,ロール to ロールプロセスや印刷プロセスを利用することができ,結果的に大面積のエレクトロニクスを低コストで実現できる可能性を秘めている。有機トランジスタやそれを用いた有機エレクトロニクスは,従来の無機デバイスにはない新しい概念を有しているという点において,物理的側面だけでなく実用的な面においても非常に注目されている。有機トランジスタは無機ト

第22章　有機アクチュエータと有機トランジスタを用いた点字ディスプレイの開発

ランジスタと比較して長所短所がまったく相異なることから，お互いが相補の関係を持つことによりユビキタス時代を担う技術として発展していくと期待される。

2.2　点字ディスプレイ

　コンピュータからの情報を24文字程度ずつ表示できる点字ディスプレイは市販されており，視覚障害者にとってはパソコンのインターフェイスとして，音声出力と並んで，モニターディスプレイの代わりとして利用されている。しかしながら，視覚障害者が従来の点字ディスプレイを利用するうえで，幾つかの課題が残されている。それはサイズや重量に他ならない。今日市販されている小型の点字ディスプレイでもサイズは，厚さ5cmほどの大きめ弁当箱ほどあり，重量は1kg近くに達する。このサイズ・重量は携帯して利用するのに不便なだけでなく，家電製品や公共の機械に組み込むには不便である。

　このサイズ・重量の問題はアクチュエータ部の動作原理に由来する。従来の点字ディスプレイでは駆動部に，ピエゾアクチュエータもしくはソレノイドアクチュエータが用いられている（図2）。これらのアクチュエータはすでに技術が確立されており，精度の高い変位が実現でき，発生力も大きい点は魅力である。その一方で，ピエゾアクチュエータは電圧を印可することで長さ方向に変位が得られるが，変位率が0.1％以下と低く，点字表示に必要とされる変位を得るためには必然的に厚みやサイズが大きくなる。また，ソレノイドアクチュエータも同様に長さ方向の変位を電流の印可によって得るが，構造が複雑になってしまい，サイズが大きくなることが避けられない。上記の理由からサイズ，重量には大きな制限があった。

　近年，導電性高分子アクチュエータの開発が行われ，特に軽量・低コスト化する研究が活発になされている[2]。しかし，このアクチュエータも長手方向に数％～10％程度の変形をするにとどまるため，薄型化は困難であり，可能性を十分に引き出せてはいない。また，誘電エラストマーをアクチュエータに用い，薄型化を図った研究もあるが[3]，誘電エラストマーは駆動に高電圧を必要とするため，人間が直接触れる点字ディスプレイという用途には適さない。

　点字ディスプレイで要求されるアクチュエータ特性は，①直接人間が触れるものであるから，低電圧で駆動できなければならない。②点字の文字サイズおよび文字間隔は決まっているため，アクチュエータの変位の割合は大きくなければならない。③携帯性を高めるために薄型に作製することが望ましい。そのため，屈曲型で動作する必要がある。④応答速度が速いこと。イオン導電性高分子アクチュエータ[4,5]はこれら①～④の要求を満たしており，また，発生力も人間が触れて認識できる程度の力は得ることができる。これに対して，ピエゾもしくはソレノイドを用いると，発生力・制御性を満足するが，サイズ・重量が大きくなってしまい，導電性高分子アクチュエータは発生力こそ大きいものの，変位が小さく応答速度が遅いという問題があり，また，誘

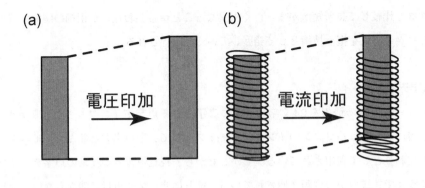

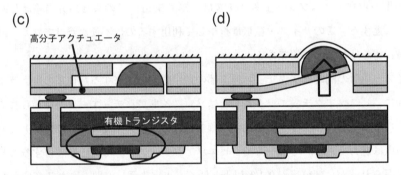

図2 従来の点字ディスプレイのアクチュエータ部 (a)ピエゾアクチュエータ方式 (b)ソレノイドアクチュエータ方式。(c)本研究の点字ディスプレイの動作原理。断面構造模式図。有機トランジスタが高分子アクチュエータに接続されている。(d)点字表示時の断面模式図。有機トランジスタを通して高分子アクチュエータに電圧が供給され,アクチュエータが屈曲し,アクチュエータ上の半球が点字ディスプレイ表面のゴムシートを持ち上げることで点字を表示する。

電エラストマーは駆動電圧が高いという難点がある。

本研究で用いたイオン導電性高分子アクチュエータは,高分子アクチュエータの一種で,電圧の印可により屈曲動作する。高分子アクチュエータは軽量であることが一つの大きな特長であるが,中でもイオン導電性高分子アクチュエータは屈曲型の動作をするため薄型でありながら大きな変位が得られること,応答速度が速いことなどの特長があり,点字ディスプレイ用途に適している。本研究ではさらに,駆動回路として軽量・薄型,フレキシブル,大面積で低コストである有機トランジスタを用いることで,点字ディスプレイ全体として,軽量・薄型,フレキシブル,耐衝撃性を達成した。本研究で作製したプロトタイプは実効面積$4 \times 4 cm^2$,厚さ1mm,重量5.3gのシート状で,3×2点で1文字を表す点字を6文字×4行＝24文字を表示することができる。図2(c)(d)と図3に,本研究の点字ディスプレイの断面構造模式図および点字表示の原理を簡単に示す。

第22章 有機アクチュエータと有機トランジスタを用いた点字ディスプレイの開発

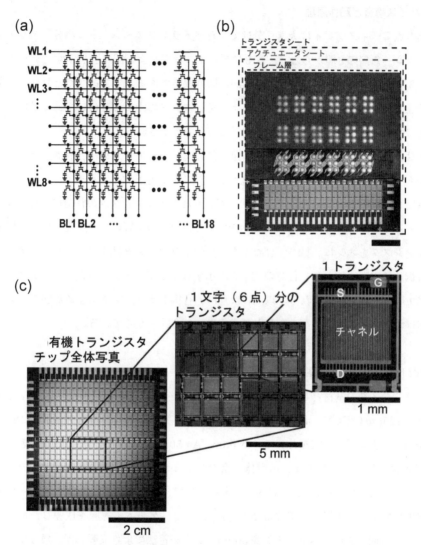

図3 (a)と(b)点字ディスプレイの回路模式図とデバイス展開写真。本デバイスは有機トランジスタシート，高分子アクチュエータシート，フレーム層の3層からなる。デバイスの一部は内部の3層構造が見えるように切り取ってある。なお，高分子アクチュエータはコンデンサーとして表記してある。(c)有機トランジスタシートのチップ写真。点字1文字分に対応する有機トランジスタの拡大写真。線で囲まれた領域が点字1文字（6点）分のトランジスタ。予備のトランジスタも配しているため，1文字に対して12個のトランジスタが配置されている。トランジスタ1つの拡大写真。図中のS，D，Gはそれぞれソース，ドレイン，ゲート電極を表す。

3 デバイス構造および作製プロセス

3.1 デバイス構造と動作原理

 本研究の点字ディスプレイは大きく分けて，有機トランジスタシート，高分子アクチュエータシート，フレーム層の3層からなる．図3にデバイス写真および回路図を示す．デバイスの一部は内部の3層構造が見えやすいように意図的に切り取ってある．上で述べたとおり，点字の各点はアクチュエータが屈曲し，それに伴い，アクチュエータの上に取り付けてある半球が持ち上がり，表面に張ってあるゴムシートを押し上げることで表示される．

 表示させたい点のアクチュエータに対し選択的に電圧をかけるために，有機トランジスタアクティブマトリクスが用いられている．有機トランジスタは電子のスイッチであり，ゲートとドレインに電圧をかけることで，マトリクス状に配置されたトランジスタの任意の1点を個別にスイッチングすることができる．したがって，持ち上げたい点の位置のアクチュエータに接続されているトランジスタをオンに，持ち上げたくない点のトランジスタはオフにすることでアクチュエータに選択的に電圧が加わり，任意の文字を表示することができる．有機トランジスタのスイッチングは1点ずつ順々に行われる．以上のように，有機トランジスタによる点字ディスプレイの駆動方法は液晶ディスプレイ等の駆動と基本的に同じ方式となっている．

3.2 有機トランジスタの作製プロセス

 有機トランジスタの基材として，厚さ$75\mu m$のポリイミドフィルム（宇部興産，UPILEX 75S）または厚さ$125\mu m$のPEN（ポリエチレンナフタレート）フィルム（帝人デュポン，Teonex Q-65）を用いた．まずゲート電極として，Cr 5nm, Au 50nmを真空蒸着法により成膜した．次に，ゲート絶縁膜として，ポリイミド前駆体（京セラケミカル，KEMITITE CT4112）を回転数4500rpmでスピンコートし，180℃ベークすることで，ポリイミド前駆体をイミド化硬化させた[6]．硬化後のゲート絶縁膜の膜厚は240nmであった．ゲート絶縁膜を成膜した後に，チャネル層として，有機半導体のペンタセンを50nm，真空蒸着法により成膜した．最後にソース・ドレイン電極としてAu 50nmを真空蒸着法により成膜した．トランジスタ構造が完成した後，大気や水分に対する封止膜として高分子材料のパリレン（第三化成，diX-SR）$8\mu m$をCVD法により成膜した．パリレンの成膜後，電極をパリレン膜の外に取り出すためのビアをCO_2レーザー加工により形成し，金を真空蒸着することで電極パッドを作製した．有機トランジスタシートのチップ写真を図3(c)に示す．チップ全体，点字1文字分（6点分）に対応するトランジスタを拡大した写真，トランジスタ1つの拡大写真が示されている．チャネル長は$20\mu m$，チャネル幅は49mmであり，大電流を流せる工夫として，W/Lは2450と大きく設計した．

第22章 有機アクチュエータと有機トランジスタを用いた点字ディスプレイの開発

3.3 イオン導電性高分子アクチュエータ

アクチュエータにはイオン導電性高分子アクチュエータの他にもピエゾ，ソレノイド，導電性高分子[7, 8]，誘電エラストマー[9]などいくつかの方法がある。しかしながら各方法にはそれぞれ一長一短があり，用途に適したアクチュエータを選ばなければならない。本研究では，低電圧で屈曲可能，決められた大きさの中で大きな変位が得られること，薄型であること，高速応答できること，などを考慮しイオン導電性高分子アクチュエータを用いた。

イオン導電性アクチュエータは，イオン交換膜の両面に無電界めっき法により金属電極を形成することで作製される。現在では主にイオン交換膜としてフッ素系イオン交換樹脂を用いることが多い。イオン導電性高分子アクチュエータは，以下のような特徴を持つ興味深い材料である[3, 4]。

- 変位が大きい：最高歪み角900°（2回転半）
- 発生力が大きい：$100g/cm^3$（自重の25倍の発生力）
- 応答速度が速い：最高100Hz，10ms
- 駆動電圧が低い：3V以下
- 軽量である
- やわらかい
- 加工性が高い
- 無音で動作する
- 消費電力が小さい
- 基本的に水中（もしくは湿潤した環境）で動作する

イオン導電性高分子アクチュエータの作製は，①イオン交換膜の標準化処理，②イオン交換膜の無電解めっき[9]，③陽イオンの交換からなる[10〜12]。

① 標準化処理を施し，イオン交換膜中の不純物を除去する。標準化処理は5% H_2O_2（70-80℃）1時間→純水（70-80℃）1時間→1M HCl（70-80℃）または0.5M H_2SO_4（70-80℃）1時間→純水（70-80℃）1時間の順に処理した。つぎに，無電界めっきに先立ち，イオン交換膜の表面積を高め，めっきを進行しやすくするため，膜表面を紙やすりでやすりがけをして荒らした。その後，膜内に金イオンをとけ込ませるため，ジクロロフェナントロリン金錯体（[$AuCl_2$(phen)]Cl）水溶液に1晩漬けた。そして，金イオンを還元し，膜表面に電極を析出させるため，5wt%亜硫酸ナトリウム水溶液（60℃）に5時間漬け込んだ。めっきを十分に施し，膜表面の電気容量を高めるため，このジクロロフェナントロリン金錯体水溶液に1晩漬け，亜硫酸ナトリウム水溶液で還元するという無電解めっきプロセスを，3から7回繰り返した。さらにアクチュエータ変位，応答速度，発生力を向上させるため，め

っきしたアクチュエータを1M LiCl水溶液に一晩浸し，膜中のプロトンをリチウムイオンに置き換えた。

② アクチュエータシートを作製した後，パターニング・素子分離をカッティングプロッター，NCドリルを用いて行った。まず，アクチュエータシートの一部をカッティングプロッターで切り抜き，長さ4mm，幅1mmの12×12のアクチュエータに分割した。さらに各素子を素子分離するため，アクチュエータシートの片側表面にNCドリルで溝を入れて素子間を絶縁した。アクチュエータシートのもう片面は，共通電極としてもちいるため，NCドリルによる絶縁処理は施さなかった。アクチュエータシートの点を表示する位置には1.8mm径のポリアセタール（POM）半球を取り付けた。電圧の印可によってアクチュエータが屈曲すると半球が持ち上がり，ディスプレイ表面を盛り上げて点を表示するようになっている。図4(b)，(c)に機械加工後のアクチュエータシートの写真とアクチュエータ上の半球の役割を示す模式図を示す。

図4にアクチュエータを作製するための母材であるフッ素系陽イオン交換膜Nafion®（デュポン，NE-1110）の化学構造および，イオン導電性高分子アクチュエータの動作原理模式図を示す。Nafion®など陽イオン交換膜は，負の電荷を帯びた高分子と，サイズの小さい陽イオンから構成されている。この膜の両面に無電解めっき等の方法で電極を形成し，電極間に電圧をかけることでアクチュエータとして動作する。Nafion®膜の両側に電圧を加えると，負の電荷をもった高分子は移動が困難であるのに対し，陽イオンは水分子を伴って容易に膜中を移動する。この移動によって，膜の両側で水分の含有量に差ができ，膨潤率に差が生じ，その結果，片面が膨らみ，片面が縮むことで屈曲する。

3.4 アクチュエータシートとトランジスタシートの集積化

有機トランジスタシートとイオン導電性高分子アクチュエータシートを貼り合わせ，フレーム層を取り付けることでシート型点字ディスプレイは完成する。まず，異方性導電シートもしくはマイクロディスペンサーで塗布した銀ペーストを用いて，トランジスタシートの電極パッドと高分子アクチュエータを接着した。そして，PETシート等のプラスティックで簡単なパッケージングをした。フレーム層の最表面には，スピンコート法で作製した，厚さ$10\mu m$のシリコンゴム（ポリジメチルシロキサンゴム（PDMS））を貼り付けた。さらに，点字ディスプレイとしての性能向上に向けて，表面平滑性を高めるためにPDMS表面をディッピングにより，フッ素コートした。

第22章　有機アクチュエータと有機トランジスタを用いた点字ディスプレイの開発

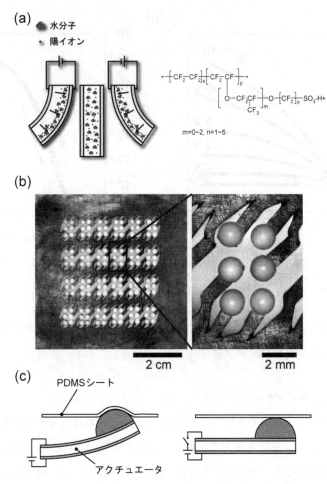

図4　(a)本デバイスでアクチュエータの材料として用いたNafion®の化学構造とイオン導電性高分子アクチュエータの動作原理模式図。(b)イオン導電性高分子アクチュエータシートと点字1文字に相当する部分の拡大写真。点の表示位置にはプラスチック半球がのせてある。(c)アクチュエータシート状に取り付けられたプラスチック半球の役割を示す模式図。

4　電気特性

4.1　トランジスタ

本研究で用いた有機トランジスタ単体の典型的な特性を図5に示す。飽和領域での移動度は1cm^2/Vsに達し，オンオフ比は最大で10^{6}という非常に高い特性を得た。さらに，ゲート絶縁膜を240nmまで薄膜化し，W/Lを2950と比較的大きくすることで，イオン導電性高分子アクチュエータを高速動作させるために必要である大電流（≈600μA）をV_{GS}＝-10Vという低電圧駆動

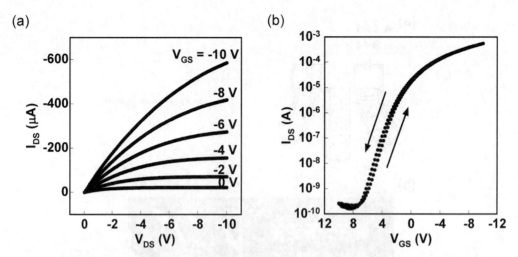

図5 有機トランジスタ単体の特性 (a)V_{DS}-I_{DS}特性 (b)V_{GS}-I_{DS}特性。V_{DS}=-10V (c)V_{GS}-I_{DS}特性についてI_{DS}を対数プロットしたもの。V_{DS}=-10V

下で得ることができた。アクチュエータの動作の際には、瞬間的に大電流が流れるが、これによるトランジスタの劣化は見られなかった。

4.2 イオン導電性高分子アクチュエータ

点字一点分のアクチュエータサイズ（長さ4mm，幅1mm）を持つイオン導電性高分子アクチュエータ膜の両端への印可電圧を加えた時の変位を測定した。図6(a)(b)に±3V，2Hzの矩形波を印可したときの変位応答の測定結果を示す。2Hzの入力に対して，点字表示に必要な変位である0.2mmの変位が得られていることが確認できた。印可電圧と変位の関係の測定結果および印可電圧と発生力の関係の測定結果を図4(c)に示す。

図6の結果から，このイオン導電性高分子アクチュエータは周波数応答（2Hz），変位（0.4mm），発生力（1.5gf），駆動電圧（3V）ともに点字ディスプレイに利用することが可能であることを示している。

4.3 有機トランジスタと高分子アクチュエータを集積化しての素子特性

4.3.1 点表示

トランジスタにゲート電圧V_{GS}=0V，-10V，-20V，-30Vを印可し，電源電圧V_{DD}に±10Vをかけ，点を上下させたときの変位の様子を図7(a)，(b)に示す。この図よりV_{GS}を増やしていくにつれて変位速度が大きくなり，V_{GS}=-30Vのとき，点字表示に必要な0.2mmの変位を得るのに0.9sの時間を要することが分かる。

第22章　有機アクチュエータと有機トランジスタを用いた点字ディスプレイの開発

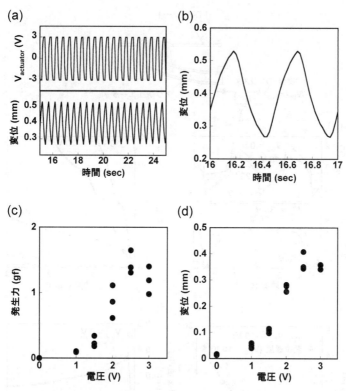

図6　(a)長さ4mm，幅1mmのアクチュエータ単体に$V_{actuator}=\pm 3V$，2Hzの矩形波を印可したときの変位応答。(b)(a)のグラフの一部を拡大したもの。(c)印可電圧と発生力の関係。発生力の測定にはロードセルを用いて行った。(d)印可電圧と変位の関係。

4.3.2　応答速度

　イオン導電性アクチュエータの応答速度はアクチュエータに供給される電流量に依存する。実際に，点字ディスプレイに用いたトランジスタのV_{GS}-I_{DS}特性（$V_{DS}=-10V$）と，点字の変位速度のV_{GS}依存性（$V_{DD}=-10V$）を重ねると，アクチュエータの変位速度が電流値に依存している様子がわかる（図7(c)）。つまり，点字ディスプレイの表示速度は，現在のところ，有機トランジスタの周波数特性で制限されているのではなく，むしろアクチュエータの特性，つまり回路に流れる電流値によって制限されている。したがって，点の表示速度を向上に向けて，移動度やW/Lを大きくする，ゲート絶縁膜を薄膜化する，回路設計上の工夫をほどこし，瞬間的に大電流が流れるようにするなどということが望まれる。また，1点の表示に0.9秒かかるとすると，24文字分の144点を順々に上げ下げして表示を切り替えるのに約2分かかってしまうことになるが，これはメモリ技術，回路技術により大幅に改善することを後の章で紹介する[13]。

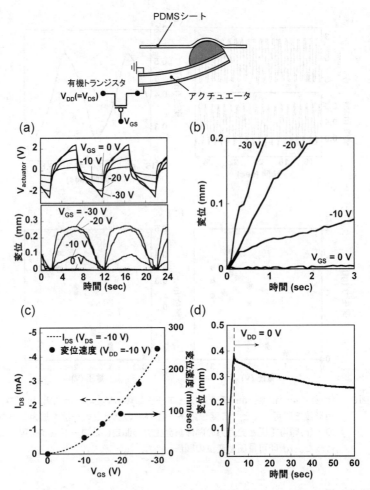

図7　(a)有機トランジスタとアクチュエータを集積化したデバイスの動作 $V_{DD}=\pm10V$，$V_{GS}=0$，-10，-20，$-30V$。$V_{actuator}$はアクチュエータの両端電極にかかる電圧。(b)(a)の立ち上がりの拡大図。(c)電流値と変位速度の関係。①有機トランジスタのV_{GS}-I_{DS}特性（$V_{DS}=-10V$）と，②有機トランジスタおよび高分子アクチュエータを集積化したデバイスの変位速度のV_{GS}依存性のグラフ（$V_{DD}=-10V$）を重ねてある。(d)点字表示の保持特性。$V_{DD}=-10V$，$V_{GS}=-30V$

4.3.3　保持特性

　点字ディスプレイの性能として，どれだけの時間，表示を保持していられるかが問題になる。図7(d)に電源電圧$V_{DD}=-10V$を印可したのちに電源電圧をグラウンドにし，どれだけ表示を保持していられるか，という測定の結果を示す。図7(a)からイオン導電性アクチュエータは変位を保持しにくいという問題があることは事実だが，点字を読むスピード[14]と比較すると，十分に表示を保持できていると考えられる。

第22章 有機アクチュエータと有機トランジスタを用いた点字ディスプレイの開発

5 点字ディスプレイのデモンストレーション

1点の素子特性の評価の後,実際に点字を表示して動作を確認した。図8に点を上げたとき,下げたときの様子の写真を示した。

さらに本研究では,東京大学バリアフリープロジェクトの協力を得て,4名の視覚障害者を被験者とした触読実験を行った。コンピュータからの入力で点字ディスプレイに文字を表示させ,それを目の不自由な方に読んでいただいた。その結果,4名全員が何の文字が表示されているかを正しく認識することができた。これにより,本デバイスの変位・発生力が点字ディスプレイとしての性能を満たしていることが証明された。

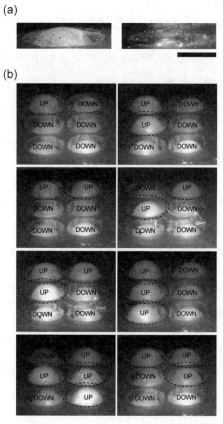

図8 (a)点を表示したとき(上げたとき)と点を表示してないとき(下がっているとき)の様子。スケールは1mm。(b)点字の表示左上から「a」「b」「c」「e」「f」「l」「w」「4」を表示。

6 課題

点字ディスプレイの実用化を考えた場合，幾つかの課題が明確となった。

① イオン導電性高分子アクチュエータは，水で膨潤させて用いなければ変位を得ることができない。さらに電圧印可に伴い，水分子の電気分解が発生する。

② 携帯性を考えた場合には，電池で駆動できる3V以内の駆動電圧が望ましいが，変位量と変位速度を得るために，10V程度の電圧が必要である。

③ 一点を動作させるために必要な時間が0.9秒であった。すなわち24文字の1フレーム書き換え（144点動作）するためには2分以上必要となる。

④ サンプル間の変位，発生力のばらつきが大きく，今後，点字ディスプレイとして文字の読みやすさを向上させるために，このばらつきを抑えていく必要がある。

7 低電圧駆動の点字ディスプレイの開発状況

近年，カーボンナノチューブアクチュエータ[15〜17]のように，大気中で安定動作するアクチュエータも報告されており，これらを用いることによっても長期安定性は改善されることが期待される。本研究では，このカーボンナノチューブアクチュエータと低電圧駆動可能な有機トランジスタの集積化を行うことで，高分子アクチュエータ点字ディスプレイで見られていた課題を克服しつつある。最後に，これらの技術開発について紹介したい。

具体的には，極薄なゲート絶縁膜として自己組織化単分子膜を用い，新規半導体材料をチャネル層に採用することで3V駆動で3mA以上の大電流を流すことができる高性能有機トランジスタの作製に成功した。また，動作高速化に必要な有機SRAMの作製・評価を行い，1.5ミリ秒という高速動作を示した。これらの技術を組み合わせることにより，24文字の点字表示が2秒以下という，非常に高速動作可能であることが示された。

7.1 デバイス構成

はじめに有機SRAMに点字一点一点を"high"もしくは"Low"にするかの情報を書き込み，その情報をドライバー用有機トランジスタに伝えることで，すべての点字を同時に上昇・下降を制御するという構成になっている。アクチュエータを一点ずつ動かすのではなく，同時に動かすことで，フレームレートを上げることにした。

また，低電圧・大電流駆動有機トランジスタの実現を目指し，本研究においてゲート絶縁膜は厚さ約2nmの自己組織化単分子膜（SAM）を用い，有機半導体材料として，大気安定，高移動

第22章　有機アクチュエータと有機トランジスタを用いた点字ディスプレイの開発

度の性能を持つジナフトチエノチオフェン（DNTT）[18]を用いた。

7.2　3V駆動可能なドライバー用有機トランジスタおよび有機SRAMの作製プロセス

①ゲート絶縁膜成膜：厚さ75μmのプラスティック基板上に，厚さ20nmのアルミニウムを，真空蒸着装置を用いて成膜した。パターニングにはメタルマスクを使用した。②ゲート絶縁膜形成：プラズマアッシング装置を用い，アルミニウム表面を酸化させることで厚さ約4nmの酸化アルミニウムを形成した。その後テトラデシルホスホン酸を溶かした2-プロパノール溶液に基板全体を浸し，ホスホン酸分子を自己組織的に成膜し，SAM絶縁膜を形成した。③有機半導体層成膜：p型有機半導体であるDNTTを，真空蒸着措置を用いて30nm堆積させた。パターニングにはメタルマスクを用いた。④ソース・ドレイン電極形成：金50nmを，真空蒸着を用いて成膜した。アクチュエータ駆動用トランジスタのチャネル幅（W）及びチャネル長（L）はそれぞれ100000μm，20μmである。デバイスの重さは0.5g，厚さは75μmである。また，限界折り曲げ半径は4mmであり，フレキシブル・軽量という特長を有している。

7.3　ドライバー有機トランジスタの電気特性と集積化

ドライバー有機トランジスタは，3V駆動において，電流値4.9mA，オンオフ比10^6が達成されている。伝達特性から見積もられた飽和領域での移動度は1.0cm^2/Vsであった。ドライバー有機トランジスタとアクチュエータを集積化した際のアクチュエータの変位，及びアクチュエータに流れる電流値を測定した。ソース・ドレイン間電圧（V_{DS}）を2〜-2V（周期0.1Hz）の印加条件で固定し，ゲート・ソース電圧（V_{GS}）を-2.5Vから-4Vまで変化させ，それぞれのV_{GS}の条件におけるアクチュエータの変位を観測した。V_{GS}=-2.5Vの条件では最大変位は200μmであったが，V_{GS}=-4Vの条件では最大変位450μmが達成された。また，点字認識に必要とされる300μmの変位を得るまでに必要な時間は，V_{GS}=-3Vでは3秒，V_{GS}=-4Vでは1.8秒であった。

7.4　有機SRAMの特性

作製した有機SRAMの書き込み時間の測定を行った。ワードライン（WL）を2Vの状態から-2Vの状態に変化させた際にビットライン（BL）の電圧値をDATAbに書き込む時間を測定した。BLの電圧値0V（Low）および2V（High）のそれぞれについて，書き込み時間の測定を行った。その結果BL＝Lowの書き込み速度は0.3ミリ秒，BL＝Highの書き込みは1.5ミリ秒であった。

7.5 考察

今回，SAM絶縁膜とDNTT半導体材料を用いることで，点字表示に必要な電流値3mA以上という性能を3V駆動で達成することが出来た．実際にアクチュエータとの集積化を行った結果，動作時間が1.8秒であり，充分に高速動作することが確認された．6文字×4列，12×12ラインの点字ディスプレイを仮定した場合，全体の表示速度（1フレームの書き換え時間）は1.8s×12＝21.6秒と見積もられる．さらに有機SRAMについては2V駆動で1.5ミリ秒という非常に高速なデバイスの作製に成功した．これは有機FETを用いたSRAMとしては世界最高性能である．有機SRAMとドライバ有機トランジスタを用いることで，上記のディスプレイ全体の表示速度（1フレームの書き換え時間）は0.0015×12＋1.8＝1.82秒と見積もられる．これは熟練の点字読者にとってもストレス無く読むことの可能な速度が達成可能であることを示している．また，ディスプレイの素子数が増えた場合にも殆ど表示速度を殆ど低減せずに全体表示が可能である．

8 今後の展望

この軽量・薄型のシート型点字ディスプレイは，携帯型のインターフェイス，例えば，点字版電子ブックや，屋外でのノートパソコンの点字出力装置などに利用できるほか，家電や携帯電話の表示部分など，様々な電子機器に容易に付加することができる．その他，ATM端末の表示部に用いることや，また，カードに組み込み，会員証の会員番号，キャッシュカードの口座番号，クレジットカード番号や，電子マネーの残高，そしてSuica，パスネットなどプリペイドカードの残金・乗り換え情報など様々な情報をその時々の要求に応じて表示するなど，これまでの点字ディスプレイでは実現が困難であった様々な応用も期待される．さらに，バーチャルリアリティの分野で研究がなされている触覚ディスプレイを含むMEMSデバイスとしても，本研究の貢献は大きく，特に大面積プラスチックMEMSの新たな可能性を開拓するものである．

【謝辞】

本研究は，JST/CREST，科研費（若手S），振興調整費，厚労省，NEDOの助成を受けて進められた．高分子アクチュエータは，土井正男教授（東大）との共同研究である．カーボンナノチューブアクチュエータは，安積欣志博士，杉野卓司博士（産総研）から提供を受けた．また，点字ディスプレイの高性能化は，中野泰志教授，新井哲也博士（慶応大学），高橋功博士（アルプス電気）との共同研究で進められた．自己組織化単分子膜は，Hagen Klauk博士（マックスプランク研究所）との共同研究である．カーボンナノチューブ分散技術は，相田卓三教授（東大），福島孝典博士（理研）からご支援いただいた．高移動度有機半導体DNTTは，瀧宮和男教授，

第22章 有機アクチュエータと有機トランジスタを用いた点字ディスプレイの開発

山本達也博士（広島大学），池田征明博士，桑原博一博士（日本化薬）から提供していただいた．回路技術は，桜井貴康教授，高宮真准教授（東大）との共同研究である．

文　献

1) Yusaku Kato, *et al*., "Sheet-type Braille displays by integrating organic field-effect transistors and polymeric actuators", *IEEE Transactions on Electron Devices*, Vol.54, Issue 2, pp.202-209（2007）．
2) G. M. Spinks, *et al*., "Ionic liquids and polypyrrole helix tubes: bringing the electronic Braille screen closer to reality", Proceedings of SPIE, vol.5051, Smart Structures and Materials 2003: Electroactive Polymer Actuators and Devices（EAPAD）, pp.372-380（2003）．
3) S. Lee, *et al*., "Braille display device using soft actuator", Proceedings of SPIE, vol.5385, Smart Structures and Materials 2004: Electroactive Polymer Actuators and Devices（EAPAD）, pp.368-379（2004）．
4) M. Shahinpoor, *et al*., "Ionic polymer-metal composites（IPMCs） as biomimetic sensors, actuators and artificial muscles - a review", *Smart Materials and Structures*, vol.7, pp.R15-R30（1998）．
5) 安積欣司「イオン導電性高分子アクチュエータの基本設計と応用」ソフトアクチュエータ開発の最前線, pp.76-95, エヌ・ティー・エス, 2004年
6) Yusaku Kato, *et al*., "High mobility of pentacene field-effect transistors with polyimide gate dielectric layers", *Applied Physics Letters*, Vol.84, pp.3789-3791（2004）．
7) S. Hara, *et al*., "Artificial Muscles Based on Polypyrrole Actuators with Large Strain and Stress Induced Electrically", *Polymer Journal*, vol.36, no. 2, pp.151-161（2004）．
8) W. Lu, *et al*., "Use of Ionic Liquids for pi -Conjugated Polymer Electrochemical Devices", *Science*, vol.297, pp.983-987（2002）．
9) R. Pelrine, *et al*., "High-Speed Electrically Actuated Elastomers with Strain Greater Than 100％", *Science*, vol.287, no. 5454, pp.836-839（2000）．
10) N. Fujiwara, *et al*., "Preparation of Gold-Solid Polymer Electrolyte Composites As Electric Stimuli-Responsive Materials", *Chemistry of Materials*, vol.12, pp.1750-1754（2000）．
11) K. Onishi, *et al*., "Morphology of electrodes and bending response of the polymer electrolyte actuator", *Electrochimica Acta*, vol.46, Issue 5, pp.737-743（2001）．
12) K. Onishi, *et al*., "The effects of counter ions on characterization and performance of a solid polymer electrolyte actuator", *Electrochimica Acta*, vol.46, Issue 8, pp.1233-1241（2001）．
13) Makoto Takamiya, *et al*., "An Organic FET SRAM with Back Gate to Increase Static

Noise Margin and its Application to Braille Sheet Display", *IEEE Journal of Solid-State Circuits*, Vol.42, Issue 1, pp.93-100 (2007).
14) 黒田浩之, 佐々木忠之, 中野康志, 木塚泰弘, 堀籠義明「点字サイズが触読効率に及ぼす影響」第21回感覚代行シンポジウム, pp.55-58, 感覚代行研究会, 1995年
15) R. H. Baughman, *et al.*, "Carbon Nanotube Actuators", *Science*, vol.284, pp.1340-1344 (1999).
16) T. Fukushima, *et al.*, "Fully Plastic Actuator through Layer-by-Layer Casting with Ionic-Liquid-Based Bucky Gel", *Angewandte Chemie International Edition*, vol.44, Issue 16, pp.2410-2413 (2005).
17) K. Mukai, *et al.*, "Highly conductive sheets from millimeter-long single-walled carbon nanotubes and ionic liquids: application to fast-moving, low-voltage electromechanical actuators operable in air", *Adv. Mater.* Vol.21, pp.1582-1585 (2009).
18) T. Yamamoto, K. Takimiya, "Facile synthesis of highly π-extended heteroarenes, dinaphtho [2,3-b:2',3'-f] chalcogenopheno [3,2-b] chalcogenophenes, and their application to field-effect transistors", *J. Am. Chem. Soc.* Vol.129, p.2224 (2007).

第23章　高分子アクチュエータのソフトロボットへの応用

向井利春*

1　これからのロボットに求められる柔らかさ

　近年，ペットロボットや二足歩行ロボットなどが発表され，人間の傍で活躍する人間共存ロボットへの期待が高まっているが，そのようなロボットでは安全性や人間との親和性などのために柔らかさを実現することが求められる。しかし，現在のロボットの多くがアクチュエータとして採用している電磁モータではこれは難しい。写真1は我々が開発した人間共存ロボットのアクチュエータブロックであるが，モータ，減速器，関節角センサ（エンコーダやポテンショメータなど）で構成されている。他のロボットも多くが同様のアクチュエータ構造を持つ。減速器はギヤの組み合わせでモータの高速低トルク回転を低速高トルク回転に変換するが，減速比を大きくした場合，ギヤの摩擦が原因となり関節軸で受けた力がモータ軸まで伝わらない構造となることが多い。その結果，外からリンクに力を加えても関節軸が動かない「硬い」ロボットとなる。これに対し，人間などの筋肉を持つ動物は，必要なときには力を入れて関節を硬くする一方，力が不用なときには筋肉の緊張を解くことで柔らかさを実現している。関節の柔らかさは安全性に加え

写真1　モータ，減速器，関節角センサの組み合わせで構成される
　　　　アクチュエータブロック

＊　Toshiharu Mukai　㈱理化学研究所　ロボット感覚情報研究チーム　チームリーダー

て，投球時の腕の鞭のような動きなどの体のダイナミクスを有効に使った動作でも重要である。

電磁モータを使ったロボットで柔らかさを実現するには，減速器を介さずにモータから直接関節を動かすダイレクトドライブという方法があるが，大きく重いモータが必要となる．また，力センサや触覚センサでリンクに加わった力を計測し，フィードバックをかけて制御で柔らかさを実現する方法（インピーダンス制御）もあるが，センサの反応領域，感度，応答速度の不足や，センサや制御に障害が起こったときに柔らかさが失われるという問題がある．

そのため人間共存ロボットには，本質的に柔らかく，また，必要なときには硬さを増して大出力が可能なアクチュエータが求められている．残念ながら現在はこの両方を満たすものは存在しないが，ロボティクスからの高分子アクチュエータへの最大の期待はこの点にある．

2　表面電極分割によるIPMCの多自由度化

我々は本質的な「柔らかさ」を実現できるアクチュエータとしてIPMC（Ionic Polymer-Metal Composite）[1, 2]に注目し，これを用いたソフトロボットの研究を行っている．IPMCはフッ素系イオン交換樹脂膜の両面に金などの貴金属をメッキした接合体で，電圧をかけるとこれに応じて屈曲する．高速応答，低電圧で動作，水中駆動が可能などの特徴があり，柔軟性と高い耐久性を持つ．また，逆に屈曲により電圧を生じるセンサとしての機能も有する．

IPMCの屈曲の原理を図1に示す．電圧をかけると樹脂膜内のイオンが移動し粗密ができる結果，膜の片側が膨張，逆側が収縮するので，膜が短冊のように細長い形状を持つ場合全体として屈曲する．IPMCを用いることで柔らかさを持つ新たなロボット製作につながると期待されている．我々は表面の電極を分割することによりIPMCに多自由度を与える方法を開発し，これを用

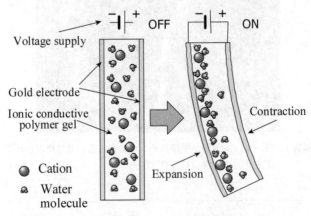

図1　IPMCアクチュエータの屈曲原理

第23章 高分子アクチュエータのソフトロボットへの応用

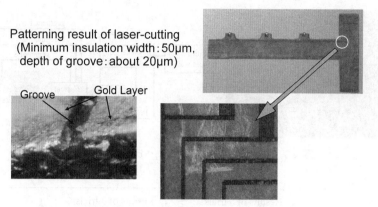

写真2 レーザーによるIPMCの表面電極分割

Motion of one IPMC is simple

Complex motion is realized by independently controlling each segment made by patterning

図2 表面電極分割によるIPMCアクチュエータの多自由度化

いることによるロボット応用の可能性を研究してきた。

　1枚のIPMCの表面電極を分割した例を写真2に示す。この例ではレーザーを用いて分割を行ったが，NC工作機械を用いたり，場合によってはカッターナイフで物理的に電極分割を行ったりすることも可能である。電極は屈曲領域になるとともに，根元に加えられた電圧を末端まで伝達する電線の役目も果たす。もとのIPMCは電圧に応じて全体が屈曲するので1自由度であるが，電極分割により部分ごとに異なる屈曲を実現する多自由度化が可能となる（図2）ので，1枚のIPMCからロボットが製作できる。IPMC自体をロボットとすることで，関節だけではなく体全体が柔軟なロボットが製作可能となる。

3　ソフトなヘビ型水中ロボット

　1枚のIPMCから製作した多自由度を持つロボットの例として，ヘビのように泳ぐ全身が柔軟なロボット[3,4]（写真3）を紹介する。これは，細長いIPMCの表面電極を長さ方向に複数（6または7）領域に分割し，それぞれに位相差のある屈曲を与えることでヘビのようにくねる動きを与え，前進後退や回転を可能としたものである。

　各領域に正弦波状の電圧を与えるが，周波数fと各領域間の位相差θを変えることで，図3に

未来を動かすソフトアクチュエータ

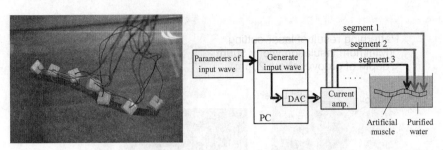

写真3　1枚のIPMCから製作したヘビ型水中ロボット

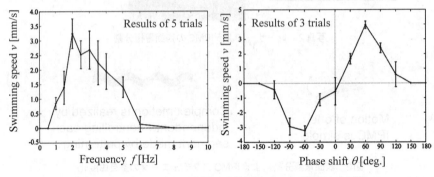

図3　ヘビ型ロボットの周波数 f と位相差 θ による進行速度制御

示すように前進後退と進行速度を制御できる。また，正弦波のように左右対称な動きではなく図4に示すように非対称な動きにすることで，左右の回転も可能となる。

写真3ではIPMCの各領域にはケーブルが接続されていて，外部から電力を供給している。最終的には，電源，コントロール回路ともヘビ型ロボットの頭部などに搭載し，独立して動くロボットにしたい。現在研究中のコントロール回路について述べる。図3より，位相差 θ は60度（6領域に分けた場合，全身で1波長となる位相差）が適していることがわかるので，駆動信号として三相交流を考えその正負の組み合わせを用いることで，電源回路の簡略化が可能である。簡略化した回路と電源（ボタン電池などの小型バッテリー）を頭部に搭載し，各部の制御を行わせることが目標である。電力の伝達は，表面電極を電線として用い，さらに表と裏の電極を接続して伝達可能とすることで，外部のケーブルなしに可能となる。図5に三相交流の信号を表面電極と表裏接続を通して伝達する場合の表面電極分割例を示す（ただし，簡略化して3領域で示してある）。

第23章　高分子アクチュエータのソフトロボットへの応用

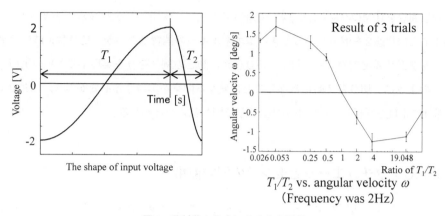

図4　非対称な入力による左右回転

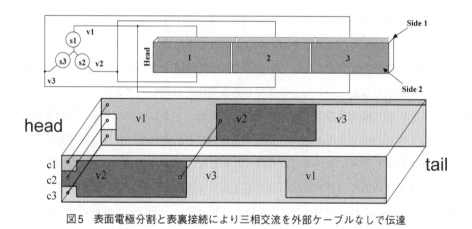

図5　表面電極分割と表裏接続により三相交流を外部ケーブルなしで伝達

4　双安定アクチュエータ構造

IPMCをアクチュエータとして使うときの問題点として，

- リラクゼーションが起こる
- 動きの再現性が低い
- 一定の形を保つのにエネルギーが必要

などがある。我々はこれらを解決してIPMCをアクチュエータとして使うために，多安定型のアクチュエータ構造を提案している[5]。これは複数の安定点を持つアクチュエータ構造とすることで，

- 決められた構造で安定する
- 動きの再現性が得られる
- 安定構造を保つためにはエネルギー不要

などを実現するものである。図6に座屈により2つの安定点を持つ双安定アクチュエータ構造を

示す。両端間隔をIPMCの長さlより短く拘束することで,座屈による2つの安定状態が出現する。

状態1または状態2を取っているときにはエネルギーの消費はないが,切り替え時にはアクチュエータを駆動する必要がある。図7に切り替えの動きの例とそれを実現するための電極分割を示す。このように,切り替え時には部分ごとに異なる曲率を実現する必要がある。図8のように3つの部分に正負を反転した電圧をかけることで切り替えが行われる。

5 IPMCアクチュエータとセンサの同時使用

IPMCは屈曲により電圧を生じるというセンサとしての機能も有する。我々はシンプルなロボットをIPMCにより実現するために,1枚のIPMCをアクチュエータとセンサとして同時に使用するための研究を行った[6]。センサとしてのIPMCから得られる信号は変位速度に依存するが,信号処理を行うことで変位の絶対値を求めることが可能である。

1枚のIPMCをアクチュエータとセンサとして同時に使用する場合,アクチュエータ信号のセンサへの干渉が問題となる。そこで,ここでも表面電極を分割し,アクチュエータとして使用する部分とセンサとして使用する部分を分けることにした。しかし,このような分割を行っても干渉を完全になくすことはできなかった。そこで,IPMCを屈曲しないように固定してアクチュエータ部に電圧を加えたときにセンサ部から得られる信号(干渉信号)をあらかじめ記録しておき,自由に変形するときの信号(計測信号)との差を用いて屈曲を推定する方法を開発した。

分割の仕方を図9の左に,領域1と2で求めた計測信号-干渉信号と変位の関係を図9の右に示す。領域1と2で傾きに違いがあるし線形の関係からの多少の逸脱も見られるが,変位と差の

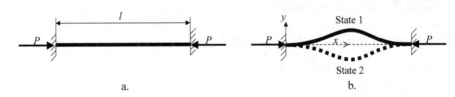

図6 双安定アクチュエータの構造

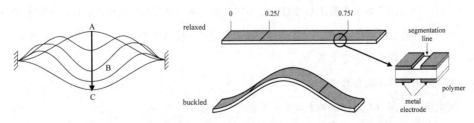

図7 双安定アクチュエータの状態切り替え例(左)とそれを実現する表面電極分割(右)

第23章　高分子アクチュエータのソフトロボットへの応用

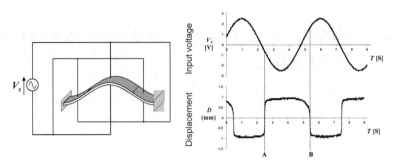

図8　状態切り替えのための接続(左)と実験結果(右)

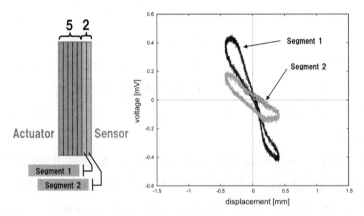

図9　アクチュエータとセンサ同時使用のための表面電極分割(左)と計測された信号(右)

信号が対応しているので，補正を行うことにより変移を求めることが可能となる．

文　　献

1) 小黒啓介, 材料, **44**（500), pp.681-682（1995）
2) K. Asaka and K. Oguro, *J. of Electroanalytical Chemistry*, **480**, pp.186-198（2000）
3) 小川浩司ほか, 計測自動制御学会論文集, **42**（1), pp.80-89（2006）
4) J. Rossiter *et al*., Proc. in IEEE International Conference on Robotics and Biomimetics, pp.1215-1220（2006）
5) J. Rossiter *et al*., MHS2006 & Micro-Nano COE, pp.36-40（2006）
6) 釜道紀浩ほか, 第7回計測自動制御学会システムインテグレーション部門講演会予稿集, pp.175-176（2006）

第24章 高分子アクチュエータのマイクロロボットへの応用

郭　書祥*

1 研究の背景

1.1 背景

近年，マイクロマシン技術の発達とニューアクチュエータの開発に伴い，様々な局所作業用ロボットの構想が提案されている。これらのマイクロロボットを実現するには，自由度の高いロボットの開発が必要であり，また，ロボットを構成する各要素の小型化と，ロボットが使用環境に適した構造であることも必要である。さらに，安全に利用するために，信頼度が高いことが重要であると考えられる。

そして，こうした様々な局所作業用ロボットの構想の中に，駆動時に生物的な柔軟さを持ったIPMC（Ionic Polymer-Metal Composite）アクチュエータを用いたものがある。このようなIPMCアクチュエータをロボットに用いることで，生物的な動きの可能なロボットが出来ると考えられる。そして，生物的な動きの出来るロボットは，自然に近い状態での生物観察や水質調査，娯楽的なロボットへの発展が考えられる。

1.2 開発目標

開発目標として，小型化が可能で，低電圧駆動ができ，応答性に優れ柔軟な高分子アクチュエータであるIPMCアクチュエータを用いて，下記に示すような特性を満たす水中マイクロロボットの開発をめざす。

- 安定した動作の実現
- 小型化
- 多自由度化
- 高い信頼性
- 液体中での安全性
- 作業を行うためのツールの搭載

---

* Shuxiang Guo　香川大学　工学部　知能機械システム工学科　教授

第24章 高分子アクチュエータのマイクロロボットへの応用

図1 首振り型水中マイクロロボット[3]

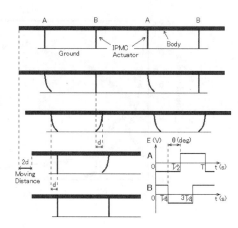

図2 首振り型水中マイクロロボットの動作原理[5]

2 首振り型水中マイクロロボット

2.1 首振り型水中マイクロロボットの動作原理

IPMCアクチュエータを用いた脚を利用して歩行する水中マイクロロボットを研究してきたが，従来のタイプは歩行時の姿勢の安定性が低く，ツールを搭載しての作業を行うことは困難である。多様な作業を行うためのツールの搭載を可能にするためにはマイクロロボットの姿勢の安定化は重要である。2節では，2枚のIPMCアクチュエータを利用して，変位を効率良く水中マイクロロボットの歩行距離に変換できるように，動作原理に首振り運動を用いた，図1に示す首振り型水中マイクロロボットを提案する[3, 5, 12]。

提案する水中マイクロロボットの動作原理を図2に示す。図示されたサイクルを繰り返すことで，水中マイクロロボットは歩行する。また，このサイクルでのA，Bへの入力は図2の右下のようになり，AとBへの入力の位相を$\theta(\deg)$とする。

ここで，この1サイクルでの歩行距離はAとBのIPMCアクチュエータ（脚部）2枚分の変位量と同じ2dとなる。また，AとB，1つずつではバランスが悪く，水平方向の姿勢が保てないので，AとBは共に2つ以上用いることになる。

2.2 首振り型水中マイクロロボットの特性評価

首振り型水中マイクロロボットの動作原理（図2参照）から，歩行速度をuとすると，その計算モデルは次式で表される。

$$u = 2d \times f \tag{1}$$

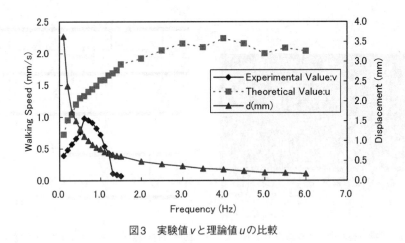

図3 実験値vと理論値uの比較

ここで，"d"は脚部の変位であり，"f"は周波数である。

式(1)を用いて，速度の実験値v（―実線）と理論値u（--破線）を比較した結果を図3に示す。入力条件は10(Vp-p)，矩形波である。

図3より，理論値uよりも実験値vの方が小さいことが確認できる。また，0.6(Hz)から実験値vと理論値uの変化の割合に違いがみられる。実験値vは1.5(Hz)程度までが可動周波数なのに対し，理論値uは6.0(Hz)まで十分に速度がでるという結果になった。

このことは理論値の計算式(1)には，脚部が駆動するときに生じる，地面や水との抵抗による変位の損失の項が含まれていないためだと考えられる。

3 2PDLを用いた多自由度水中歩行ロボット

3.1 2PDLを用いた多自由度水中歩行ロボットの動作原理

3節では，新しい移動機構として，2つの位相による運動動作（2PDL）について解説する。図4に2PDLの基本構造を示す。2PDLはdriverとsupporterの2枚のIPMCアクチュエータから構成されており，それぞれが独立した動作をすることで，平面状での歩行の他，段差への対応も可能となる。図5で，2PDLを用いた試作マイクロロボット（Walker-1）と，それを改良した多自由度マイクロロボット（Walker-2），軽量かつ柔軟なマイクロロボット（Walker-3）を紹介する[4, 7〜11, 13, 14]。

3.2 2PDLを用いた多自由度水中歩行ロボットの特性評価

歩行時と回転動作時の実験結果を図6に示す。異なる電圧と周波数における移動距離と移動動

第24章 高分子アクチュエータのマイクロロボットへの応用

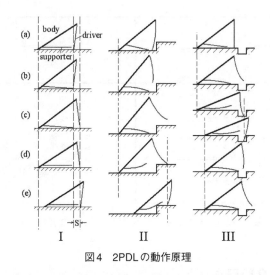

図4 2PDLの動作原理

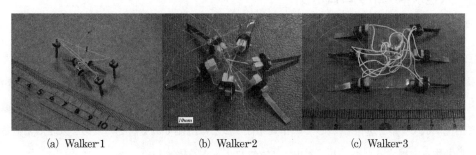

(a) Walker-1　　　(b) Walker-2　　　(c) Walker-3

図5 多自由度水中歩行ロボット[4, 7〜10]

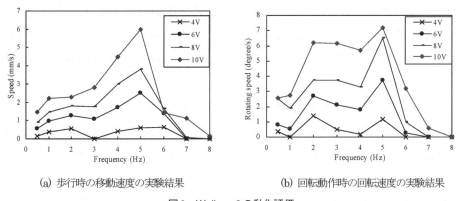

(a) 歩行時の移動速度の実験結果　　(b) 回転動作時の回転速度の実験結果

図6 Walker-3の動作評価

作に要する時間から平均速度を算出した。この実験の他に，勾配を有する面上での歩行速度の実験もおこない，最大35°までの傾斜に対応可能であることが確認された。

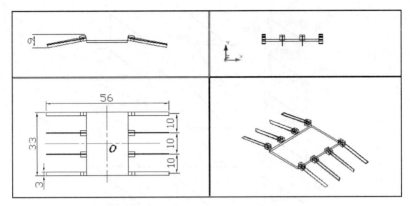

図7 提案した八足水中マイクロロボットの構造[17, 18]

4 八足水中マイクロロボット

4.1 八足水中マイクロロボットの動作原理

IPMCアクチュエータを用いた脚を利用して歩行する水中六足マイクロロボットを3節で示したが，これらの六足ロボットは左右の駆動力が違うため，移動時の方向の変化が大きい．また，非対称のため，回転中心と重心が同一点ではない．それらが要因して，回転する時の効率と姿勢の安定性が低く，ツールを搭載しての作業を行うことは困難である．そのため，安定した直線的な移動動作を実現するため，八足水中マイクロロボットを提案した．

提案したマイクロロボットの駆動ステップは，スイング探索段階とスタンス段階に分類できる．水平アクチュエータをdriverとして用いて，移動可能な推進力を作る．また，driverを持ち上げるため，垂直アクチュエータをsupporterとして用いている．マイクロロボットの本体はsupporterとdriverにより交替に支えられる．driverとsupporterは同一の駆動周波数で駆動する．提案したマイクロロボットの構造と寸法を図7に示す[17, 18]．

マイクロロボットの歩行速度は，駆動部の変移量と周波数により制御される．四つのdriverがマイクロロボットの両側に対称的に配置されている．また，四つのdriverは同じ大きさと質量であり，等しい入力電圧を印加すると，両側の変位量が等しく，歩行するとき理論的に直線に沿って歩くことができる．

回転速度はdriverの角度と制御信号の周波数に依存している．さらに，四つのdriverの曲がる方向は回転半径に垂直であるため大きいねじれを得ることが可能である．

4.2 八足水中マイクロロボットの特性評価

試作した八足マイクロロボットを図8に示す．本体には，四つのアクチュエータがクリップで

第24章　高分子アクチュエータのマイクロロボットへの応用

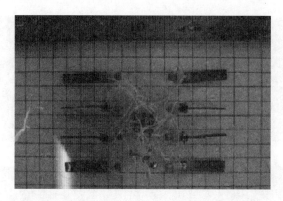

図8　提案した八足水中マイクロロボット[15]

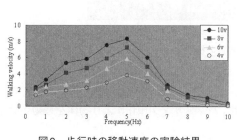

図9　歩行時の移動速度の実験結果

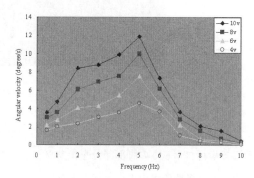

図10　回転動作時の回転速度の実験結果

フィルム体に固定されている。リードワイヤーは長さが300mmであり，直径0.03mmである。ワイヤーは，十分柔らかいので，抵抗力を無視できる。

無負荷の歩行運動と回転運動を行って，速度をそれぞれに測定する。実験は，異なる入力電圧と周波数でおこない歩行速度の特性を測定する。無負荷の歩行速度と回転速度の実験結果をそれぞれ図9，図10に示す。負荷の搭載能力を評価するため，歩行運動の負荷実験を行う。3gの負荷を載せるとき，水中での最高歩行速度は2.9mm/sである。また，提案したロボットは電気分解で発生した気泡を用いることで浮上動作も可能であり，浮上速度は5mm/sであった。

5　多機能水中ロボット

5.1　多機能水中ロボットの動作原理

IPMCアクチュエータを利用し，作業用の物を保持できる機構を持った水中歩行ロボットの提案を行う。水中歩行ロボットの研究が盛んであるが，実際に作業が行えるロボットというのは提案されていなかった。IPMCアクチュエータの動作は様々に行うことができることがわかった。

(a) 動作開始時　　(b) ハンドリング操作の保持

(c) 浮上動作中　　(d) ハンドリング操作の開放

図11　総合動作実験の様子

そこで歩行ロボットの脚部部分を作業ツールと捉え，ハンドリング操作により物体を移動させるロボット，多機能水中歩行ロボットを提案した。

提案したロボットの構造を図11に示す。本体側部両側に5枚のIPMCアクチュエータを配置する。中央の3枚は本体に対し向かい合わせとなるように配置し，左右の2枚は90度回転させた状態で配置する。それぞれのIPMCアクチュエータには電力供給のためのリード線が取り付けられている。また各IPMCアクチュエータの先端には銅線を利用した爪がつけられている。この左右の1組と両側の1組に波形を入力することで歩行動作を行う。また，中央の一組のヒレは本体の下にある物体を押さえつけ保持する機構である。IPMCアクチュエータに低い周波数で信号を入力することで水を電気分解し，発生した気体を利用しての浮上動作といった動作も行うことが可能である。

5.2　多機能水中ロボットの特性評価

図12に負荷荷重と周波数を変化させた場合のロボットの浮上時の浮上速度の結果を示す。高さH(mm)を浮上するのにかかった時間t(sec)から，平均浮上速度v(mm/sec)を算出する。結果から0.1Hz時の浮上速度が最大となっていることが分かる。最大0.6gまで持ち上げることが可能である[23]。

第24章　高分子アクチュエータのマイクロロボットへの応用

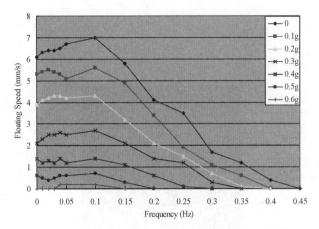

図12　電圧±6Vでの負荷・周波数の変化と速度の結果

6　赤外線制御による水中マイクロロボット

6.1　赤外線制御による水中マイクロロボットの動作原理

これまで試作したロボットは全て有線であるため，リード線が妨げとなり動作範囲が限定されてしまっていた。そこで赤外線通信による無線制御による水中マイクロロボットを提案した。また複数の水中ロボットを赤外線通信により制御することで，魚の群れをイメージした動きを行う。提案した水中マイクロロボットの構造が図13である。AVRマイコンから出力された信号を赤外線LEDから赤外線信号として発信する。発信された赤外線信号は赤外線レシーバーに受け取られ，AVRマイコンを介して駆動回路に対して制御信号を出力しIPMCによるヒレの駆動により前進・旋回の動作を行う仕組みである[19, 20, 22]。

6.2　赤外線制御による水中マイクロロボットの特性評価

ロボットを制御するAVRマイコンの制御フローチャートが図14である。水中マイクロロボットの実験の様子を図15に示す。水中ロボットの形状の変化による平均速度の結果が図16である。25mm×5mm×0.4mmのICPFアクチュエータとテーパー形状のボディを使用した400〜800msのパルス幅制御信号でマイクロロボットを制御した時が良いことが分かった。図の上の2枚の写真は3台のロボットが赤外線通信により，平行に列を成して移動する実験である。下の2枚は先頭のロボットに他のロボットが追従する実験である。

未来を動かすソフトアクチュエータ

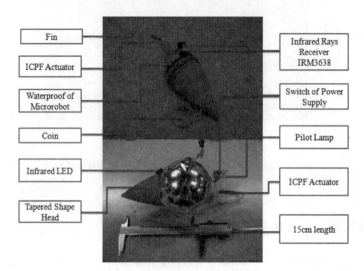

図13　試作したマイクロロボット[19, 20, 22]

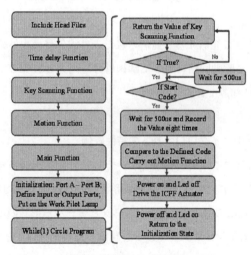

図14　制御アルゴリズム

第24章　高分子アクチュエータのマイクロロボットへの応用

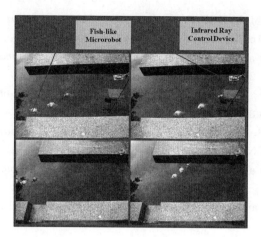

図15　水中ロボットの移動の様子

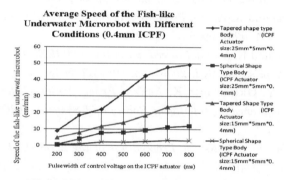

図16　ボディの違いによる水中マイクロロボット
　　　の平均速度（0.4mm IPMC Actuator）

7　まとめと今後の展望

　本章では，IPMCアクチュエータを用いた様々な新型水中マイクロロボットを紹介し，その動作原理と実験結果を示した。実用化するためには，さらなる安定性を求めた機構，作業動作が可能な機構，外部との通信をおこなうことでマイクロロボットの自律化をおこなう必要性がある。

文　　献

1) S. Guo, K. Sasaki and T. Fukuda, *Journal of Robotics and Mechatronics*, Vol.15, No.6, pp.616-623, 2003.
2) S. Guo and T. Fukuda, *International Journal of Information*, Vol.6, No.5, pp.607-615, 2003.
3) S. Guo, Y. Okuda, and K. Asaka, Development of a Novel Type of Underwater Micro

Biped Robot with Multi DOF, *Proceedings of the fourteenth of International offshore and polar engineering conference*, vol. II, pp.284-289, 2004.
4) W. Zhang, S. Guo and K. Asaka, *Journal of Applied Bionics and Biomechanics*, Vol.3, No.3, pp.245-252, 2006.
5) S. Guo, Y. Okuda, W. Zhang, X. Ye and K. Asaka, *Jour0nal of Applied Bionics and Biomechanics*, Vol.3, No.3, pp.143-150, 2006.
6) X. Ye, B. Gao, S. Guo and L. Wang, *International Journal of Automation and Computing*, Vol.3, No.4, pp.382-391, 2006.
7) W. Zhang, S. Guo and K. Asaka, *International Journal of Automation and Computing*, Vol.3, No.4, pp.358-365, 2006.
8) W. Zhang, S. Guo and K. Asaka, *Microsystem Technologies,* DOI 10.1007 : s00542-006-0294-9, 2006.
9) W. Zhang, S. Guo and K. Asaka, *Proceeding of the 2006 IEEE International Conference on Mechatronics and Automation (ICMA2006)*, pp. 660-665, 2006.
10) W. Zhang, S. Guo and K. Asaka, *Proceeding of the 6th World Congress on Control and Automation (WCICA2006)*, pp. 8378-8382, 2006.
11) W. Zhang, S. Guo and K. Asaka, *Proceedings of the 2006 IEEE International Conference on Information Acquisition (ICIA2006)*, pp. 212-217, 2006.
12) S. Guo, X. Ye, Y. Okuda and K. Asaka, *Proceedings of the 2006 IEEE/RSJ International Conference on Intelligent Robots and Systems (IROS 2006)*, pp. 2430-2435, 2006.
13) W. Zhang, S. Guo and K. Asaka, *Proceedings of the 2006 IEEE/RSJ International Conference on Intelligent Robots and Systems (IROS 2006)*, pp. 2418-2423, 2006.
14) W. Zhang, S. Guo and K. Asaka, *Proceedings of the 2006 IEEE International Conference on Robotics and Biomimetics (ROBIO2006)*, pp. 1600-1605, 2006.
15) S. Guo, L. Shi, X. Ye and L. LI, *Proceedings of the 2007 IEEE International Conference on Mechatronics and Automation*, pp.509-514, 2007.
16) X. Ye, Y. Su, S. Guo and L. Wang, *Proceedings of the 2008 IEEE/ASME International Conference on Advanced Intelligent Mechatronics*, pp.25-30, 2008.
17) S. Guo, L. Shi and K. Asaka, *Proceedings of 2008 IEEE International Conference on Mechatronics and Automation*, pp.551-556, 2008.
18) S. Guo, L. Shi, K. Asaka and Lingfei Li, *Proceedings of the 2009 IEEE International Conference on Mechatronics and Automation*, pp.3330-3335, 2009.
19) B. Gao, S. Guo, *Proceedings of the 2010 IEEE International Conference on Information and Automation*, pp. 1314-1318, 2010.
20) S. Guo and B. Gao, *Proceeding of the 2010 International Conference on Complex Medical Engineering*, pp. 210-214, 2010.
21) L. Shi, S. Guo and Kinji Asaka, *Proceeding of the 2010 International Conference on Complex Medical Engineering*, pp. 277-281, 2010.
22) B. Gao and S. Guo, *Proceedings of the 2010 IEEE International Conference on Automation and Logistics*, pp. 150-155, 2010.

第25章 高分子アクチュエータ／センサの医療応用

伊原 正[*]

1 はじめに

　導電性高分子は，アクチュエータとして，またセンサとして様々な医療応用への展開が進んでいる[1~4]。アクチュエータとしての応用は，人工筋肉が1つの大きな目標であるが，その他にも，生体筋肉の補助，ロボット筋肉の加速，ガイドワイヤ・カテーテル・リード線などの最小侵襲デバイスにおける操作性の向上，塞栓症のコイル／インプラント分離機構などにおける導入，離脱機構などが試みられている。センサとしての応用は，非常に広範囲にわたり，角度センサ・pHセンサ，ガスセンサ，脳植込み型電極用導電性デバイス，SMIT（Smart/Interactive Textiles：スマート生地），眼科手術・神経手術・胎児手術におけるマイクロ手術器具および神経刺激用導電性高分子コーティングなどがある。ここでは，これらの各分野の応用について概説する。

2 アクチュエータ

　導電性高分子の医学応用として最も早くから期待されていた分野は，人工筋肉である。本書全体のテーマでもあるので，個々の技術の詳細は他章を参照して頂き，ここでは，導電性高分子による人工筋肉の利点，欠点および各種応用をまとめる。現在実用化されているロボットの移動機構や関節駆動機構は，電気エネルギーを回転運動に変換する電動機（電動モータ）あるいは超音波モータなどが大半である。これらのアクチュエータは，発生トルクが大きく，制御が容易で安定して使用できる利点がある。一方，導電性高分子は，モータによるアクチュエータに比べ，素子自体がアクチュエータ要素となり屈曲・伸展運動が直接できること，小型・軽量・薄型で，低電圧で動作し，任意形状に加工できること，ノイズが無いことなど，人工筋肉応用について多くの利点を有する。一方，モータに比べ，発生トルクが小さいことが応用上の最大の障害となっている。また，生体の筋肉が収縮・弛緩によって張力を発生しているのに対し，多くの導電性高分子アクチュエータは，屈曲・伸展による運動を基本としており，張力発生メカニズムを模擬するためには，力の変換機構が必要とされる。

---

　[*] Tadashi Ihara　鈴鹿医療科学大学　臨床工学科　教授

導電性高分子アクチュエータ，あるいは人工筋肉には，様々な材料が使われている。これらの中には，強誘電性ポリマー，誘電性エラストマー，電歪型エラストマー，液晶エラストマー，イオンポリマーゲル，イオンポリマーメタル複合体（IPMC），導電性高分子，カーボンナノチューブなどが含まれる。

2.1 カテーテル関連駆動機構としての高分子電解質膜

最も早く医療応用に開発されたのが，IPMCを用いたカテーテル駆動機構である。産業技術総合研究所では，IPMC膜2対をカテーテルに形成し，この各対に電極を印可することによって，IPMCを4方向に屈曲させてカテーテルを変形させる手法を考案した[5,6]。医療用カテーテルは，主に血管に使用されるが，大腿動脈など血管の下流側からカテーテルを導入し，心臓の冠動脈などにカテーテルを導いて検査・治療を行う。この際，カテーテルを上流側に移動させるときに，分岐点で正しい位置にカテーテルを導く必要がある。X線透視化で行うが，従来は医師が手元でカテーテルを回転させながら分岐点での移動を制御していた。導電性高分子IPMCを用いることによってより正確なカテーテルの導入が可能になり，処置時間の短縮も期待される（図1）。Eidenschinkらは，経皮的冠動脈形成術（PTCA：percutaneous transluminal coronary angioplasty）で用いるバルーン膨張機構に導電性高分子を利用する方法を考案した[7]。PTCAは，心筋梗塞・狭心症などで心臓を栄養する冠動脈が狭窄ないし閉塞した場合に，先端にバルーンを装着したカテーテルを導入し，導入時に収縮させていたバルーンを狭窄部位まで導入してバルーンを拡張させることによって，血流の再開を可能にするものである。バルーンに造影剤を注入し，5－6気圧の圧で拡張する。導電性高分子を用いることにより，①バルーン収縮回収時にひねり運動を加えてコンパクトに折りたたむことができる，②バルーンの軸方向に導電性高分子を配置して，拡張・収縮を制御してバルーン拡張・収縮時の形状を制御する，③バルーンに導電性高分子を配置して，バルーン拡張を血管形状に合わせて段階的に行う，④ステント留置の際のステント伸展およびバルーン折りたたみに導電性高分子を用いる，などの用途が考案された。ステント

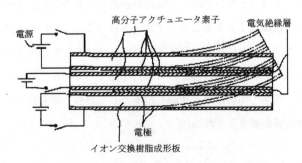

図1　導電性高分子を用いた能動駆動型カテーテル

第25章 高分子アクチュエータ／センサの医療応用

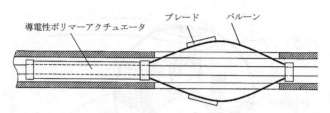

図2 導電性高分子を用いたアテレクトミー

は，狭窄した冠動脈の再狭窄を防ぐため，筒状に組んだ網目の金属を血管の中にトンネルのように植え込む器具で，折りたたんで血管に導入し，ステントの下に組みこんだバルーンを膨張させて狭窄部で広げて固定する。

同様に，アテレクトミー用バルーンや動脈瘤コイル植え込み機構に導電性高分子を利用する方法も考案されている[8]。アテレクトミーは，動脈硬化した冠動脈をバルーンで拡張するだけでなく，バルーンの外に配置した微小な複数の刃で動脈硬化組織を削り取る方法である（図2）。また，腹部・胸部の動脈瘤の破裂を防ぐための金属が，動脈瘤コイルである。Boston Scientific SCIMED Inc は，PTCA などの血栓除去療法において，遊離血栓を回収するフィルターエレメントを膨張・収縮させるアクチュエータとして導電性高分子を利用する方法を考案した。また，血管吻合における吻合部の固定用コネクタのロックとリリース状態のスイッチとして導電性高分子を利用する方法を考案した[9]。さらに，ステントの保護機構として導電性高分子を使ったスリーブ（カテーテル保護材）が拡張・収縮する機構も開発された[10]。関連して，ステントやグラフトなどの体内の位置をX線透視化で確認することができる，伸展可能な放射線非透過マーカーも導電性高分子を使って開発されている[11]。

2.2 ポンプ駆動機構としての高分子電解質膜

人体に植え込むマイクロポンプは，薬剤を徐々に放出するドラッグデリバリーシステム，体内に貯留した体液を排出する排液コントロールシステム，血圧コントロールシステムとして重要な機能が期待されている。Soltanpour らは，マイクロポンプのチャンバ容積調節・ポンプ機能実現用に導電性高分子IPMCを利用する方法を考案した[12]。特に眼圧調整用植込みポンプとしての応用が具体的に考案された（図3）。また，Searete LLCは，導電性高分子を調節弁に使った体外からの遠隔操作可能な植込み型浸透圧ポンプを考案した[13]（図4）。Beebeらは，ハイドロゲルを用いたマイクロポンプを発表している[14]。ハイドロゲルを用いたドラッグデリバリーシステムも報告されている[15]。

未来を動かすソフトアクチュエータ

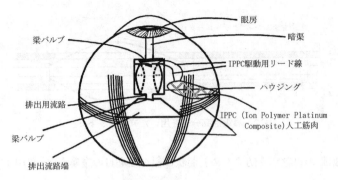

図3　眼圧調整用マイクロポンプ

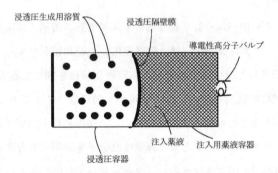

図4　遠隔操作用浸透圧ポンプと調節弁

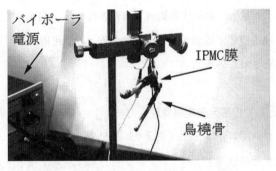

図5　IPMCを用いた骨を駆動する人工関節

2.3　運動機能補助・器具操作補助機能としての高分子電解質膜

運動機能代替あるいは運動機能補助に高分子電解質膜を用いることは，人工筋肉を実現する上で，最初の段階になるものである．伊原らは，IPMCを任意形状，任意厚に成形する方法を開発して，数cm程度の小骨関節を駆動する方法を開発した[16]（図5）。Shahinpoorらは，神経の活動電位など生体信号によって導電性高分子を駆動する手法を考案した[17]。Scorvoらは，可動機構を持つギブスの可動機構として導電性高分子を利用．ギブスの伸展，屈曲に利用する方法を考

262

第25章 高分子アクチュエータ／センサの医療応用

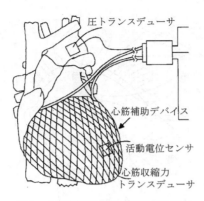

図6 心筋収縮補助用導電性高分子膜

案した[18]。さらに，心臓収縮機能補助機構に導電性高分子を利用する方法がMowerらによって考案されている[19]（図6）。これは，Active cardiac envelopeと呼ばれ，導電性高分子によって心臓自体を包み込んで収縮を補助するものである。さらに心臓の動きによって自己充電機能を備え，また，導電性高分子のセンサー機能を使って心筋収縮のセンシング機能を備える。

骨格筋，心筋以外にも運動機能補助機構として様々なものが考案されている。パヴァドメディカルインコーポレイテッドでは，空気通路に開口部を維持するための気道移植装置に高分子電解質膜を応用する手法を開発した[20～22]。これは，睡眠時無呼吸症候群などの患者で気道が舌などで閉鎖された場合，気道開放機構・係留機構に導電性高分子を利用するものである。舌安定機構と併用して，気道の再閉塞が起きないように図る。さらに，顎の動きで充電する自己充電機能を持つ気道開放用植え込み装置に導電性高分子を利用している。Hegdeらは，人工肛門括約筋のアクチュエータとして，排便時の肛門解放，安静時の肛門閉鎖維持に導電性高分子を利用する方法を発表している[23]。Shahinpoorらは，眼瞼下垂に対し，ポリアクリルニトリル（PAN）人工筋肉を上眼瞼結膜下に植込み，瞼板腺と平行に上結膜円蓋に縫合し，pHを変化させて駆動する手法を開発し，実用化されている[24]（図7）。Ethicon Endo-Surgery社では，鉗子状に挟んで使う外科用切断・接合器具の駆動機構に液体を用いた圧力アクチュエータを使い，その液体のコントロールに導電性高分子を利用する方法を開発した[25]（図8）。

2.4 その他の導電性高分子のアクチュエータ応用

直接運動機能を補助するものではないが，導電性高分子膜をアクチュエータとして用いて，間接的に生体の機能を補助する方法も開発されている。Schenaらは，電解質ポリマーを用いた触覚針，すなわち電解質ポリマーをアクチュエータとして触覚針を駆動する方法を開発し，点字の自動生成を可能にし，点字文書を連続的に更新することが可能な媒体の作製に道を開いた[26]。

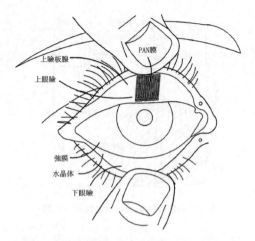

図7 眼瞼下垂矯正用高分子アクチュエータ

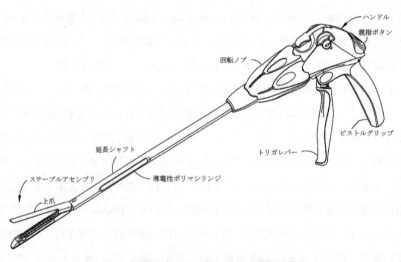

図8 導電性高分子を用いる外科手術器具

University of Iowa Research Foundationでは，網膜解離，黄斑の異常の治療用に導電性高分子を利用する方法を発表している[27]。

3 センサ

　導電性高分子によるセンサは，ピエゾ素子と同様に，電圧を加えると導電性高分子が屈曲変形してアクチュエータとして利用できると同時に，導電性高分子を外力による変形ないしは環境変化によって，電極部分に電圧が発生することを利用してセンサとしての応用が可能である。高分子膜の電極自体に電圧が発生するため，検出機構が不要で，軽量・薄厚のメリットを生かして

第25章 高分子アクチュエータ／センサの医療応用

様々な応用が考えられている。

3.1 動作用センサ

導電性高分子は，ピエゾ素子と同様に，アクチュエータ素子がそのままセンサ素子としても動作するものである。Biddesらは，上腕の義手動作用センサとして電解質ポリマを検討した結果，IPMCが最適とされた[28]。屈曲角度，屈曲速度がそれぞれ4.4＋／－2.5％ および4.8＋／－3.5％以内の誤差で正確に計測された。中村らは，ロボット関節センサとしてIPMCの特性を調べ，IPMCが変形に対する電圧変化が，変位応答であり速度や加速度に対する応答ではないことを示した[29]。また，IPMCを人工呼吸の気道チューブに植え込み，痰の検出機能にIPMCのセンサ機能を利用し，同時に痰の排出機能にIPMCのアクチュエータ機能を利用する方法を提示した[30]。パヴァドメディカル社は，気道インプラント装置によって睡眠時無呼吸およびいびきのような気道障害を感知し，空気通路の開口部を維持するための気道インプラント装置。気道の開口部を制御するために電場応答性高分子電解質膜を用いる方法が伊原らによって開発された[31]。Harrisらは，センサに流す電流がDC電流では，1/f特性を示す雑音に影響されるが，AC電源を用いることで，S/N比が改善されることを示した[32]。

3.2 pHセンサ

導電性高分子による，人の血液pHレンジ（pH7.0-8.0）のpH計測用センサが報告されている[33]。これは，センシング層として，ポリアニリンベースの複合体フィルムに金を交差的にめっきした電極を利用している。センサは，溶液中で$10\Omega/pH$の感度を示した。センサは再現性が高いが，pHによる影響でフィルムの耐性には幅がみられた。

3.3 SMIT スマート生地

SMIT（Smart/Interactive Textiles）は，エレクトロテキスタイルとも言われ，導電性生地を用いてセンサ機能，情報処理機能を持たせた服の開発を目指す。米軍は，武具スーツ，人工筋肉，生物化学攻撃防御，生理学的モニタ，位置同定，通信・情報処理の応用を念頭にした開発の中心的存在で，民生市場への移行も視野に入れている。導電性素材の織込み方は何種類かある。通常の導電性高分子を織り込む方法では，導電性に優れるが，柔軟性に欠けるため，応用範囲が限られている[34]。LOBINプロジェクトと呼ばれるスペインのプロジェクトでは，心電図，心拍，体温などの生理的パラメータを連続モニタするセンサと，院内での複数の患者の位置を追跡する電子線維（e-textile）とワイヤレスセンサネットワークの組み合わせによって，非侵襲的に，「いつでも，どこでも」健康状態をモニタできるシステムを開発し，La Paz病院循環器部門で試

用した[35]。

3.4 ガスセンサ

　導電性高分子によるガスセンサは，主にガスに暴露されたフィルムの抵抗変化による信号を利用する。様々なポリマーの種類と揮発性有機化合物の組み合わせが報告されている[36〜38]。センサは，金またはプラチナの2本の平行した金属トラックを酸化シリコンなどの絶縁ベースに乗せた，センシング基質（マイクロリソグラフィで作製）に，導電性高分子を直接電気化学的に成膜して作る方法が一般的である。例えば，5mm角のシリコンを100nm厚酸化シリコンでコーティングしたセンシング基質を作り，幅$10\mu m$，長さ$2000\mu m$，厚さ$0.2\mu m$の4本の金電極を$10\mu m$間隔で配置する。リード線はエポキシ樹脂で保護され，ヘキサメチルジシラザンで飽和された窒素によって蒸気プライミングされる。その上で，ポリピロール（Ppy）フィルムがp-トルエンスルホン酸ナトリウム（PTS）とともにセンシング基質上に電気化学的に成膜される。センサは，$150mg/dm^3$のエタノールに対して，0.1程度の抵抗変化（$\Delta R/R$）が報告されている。また，高分子電解質膜を用いた嗅覚センサは，気相中の化学物質と高分子電解質膜の相互作用によって電解質膜の膜抵抗が変化し，抵抗測定法によって検出可能としている。相互作用のメカニズムは解明されていないが，化学物質から電解質膜への電荷の移動によるものと考えられている。オリーブオイルの検出で試行され，4つのセンサアレイによって3種類のオリーブオイルの選別可能で再現性が確認されている。4端子電極は，ポリマー・金属間の電極接触抵抗を除去し，感度の高い測定を可能にする。ポリマー・金属間の電極接触抵抗は全抵抗の50％以上を占め，ポリマー自体の抵抗に比べてガス暴露に対してほとんど影響されない。

4　導電性媒体としての高分子電解質膜の医療応用

4.1　植込型生体用電極コーティング

　生体用電極は，生体電気信号を計測するだけでなく，電気刺激を送る際にも重要な役割を果たす。心電図，脳波，筋電図などは生体表面の電気信号を計測するものであるが，神経を刺激して聴覚の補助，さらに視覚の補助を行う手法も開発されている。これらの神経補助具（neuroprosthetic devices）に用いる電極は，プラチナ，プラチナ合金，金などの金属が使われていた。導電性高分子は，金属電極に比べて細胞親和性が高く，インピーダンス特性，機械的柔軟性の点で優れる。一方，導電性高分子による電極は，長期的に安定した特性の維持が困難であることがわかっている。導入直後は，生体とのインピーダンス整合性に優れ，容量成分も最小限であるのに対し，埋め込まれた電極周囲に線維化が起きるにつれ，非導電性の瘢痕組織が形成さ

第25章 高分子アクチュエータ／センサの医療応用

れてしまう。さらに、大分子ペプチドや成長因子が導電性高分子の機械的安定性・電気化学的特性を損ねることもわかってきた。そこで、導電性高分子とハイドロゲルを組み合わせた生体用電極が注目されている。この生成方法には、①ハイドロゲル上に、型を成形して隙間に導電性高分子を流し込む方法、②ハイドロゲル素材を脱水し、間隙に導電性高分子を成形する方法、③ハイドロゲルと導電性高分子の先駆体モノマーを混合して同時にまたは片方ずつポリマー形成をする方法、がある。導電性高分子とハイドロゲルの組み合わせには、ポリアニリン（PANI）/キトサン線維、ポリヒドロキシメタクリレート（pHEMA）/ポリピロール（PPy）、アルギン酸/PPy、ポリアクリル酸（PAA）/ポリエチレンジオキシチオフェン（PEDOT）、ポリアクリルアミド（PAAm）/PEDOTなどがある。電解質ポリマー電極の機械的脆弱性を克服するため、ポリマー・ハイドロゲル複合体を使用する用途もある[39]。

5 生体適合性

導電性高分子を医療用アクチュエータ・センサとして応用する場合、その生体適合性の検証は不可欠である。導電性高分子全体にわたる生体適合性の検証は、まだ始まったばかりである。Wangらは、PPy（polypyrrole）の急性毒性試験、亜急性毒性試験、発熱性試験、細胞生存率試験、溶血性試験、アレルゲン試験（アレルギー反応誘発性試験）、小核試験（遺伝毒性試験）を行った[40]。ラットの脊髄後根神経節をPPy膜上で培養し、顕微鏡ないし電子顕微鏡下で観察した。また神経再生用に、シリコンチューブの内側にPPy膜を張り、ラットの大腿神経切断間隙接合用（10mmの間隙）に使用した。急性毒性、亜急性毒性、発熱性、溶血性、アレルギー反応誘発性、遺伝毒性は認められなかった。大腿神経切断後に軽い炎症反応が認められたが、生理食塩水を使った対照群に対し、PPy膜使用群の神経のシュワン細胞生存率、成長率は高かった。PPy膜の生体適合性は高いとされた。Mirianiらは、生体電極用に導電性高分子をコーティング材料として使用した時の細胞毒性を検討した[41]。PEDOT（poly（3,4-ethylenedioxythiophene））について、ドーピングイオンをPSS（polystyrene sulfonate）にした場合と、PBS（phosphate buffered saline）にした場合について検討した結果、細胞毒性は認められなかった。櫃本らは、IPMCを用いて心筋細胞培養時の心筋収縮運動訓練デバイスを開発し、IPMC自体に細胞毒性が認められないことが確認された[42]。

文　　献

1) F. Carpi, E. Smela, Biomedical Applications of Electroactive Polymer Actuators. Chichester: West, Sussex: John Wiley & Sons, 2009.
2) K. J. Kim, S. Tadokoro, Electroactive Polymers for Robotics Applications: Artificial Muscles and Sensors. London: Springer-Verlag, 2007.
3) M. Shahinpoor, K. J. Kim, Artificial Muscles: Applications of Advanced Polymeric Nanocomposites. Boca Raton, FL: CRC Press, 2007.
4) T. Higuchi, K. Suzumori, S. Tadokoro, Next-Generation Actuators Leading Breakthroughs. London: Springer-Verlag, 2010.
5) 独立行政法人産業技術総合研究所, "積層型高分子アクチュエータ", 特許公開2002-330598, Nov. 15, 2002.
6) 独立行政法人産業技術総合研究所, "磁場応答固体高分子複合体, その製造方法およびアクチュエータ素子", 特許公開2004-222408, Aug. 5, 2004.
7) T. Eidenschink, D. Wise, D. Sutermeister, E. Prairie, Y. Alkhatib, D. Gregorich, A. Jennings, M. Heidner, D. Godin, R. C. Gunderson, J. Blix, K. A. Jagger, A. K. Volk, "Medical balloon incorporating electroactive polymer and methods of making and using the same", US Patent Application 20080086081A1, Apr. 10, 2008.
8) J. Weber, T. Eidenschink, D. Elizondo, L. Simer, "Electrically actuated medical devices", United States Patent Application Publication No.: US 2005/0165439 Al, Jul. 28, 2005
9) Boston Scientific SCIMED Inc, "Electroactive polymer actuated medical devices", US Patent 6,969,395 B2. Mar. 4, 2008.
10) Boston Scientific SCIMED, Inc., "Protection by electroactive polymer sleeve", United States Patent Application Publication No.: US 2007/0032851 Al, Feb. 8, 2007.
11) T. Eidenschink, K. A. Jagger, D. Sutermeister, A. K. Volk, D. Wise, M. Heidner, Boston Scientific Scimed, Inc., "Electroactive polymer radiopaque marker", US Patent Application Publication, US 2008/0021313 A1, Jan 24, 2008.
12) D. Soltanpour, M. Shahinpoor, "Implantable micro-pump assembly", United States Patent　US 6,589,198 Bl, Jul. 8, 2003.
13) Searete LLC, "Osmotic pump with remotely controlled osmotic flow rate", United States Patent Application Publication No.: US 2007/0135797 Al, Jun. 14, 2007.
14) D. J. Beebe, J. S. Moore, J. M. Bauer, Q. Yu, R. H. Liu, C. Devadoss, B-H.Jo, "Functional hydrogel structures for autonomous flow control inside microfluidic channels", *Nature* vol.404, pp.588-590, 2000.
15) N. A. Peppas, P. Bures, W. Leobandung, H. Ichikawa, "Hydrogels in pharmaceutical formulations", *Eur. J. Pharm. and Biopharm.*, vol.50, pp.27-46, 2000.
16) 伊原 正, 中村 太郎, 堀内 孝, 向井 利春, 安積 欣志: "IPMCを用いた疑似筋肉型アクチュエータ", 第10回 計測自動制御学会（SICE）システムインテグレーション部門講演会論文集, 598-599, 東京, Dec. 24, 2009.
17) M. Shahinpoor, "Bio-potential activation of artificial muscles", United States Patent Application No. US2005/0085925 Al, Apr. 21, 2005.

18) S. K. Scorvo, "Adjustable orthotic brace", United States Patent US 6,969,365 B2, Nov. 29, 2005.
19) M. M. Mower, J. L. Roberts, E. D. Light, "Cardiac contractile augmentation device and method therefor", United States Patent Application Publication No.: US 2006/0217774 Al, Sep. 28, 2006.
20) パヴァドメディカルインコーポレイテッド, "気道移植装置, それを作製する方法および使用する方法", 特表2008-513163, May 1, 2008.
21) Pavad Medical, Inc., "Tethered airway implants and methods of using the same", United States Patent Application Pub. No.: US 2007/0246052 Al, Oct. 25, 2007.
22) Pavad Medical, Inc., "Self charging airway implants and methods of making and using the same", United States Patent Application Publication No.: US 2008/0046022 Al, Feb. 21, 2008.
23) A. V. Hegde, G. Y. Choi, W. S. Buch, "Artificial sphincter", United States Patent Application Publication No.: US 2006/0047180 Al, Mar. 2, 2006.
24) M. Shahinpooor, D. Soltanpour, "Surgical correction of ptosis by polymeric artificial muscles", United States Patent No.US7,625,404B2, Dec. 1, 2009.
25) Ethicon Endo-Surgery, Inc., "Surgical instrument having fluid actuated opposing jaws", United States Patent Application PublicationNo.: US 2006/0289600 Al, Dec. 28, 2006.
26) B. M. Schena, Immersion Corporation, "Haptic Stylus Utilizing an Electroactive Polymer", US Patent 7,679,611 B2, Mar. 16, 2010.
27) University of Iowa Research Foundation, "Therapeutics and diagnostics for ocular abnormalities", United States Patent Application Publication No.: US 2002/0160954 Al, Oct. 31, 2002.
28) E. Biddiss, T. Chau, "Electroactive polymeric sensors in hand prostheses: bending response of an ionic polymer metal composite", *Med Eng Phys*. vol.28, no.6, pp.568-578, 2006.
29) T. Nakamura, T. Ihara, T. Horiuchi, T. Mukai, and K. Asaka, "Measurement and modeling of electro-chemical properties of ion polymer metal composite by complex impedance analysis", *SICE J. Contr. Meas. Sys. Integ.* 2, vol.6, pp.373-378, 2009.
30) T. Ihara, T. Nakamura, Y. Ikada, K. Asaka, K. Oguro, N. Fujiwara, "Application of a solid polymer electrolyte membrane-gold to an active graft", Proceedings of the 2nd International Conference on Artificial Muscle, 2004.
31) パヴァドメディカルインコーポレイテッド, "気道インプラントセンサーならびにこれを作成および使用する方法", 特表2009-526625, Jul. 23, 2009.
32) P. D. Harris, M. K. Andrews, A. C. Partridge, "Conductive Polymer Sensor Measurements", TRANSDUCERS'97, 1997 International Conference on Solid-state Sensors and Actuators, pp.1063-1066, Chicago, June 16-19, 1997.
33) E. I. Gill, A. Arshak, K. Arshak and O. Korostynska, "Novel Conducting Polymer Composite pH Sensors for Medical Applications", *IFMBE Proceedings*, Vol.20, Pt.4, pp.225-228, 2008.

34) Conductive polymers produce smart and interactive textiles : http://www.plastemart.com/upload/Literature/Conductive-polymers-produce-smart-interactive-textiles-SMITs.asp
35) G. Lopez, V. Custodio, J. Moreno, "LOBIN: e-Textile and Wireless Sensor Network based Platform for Healthcare Monitoring in Future Hospital Environments", *IEEE Trans Inf Technol Biomed.* Jul 19, 2010.
36) R. Stella, J. N. Barisci, G. Serra, G. G. Wallace and D. DeRossi, "Characterization of olive oil by an electronic nose based on conducting polymer sensors", *Sensors and Actuators B: Chemical*, Vol.63, Iss. 1-2, pp.1-9, Apr. 20, 2000.
37) M. Campos, "Gas sensing properties based on a doped conducting polymer/inorganic semiconductor sensors, *Proceedings of IEEE*, Vol.2, pp.1126-1129, 2003.
38) A. C. Partridge, P. Harris and M. K. Andrews, "High sensitivity conducting polymer sensors", *Analyst*, vol.121, pp.1349-1353, 1996.
39) R. A. Green, S. Baek, L. A. Poole-Warren and P. J. Martens, "Conducting polymer-hydrogels for medical electrode applications", *Sci. Technol. Adv. Mater.* vo.11, pp.1-13, 2010.
40) X. Wang, X. Gu, C. Yuan, S. Chen, P. Zhang, T. Zhang, J. Yao, F. Chen, G. Chen, "Evaluation of biocompatibility of polypyrrole in vitro and in vivo", *J Biomed Mater Res A.* vol.68, no.3, pp.411-422, 2004.
41) R. M. Miriani, M. R. Abidian, D. R. Kipke, "Cytotoxic analysis of the conducting polymer PEDOT using myocytes", Conf Proc IEEE Eng Med Biol Soc. 2008; pp.1841-1844, 2008.
42) 櫃本 信, 伊原 正, 森島圭祐, "IPMCを用いた小型細胞伸縮ツールの開発", 第26回　日本ロボット学会学術講演会, 神戸, 2008年9月10日

第26章　高分子アクチュエータのマイクロポンプへの応用

渕脇正樹*

1　緒　言

　マイクロポンプは，MEMSデバイスの一つのコンポーネントとして重要視されており，μ-TAS（Micro Total Analysis Systems）などの化学分析装置やインスリンやホルモン剤の投与などの医療機器として用いられている[1,2]。また，流体の操作という観点からも化学，バイオ分野から機械工学までの広範囲で利用されている。そのため，流量域の広範囲化，流量分解能の高精度化，また，一定流量の継続的輸送なども要求されつつある。これまでに，ピエゾ素子，thermopneumatic，静電気，電磁石，電気浸透圧や電磁流体などの様々なデバイスを駆動源としたマイクロポンプが開発され[3~5]，その実験的および数値解析的研究も盛んに行われている[6,7]。その一方で，マイクロポンプの部品点数は増大し，その構造は複雑になっている。さらには，ピエゾ素子を駆動源とした場合には，その消費電力が大きくなることも問題視されている。そのため，よりシンプルな構造，また，エネルギ効率の高いマイクロポンプが要求されている。また，その実現のためには，シンプルなメカニズムにより，高精度・高効率で駆動するアクチュエータが必要となる。

　本研究では，導電性高分子によるソフトアクチュエータを駆動源としたマイクロポンプの開発を提案した。導電性高分子は電気化学的な酸化・還元反応によりその電気伝導度が絶縁体から金属並みになることが知られており[8,9]，これまでに発光ダイオード[10]，太陽電池[11]およびトランジスタ[12]などへの応用に関する研究が行われてきた。その一方で，電気化学的酸化・還元反応により膨潤・収縮を行う（電解伸縮）こと[13]が知られており，これを利用したソフトアクチュエータ，または人工筋肉として注目されている[14~21]。導電性高分子によるソフトアクチュエータは薄いフィルム形状であるため小型，軽量である。さらには，高応答性，高耐久性，柔軟性，可塑性を有し，低駆動電圧で駆動可能である。特に，導電性高分子・ポリピロールによるソフトアクチュエータは，その機械的強度も強く，空気中，水中だけでなく広範囲のpH領域の溶液中でも駆動することから，新機能性材料として注目されている[22~28]。また，大変形および高発生

　＊　Masaki Fuchiwaki　九州工業大学大学院　情報工学研究院　機械情報工学研究系　准教授

力を有する導電性高分子ソフトアクチュエータも開発されるなど実用化を考慮した開発が進められている[29〜31]。最近では，実用化を考慮した様々な形状の導電性高分子ソフトアクチュエータも開発されており，マイクロポンプへの応用に関する研究も行われている。Ramirezら[32]は屈曲運動するソフトアクチュエータを開発し，これを2枚用いたマイクロポンプを構築している。Wuら[33]はチューブ状ソフトアクチュエータを開発し，それをマイクロポンプに応用している。また，渕脇ら[34]は局所的な変形を行う面状のソフトアクチュエータを開発し，それを駆動源としたマイクロポンプの振動体積を報告している。

本研究では，導電性高分子・ポリピロールにより，開閉運動を行うソフトアクチュエータを開発し，これを駆動源としたマイクロポンプを構築した。そのマイクロポンプの基礎特性として，流量と圧力ヘッドの関係，輸送流体の粘性の影響，また，エネルギ消費率を明らかにし，従来のマイクロポンプとの比較を行い，その優位性について述べる。

2 実験装置および方法

導電性高分子ソフトアクチュエータは，電解重合法により作製した。作用電極，対向電極および参照電極はそれぞれチタン板，白金板および銀線を用いた。チタン板は，$20 \times 20 \times 0.2 mm^3$ であり，その中心部は，湾曲している。その湾曲部の長軸，短軸および曲率は，それぞれ2.5mm，10mmおよび5.2mmである。ポリピロール（PPy）をモノマーとし，支持電解質にテトラブチルアンモニウムトリフルオロメタンスルホンイミド（TBATFSI）およびドデシルベンゼンスルホン酸（DBS）を用いた。TBATFSIを支持電解質として作製するソフトアクチュエータは，アニオン（陰イオン）の脱注入により電解伸縮し，DBSを支持電解質として作製するソフトアクチュエータは，カチオン（陽イオン）の脱注入により電解伸縮する。また，TBATFSIを支持電解質として作製するソフトアクチュエータは，イオン半径の大きな$TFSI^-$が脱注入するため電解伸縮による変形量が大きいことが知られている[29〜31]。

開閉運動する導電性高分子ソフトアクチュエータの作製法を図1に示す。最初に，0.25MのDBSと0.15Mのピロールを含んだ水溶性電解溶液により湾曲したTi板全体に電解重合を行う。電解重合はガルバノスタットモード：$1mA/cm^2$ で室温で2000秒行われ，Ti板上に厚み約$30\mu m$のPPy.DBSフィルムが重合され，このフィルムはカチオン駆動層となる。その後，PPy.DBSフィルムの両側をフッ素樹脂の絶縁テープで覆い，それを0.25MのTBATFSIと0.15Mのピロールを含んだ水溶性電解溶液により$20 \times 15 mm^2$のPPy.DBS上に電解重合を行う。その結果，PPy.DBSフィルムの中央部には，厚み約$30\mu m$のPPy.TFSIフィルムが重合される。PPy.TFSIはアニオン駆動層であることから，チタン板の中央部には，カチオン駆動層とアニオ

第26章　高分子アクチュエータのマイクロポンプへの応用

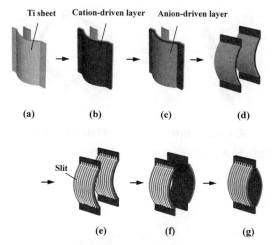

図1　開閉運動する導電性高分子ソフトアクチュエータの作製法

ン駆動層が接合された厚み約60μmのバイモルフ層のフィルムが重合される。このフィルムは，チタン板から剥がされ，これが一つの導電性高分子ソフトアクチュエータとなる。次に，このソフトアクチュエータに1.0mm間隔でスリットを設け，二つのソフトアクチュエータをカチオン駆動層（PPy.DBS）を向かい合わせ上部および下部を白金板で固定することにより，一つの開閉運動する導電性高分子ソフトアクチュエータが得られる。

3　結果および考察

3.1　開閉運動する導電性高分子ソフトアクチュエータ

　開閉運動を行う導電性高分子ソフトアクチュエータの運動を図2に示す。ソフトアクチュエータは1.0MのLiTFSI水／プロピレンカーボネイト混合溶液中で駆動させ，印加電圧は-1.2［V］から1.0［V］の範囲で周波数が0.005［Hz］の正弦波を与えている。

　ソフトアクチュエータは電気的酸化・還元により開閉運動を行う。還元時に完全に閉じて，酸化時に大きく開く運動を行う。還元時には，アニオン駆動層からTFSI$^-$が脱ドープされるために収縮し，カチオン駆動層にDBS$^+$がドープされるために伸張し，ソフトアクチュエータは閉じる。一方，酸化時には，アニオン駆動層にTFSI$^-$がドープされるために伸張し，カチオン駆動層からDBS$^+$が脱ドープするために収縮する。その結果，ソフトアクチュエータは開く。この開閉運動は，溶液中に酸素が入らない環境下であれば，連続的な運動が可能であることを確認している。

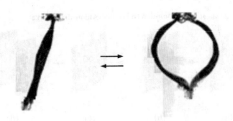

Reduced state　　　　Oxidized state

図2　開閉運動を行う導電性高分子ソフトアクチュエータ

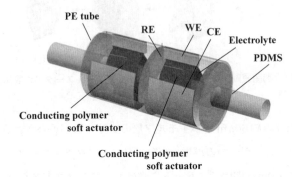

図3　導電性高分子ソフトアクチュエータを駆動源とするマイクロポンプ

3.2　導電性高分子ソフトアクチュエータを駆動源とするマイクロポンプ

　導電性高分子ソフトアクチュエータを駆動源とするマイクロポンプを図3に示す。2つの開閉運動する導電性高分子ソフトアクチュエータの内側にポリジメチルシロキサン(Polydimethylsiloxane：PDMS)により作製された直径5mm，膜厚20μmのチューブを配置している。それぞれのソフトアクチュエータの外側には対向電極および参照電極としてそれぞれ白金板と銀線が設置されている。これらを直径21mm，長さ60mmのポリエチレン製のカプセルで密封し，その内部には電解液として，1MのLiTFSI水／プロピレンカーボネイト混合溶液が満たされている。

　マイクロポンプシステム全体図を図4に示す。マイクロポンプのチューブの片端はタンクに接続され，他方は大気開放されている。タンク側（入口側）ソフトアクチュエータには，-1.2Vから+1.0Vの電圧が印加され，出口側のソフトアクチュエータには，-0.6Vから+0.5Vの電圧が印加される。また，印加電圧はいずれも0.005Hzの正弦波である。すなわち，入口側と出口側のソフトアクチュエータの開閉運動の大きさが異なる。さらには，入口側と出口側のソフトアクチュエータに印加される電圧には，180度の位相差がある。導電性高分子ソフトアクチュエータが閉じると，PDMSのチューブは押しつぶされ，チューブ内部の流体は輸送される。入口側と出口側のソフトアクチュエータの間には位相差があるために，バルブを有することなくチューブ内部

第26章 高分子アクチュエータのマイクロポンプへの応用

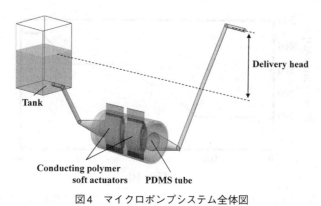

図4 マイクロポンプシステム全体図

の流体を一方向へ輸送することが可能である。

4 マイクロポンプの基礎性能

開閉運動する導電性高分子ソフトアクチュエータを駆動源とするマイクロポンプの輸送体積を図5に示す。横軸および縦軸はそれぞれ測定時間および流体の輸送量を示す。

マイクロポンプは，t=20secまで約100μlの流体を輸送する。入口側のソフトアクチュエータが完全に閉じた状態で，出口側のソフトアクチュエータが閉じることにより，チューブ内の流体は出口側へと押し出される。その後，t=20から120secにおいては，入口側のソフトアクチュエータは開き始めるが，出口側のソフトアクチュエータが閉じた状態であるために，一定値を保つ。また，この時，タンク側のソフトアクチュエータはタンクからチューブ内へと流体を引き込んでいる。次に，t=120から180secにおいて，入口側のソフトアクチュエータは閉じ始め，それと同時に，出口側のソフトアクチュエータが開き始めるために，流体は再び出口側へと輸送される。この時，入口側のソフトアクチュエータが完全に閉じるまでの間，約150μlの流体を輸送する。その後，出口側のソフトアクチュエータが閉じ始めるまで（t=220sec）流体は逆流することなく一定値を保つ。その後，導電性高分子ソフトアクチュエータの開閉運動一周期当たりで約250μlを輸送することが可能であり，この開閉運動を周期的に繰り返すことにより，流体は逆流することなく一方向へ輸送することが可能となる。また，二つのソフトアクチュエータの位相差が210°の場合も，流体の一方向への輸送も可能であったが，その流量は小さいことを確認し，それ以外の位相差の場合は，逆流が生じ，一方向への輸送が不可能であった。さらには，入口側および出口側のソフトアクチュエータの最大開口幅の比が約3.0の場合，最も大きな輸送量となり，この比が1.0以下になると一方向への輸送が不可能であった。

2つの開閉運動するソフトアクチュエータを駆動源とするマイクロポンプの流量と圧力ヘッド

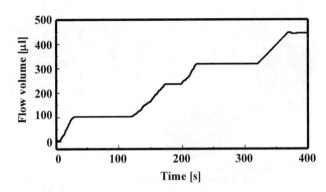

図5 開閉運動する導電性高分子ソフトアクチュエータを駆動源とするマイクロポンプの輸送体積

の関係（P-Q線図）を図6に示す．横軸および縦軸は，それぞれ流量および圧力ヘッドを示す．●が導電性高分子ソフトアクチュエータを駆動源としたマイクロポンプである．また，PPy.DBS/PPy.TFSIは上述したように，支持電解質にTBATFSIを用いて作製した導電性高分子ソフトアクチュエータであり，開閉運動の際の電解液には，LiTFSI水溶液を用いている．そのため，ドーパントは，$TFSI^-$となる．PPy.DBS/PPy.PPSは，支持電解質にパラフェノールスルホン酸（PPS）を用いて作製した導電性高分子ソフトアクチュエータであり，開閉運動の際の電解液には，NaCl水溶液を用いている．そのため，ドーパントは，Cl^-となる．また，PPy.DBS/PPy.TFSI×2は，PPy.DBS/PPy.TFSIの2枚の導電性高分子ソフトアクチュエータを積層したソフトアクチュエータである．●以外は，これまでに報告されているマイクロポンプの結果を示す．

　PPy.DBS/PPy.PPS，PPy.DBS/PPy.TFSI，PPy.DBS/PPy.TFSI×2のいずれにおいても，流量が増加するにつれて，圧力ヘッドが減少している．これは，通常のポンプ性能にも言えることである．また，その流量域は約$2.0-85.0\mu l/min$であり，従来のマイクロポンプでは困難とされてきた$100\mu l/min$以下の流量域でその性能を発揮している．PPy.DBS/PPy.TFSIの圧力ヘッドは，約$2.4-1.8kPa$であり，PPy.DBS/PPy.PPSに比べて5倍程度大きい．TBATFSIを支持電解質として用いた場合には，イオン半径の大きい$TFSI^-$がドーパントとなるため，電気化学的酸化還元による開閉運動するソフトアクチュエータの発生力が大きくなり，マイクロポンプの圧力ヘッドが上昇する．

　一方，PPy.DBS/PPy.TFSIを積層すると，マイクロポンプの最大圧力ヘッドは，PPy.DBS/PPy.TFSIに比べてさらに2倍程度上昇することがわかる．導電性高分子ソフトアクチュエータを積層することにより，ソフトアクチュエータの発生力がさらに大きくなることにより，圧力ヘッドも大きくなっていると言える．

第26章 高分子アクチュエータのマイクロポンプへの応用

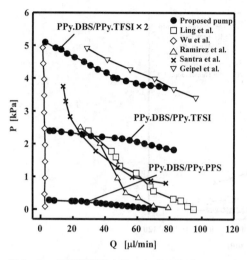

図6 2つの開閉運動するソフトアクチュエータを駆動源とするマイクロポンプの流量と圧力ヘッドの関係（P-Q線図）

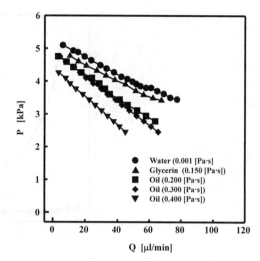

図7 粘性によるマイクロポンプのP-Q線図

マイクロポンプで輸送する流体の粘性の影響を明らかにするために，粘性によるマイクロポンプのP-Q線図を図7に示す。横軸および縦軸にそれぞれ流量および圧力ヘッドを示す。●，▲，■，◆および▼はそれぞれ作動流体の粘度が0.001Pa·s（水），0.150Pa·s（グリセリン），0.200Pa·s（シリコンオイル），0.300Pa·s（シリコンオイル）および0.400Pa·s（シリコンオイル）の結果を示す。

流体の粘性が高くなるにつれ，その流量域は狭くなり，圧力ヘッドも少しずつ減少しているが，水より粘性が400倍高いシリコンオイルでさえも，流量3.5−45.0 [μl/min] が得られ，最大圧力ヘッドも4.2kPaである。すなわち，輸送流体の粘性の影響は比較的小さいと言える。従来のマイクロポンプでは，水に比べて粘性の高い流体の輸送は困難とされてきたが，導電性高分子ソフトアクチュエータを駆動源とするマイクロポンプは，水に比べて400倍粘性の高い流体でさえも，水とほぼ同等に送液可能である。

導電性高分子ソフトアクチュエータを駆動源とするマイクロポンプのエネルギ消費率を図8に示す。エネルギ消費率はマイクロポンプが流量1μlを輸送するために必要なエネルギであり，式(1)および(2)により求められる。E, I, V, t, Q および E_n はそれぞれ単位時間あたりの消費エネルギmJ/s，電流A，電圧V，時間s，流量μl/sおよびエネルギ消費率mJ/μlである。横軸および縦軸にそれぞれ流量およびエネルギ消費率を示す。●は，研究で提案したマイクロポンプを示し，■，◆，▲，および▼はそれぞれLingら[4]，Wuら[33]，Ramirez[32]，Geipel[5]およびSantraら[3]のマイクロポンプの結果を示す。

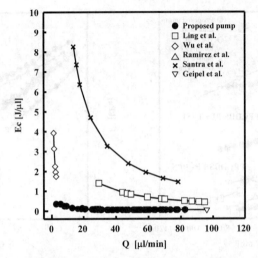

図8 導電性高分子ソフトアクチュエータを駆動源とする
マイクロポンプのエネルギ消費率

$$E = \frac{\int VIdt}{t} \ [\mathrm{mJ/s}] \tag{1}$$

$$E_c = \frac{E}{Q} \ [\mathrm{mJ/\mu l}] \tag{2}$$

　導電性高分子ソフトアクチュエータを駆動源とするマイクロポンプは，他のマイクロポンプに比べて，そのエネルギ消費率が劇的に小さいことがわかる．また，表1に流量28.0 [μl/min] 程度のエネルギ消費率，エネルギ効率（式(3)），駆動源とその大きさ，印加電圧，電流および消費電力を示す．

$$E = \frac{PQ}{E} \tag{3}$$

　この表からも，導電性高分子ソフトアクチュエータを駆動源とするマイクロポンプは，他のマイクロポンプに比べて非常に低いエネルギ消費率で流体を輸送していること，また，その効率は他のマイクロポンプに比べて非常に高いことがわかる．導電性高分子ソフトアクチュエータは低駆動電圧で駆動可能であり，低い消費電力で動作可能であることから，低いエネルギ消費率で流体を輸送することが可能である．

第26章　高分子アクチュエータのマイクロポンプへの応用

表1　流量28.0μl/min程度のエネルギ消費率，エネルギ効率（式(3)），駆動源とその大きさ，印加電圧，電流および消費電力

	proposed pump	Ramirez et al.[32]	Santra et al.[3]	Ling et al.[4]	Geipel et al.[5]
Energy/consumption rate [J/μl]	0.068 (28.7 [μl/min])	0.181 (24.5 [μl/min])	4.666 (24.4 [μl/min])	1.496 (29.4 [μl/min])	0.154 (28.6 [μl/min])
Efficiency $\times 10^{-3}$ [%]	6.06 (28.7 [μl/min])	1.48 (24.5 [μl/min])	0.05 (24.4 [μl/min])	0.17 (29.4 [μl/min])	2.53 (28.6 [μl/min])
Active material	Conducting polymer soft actuator	Ppy-Nafion-Ppy actuator	Permanent magnet actuator	Piezo actuator	Piezo actuator
Volume of active material [mm^3]	20$\times$15$\times$0.14	1.0$\times$20$\times$0.10	ϕ9.6$\times$0.30	12$\times$12$\times$0.19	16$\times$16$\times$0.07
Operating voltage [V]	-1.2 to 1.0	-3 to 3	-10 to 10	-114 to 114	-80 to 140
Oparating current [A]	-0.02 to 0.02	-0.15 to 0.20	-0.19 to 0.19	-0.6 to 0.6	-1.03 to 0.59
Power consumption [W]	0.033	0.069	1.90	0.683	0.100

5　まとめ

　導電性高分子・ポリピロールにより，開閉運動を行う導電性高分子ソフトアクチュエータを開発し，これを駆動源としたマイクロポンプを構築した．そのマイクロポンプは，2つの導電性高分子ソフトアクチュエータの開閉運動により，流体を逆流することなく一方向へ輸送可能である．また，その流量域は，2.0－85.0μl/minであり，従来のマイクロポンプでは困難とされてきた100μl/min以下の流量域でその性能を発揮し，導電性高分子ソフトアクチュエータを積層することにより，最大圧力ヘッド5.1kPaまで得られる．また，水に比べて400倍粘性の高い流体でさえも，水とほぼ同等に送液可能である．さらには，導電性高分子ソフトアクチュエータを駆動源とするマイクロポンプは，他のマイクロポンプに比べて，そのエネルギ消費率が劇的に小さい．

文　　献

1) Teymoori M. M. and Ebrahim A. S., *Sensor and Actuators A* **117**: 222-229 (2005)
2) Jeong O. C. and Konishi S., *Sensor and Actuators A* **135**: 849-856 (2007)
3) Santra S. *et al.*, *Sensors and Actuators B* **87**: 358-364 (2002)
4) Ling S. J. *et al.*, *Biomed Microdevices* **9**: 185-194 (2007)
5) Geipel A. *et al.*, *Sensors and Actuators A* **145**: 414-422 (2008)
6) Nguyen N. *et al.*, *ASME Journal of Fluids Engineering* **124**: 385-392 (2002)
7) Lee C. J. *et al.*, 16th International Symposium on Transport Phenomena (2005)
8) Chiang C. K. *et al.*, *Journal American Chemical Society* **100**: 1013-1021 (1978)
9) Nigrey P. J. *et al.*, *Journal American Chemical Society Chemical Communications articles*: 594-608 (1979)
10) Barta P. *et al.*, *Journal of Applied Physics* **84**: 6279-6289 (1998)
11) Granstrom M. *et al.*, *Nature* **395**: 257-260 (1998)
12) Kurata T. *et al.*, *Journal of Physics* D **19**: L57 (1986)
13) Baughman R. H., *Makromol. Chem. Macromol. Symp.* **4**：277-287 (1991)
14) Otero T. F. *et al.*, *Synthetic Metals* **55**: 3713-3723 (1993)
15) Kaneto K. *et al.*, 71: 2211-2212 (1995)
16) Baughman R. H., *Synthetic Metals* **78**: 339-353 (1996)
17) Otero T. F. and Sansihena J. M., *Bioelectrnchemistry and Bioenergetics* **42**: 117-122 (1997)
18) Lewis T. W. *et al.*, *Synthetic Metals* **85**: 1419-1420 (1997)
19) Careema M. A. *et al.*, *Solid State Ionics* **175**: 725-728 (2004)
20) Smela E. *et al.*, *Synthetic Metals* **151**: 25-42 (2005)
21) Spinks G. M., Truong V. T., *Sensors and Actuators A* **119**: 455-461 (2005)
22) Madden J. D. *et al.*, *Synthetic Metals* **105**: 61-64 (1999)
23) Hutchison S. *et al.*, *Synthetic Metals* **113**: 121-127 (2000)
24) Fuchiwaki M. *et al.*, 2001, *Japanese Journal of Applied Physics* **40**: 7110-7116 (2001)
25) Bay L. *et al.*, *Polymer* **43**: 3527-3532 (2002)
26) Kaneto K. *et al.*, *Jpn. Japanese Journal of Applied Physics* **39**: 5918-5926 (2000)
27) Hara S. *et al.*, *Polymer Journal* **36**: 151-161 (2004)
28) OteroT. F., and Broschart M., *Journal of Applied Electrochemistry* **36**: 205-214 (2006)
29) Hara S. *et al.*, *Polymer Journal* **36**: 151-161 (2004)
30) Hara S. *et al.*, *Journal of Materials Chemistry* **14**: 2724-2725 (2004)
31) Hara S. *et al.*, *Journal of Materials Chemistry* **14**: 1516-1517 (2004)
32) Ramirez G. S., and Diamond D., *Sensors and Actuators A* **135**: 229-235 (2006)
33) Wu Y. *et al.*, *Smart Materials and Structures* **14**: 1511-1516 (2005)
34) Fuchiwaki M. *et al.*, *Sensors and Actuators A* **150**: 272-276 (2009)

第27章 高分子アクチュエータの触覚ディスプレイへの応用

昆陽雅司*

1 はじめに

「体感する」ということばが示すように，触覚は対象物の存在感・現実感を確かめる上で重要な感覚である。ものに触れた際の触覚情報を呈示するデバイスは，ハプティックインタフェースと呼ばれ，近年，世界的に多数の研究が行われている[1]。なお，ヒトが感じる触覚情報は，筋や関節などに加わる力などを検出する力覚（深部感覚）と，皮膚中の触覚受容器で検出する皮膚感覚（狭義の「触覚」）に分類される。本稿では，特に断りのない限り皮膚感覚のことを「触覚」と呼ぶこととする。

ハプティックインタフェースの中でも，皮膚感覚を呈示する触覚ディスプレイは，未だ普及していないが，大学などの研究レベルでは1990年代後半から多数の方式が提案されている。この触覚ディスプレイのキー技術であり，かつ最大のボトルネックとなっているのはアクチュエータである。なぜなら，触覚ディスプレイでは，触覚の大面積かつ高密度をカバーする空間解像度，数Hzから数百Hz以上のワイドレンジの時間応答性を満たし，かつ小型軽量で多自由度をもつアクチュエータが求められているからである。このため多数のニューアクチュエータが触覚ディスプレイに応用されてきた[2]。また，触覚ディスプレイはヒトの柔軟な皮膚を直接刺激するという点で，生体との親和性が求められる。この点で特にアドバンテージがあるのが，イオン導電性高分子（IPMC）アクチュエータ[3]や誘電型エラストマーアクチュエータ[4,5]などのElectroactive Polymer（EAP）である。本章では，筆者がこれまで開発してきた導電性高分子ゲルアクチュエータを用いた触覚ディスプレイの研究について紹介する。

2 イオン導電性高分子アクチュエータ

第5章で述べられているように，イオン導電性高分子アクチュエータは，フッ素系のイオン導電性高分子ゲル膜の1種であるパーフルオロスルフォン酸膜（厚さ約180μm）の両面に，金や

---

* Masashi Konyo　東北大学　大学院情報科学研究科　准教授

未来を動かすソフトアクチュエータ

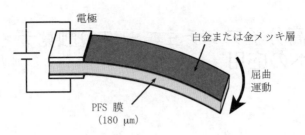

図1 IPMCアクチュエータの動作

白金などの金属メッキ層を接合することによって得られるフィルム状のアクチュエータである[3]。このアクチュエータの略称は一般的にIPMC（Ionic Polymer-Metal Composite）アクチュエータと呼ばれることが多いが，筆者が関係するロボティクスの分野では，ICPF（Ionic Conducting Polymer Film）アクチュエータ[6]と呼ばれることもある。図1のように，膜の両面に電圧を印加すると内部のイオンの移動によって屈曲運動を行う。発生力は，2×10mmのカンチレバー形状の先端で0.6mN程度である。

IPMCアクチュエータの最大の特徴は，高応答性と低電圧駆動である。従来の高分子アクチュエータに比べ，応答速度は100Hz以上と高速である。また，IPMCの駆動電圧は1.5～3.0V程度である。これは，同じく実用的なポリマーアクチュエータとして知られる誘電型エラストマー型アクチュエータの駆動電圧が数百～数千Vであるのと比較して最大のアドバンテージとなる。さらに，高分子ゲル膜は，柔軟性（ヤング率：$2.2×10^8$Pa程度）を有し，ハサミやカッターなどで任意の形状に切り出すことが可能であるため成形が容易である。ただし，IPMCアクチュエータは水中や湿潤状態で駆動するという問題がある。これに対して近年，イオンゲルを用いた空気中で動作可能な導電性高分子ゲルアクチュエータの開発も進められている[7]。

3 IPMCアクチュエータの触覚ディスプレイへの適用

触覚ディスプレイに求められる性能と，IPMCアクチュエータの適合性について以下に述べる。

（1）高空間解像度：指先の触覚の解像度は1～2mmであり，触覚ディスプレイではそれに応じた高密度の分布刺激が必要となる。IPMCアクチュエータは成形が容易であり，配電などの機構が単純であることから高密度化が可能である。

（2）高応答性：触覚受容器は複数の周波数応答帯域をもち，それらが連携することで静的～数百Hzのワイドレンジの皮膚変形を検出することが可能である[8]。IPMCアクチュエータは数Hzから250Hz程度まで知覚可能な振動刺激を生成することが可能である。

第27章 高分子アクチュエータの触覚ディスプレイへの応用

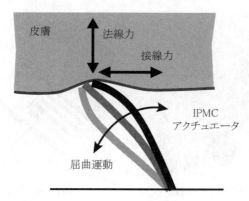

図2 皮膚への刺激方法

(3) 多方向の刺激：触覚受容器は皮膚を変形させる方向によっても異なる感度を有することが知られている。例えばマイスナー小体は皮膚の接線方向の変形に感度がよいとされている[9]。IPMCアクチュエータは薄膜で，電極さえ配置できれば自由なレイアウトが可能である。このことを利用して，図2のようにIPMCを傾斜させて皮膚に接触させることにより，皮膚に対して法線方向だけでなく，接線方向にも変形を与えることが可能になる。

(4) ウェアラビリティ：ヒトの触覚受容では，触察運動を介した能動的な知覚過程が触覚の質的意味を決定する上で重要となる。触覚ディスプレイでは，被呈示者が自由に触察運動をおこない，それに応じた触刺激を生成することが必要である。従来の触覚ディスプレイでは，アクチュエータ等の機構の大きさや重量の制約のために，デバイスを手指に装着して自由に触察運動をおこなうことが困難であった。IPMCアクチュエータを利用した触覚ディスプレイは4節で述べるように，小型軽量であることを利用して指先に装着することが可能である。

(5) 安全性：IPMCは柔軟であるため，皮膚に過度な障害を与えることがなく，特別な制御や機構によるリミッターなどを設ける必要がない。また，駆動電圧が3V程度と低く，皮膚に直接接触しても安全である。

以上のように，IPMCアクチュエータは触覚ディスプレイを実現する上で，生体との親和性の高いアクチュエータであるといえる。次節より，IPMCアクチュエータを利用した触覚ディスプレイの研究について紹介する。

4 布のような手触りを呈示する触感ディスプレイ

筆者らは，多数のIPMCアクチュエータをアレイ状に配置した振動子を用いて，手指を固定したまま呈示する受動型触感ディスプレイ[10]および指先装着可能とした能動型触感ディスプレ

図3　能動型触感ディスプレイの外観

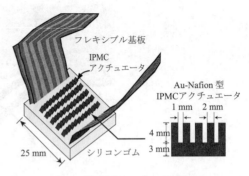
図4　触感ディスプレイの構造

イ[11]を開発した。図3，図4に能動型触感ディスプレイの外観と構造を示す。能動型ディスプレイは，繊毛部は長さ3mm，幅2mmのIPMCアクチュエータが横に1mm間隔で5本，縦に1.5mm間隔で12列並ぶ構造となっている。繊毛は全て45度傾けて配置してある。これは，指腹部表面に対して，法線方向と接線方向の刺激を効率良く与えるためである。配線はフレキシブル基板を用いておこなう。配線部まで含めた質量は約8gと非常に軽量である。図3のように触覚ディスプレイは中指か示指に軽く締め付けるように固定する。触運動に連携した刺激を与えるために，掌の位置姿勢は磁場式トラッカで取得された。

これらのデバイスを用いた触覚の呈示法について述べる。触覚は，触対象の剛性，粘弾性，摩擦，表面形状など多種の物理的要因によって引き起こされる多様な感覚である。しかし，これらの多様な入力情報は，皮膚の変形を介して，数種類の機械受容器で受容され，中枢で複数の受容器からの複合感覚として知覚される。仮に，それら数種類の機械受容器を選択的に刺激し，その神経活動を直接制御することができれば，任意の触感を合成することができると考えらえる。筆者らは触覚受容器の時間周波数応答特性に着目して，機械振動刺激の周波数領域の違いにより，触覚受容器のSA I，FA I，FA IIを選択的に刺激する手法を提案している[10,12]。

受動型触感ディスプレイを用いた触感呈示実験の結果，FA Iに主に応答する数10Hzの振動成分とFA IIが主に応答する200Hzの振動成分を合成して呈示することで，タオルやデニムの手触りのような複雑な触感が生成することが確認された[10]。

また，能動型触感ディスプレイを用いた触感呈示手法として，静的な圧覚を生成する5Hzの低周波振動によるSA I刺激と，触察運動の速度と対象面の凹凸の波長に応じて周波数を変化させるFA I刺激，摩擦感を生成するために触察運動の加速度に応じて200Hzの高周波振動で刺激するFA II刺激，と組み合わせて複合的な触感を呈示する手法を提案した[12]。これにより，触運動に応じた4種類の布素材（フリース，フェイクレザー，タオル，ボア）の手触りに近い触感を合成することができた。

第27章　高分子アクチュエータの触覚ディスプレイへの応用

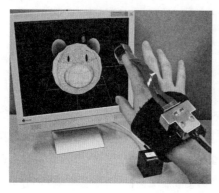 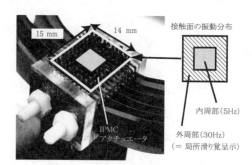

図5　3次元オブジェクトの手触りの呈示　　図6　局所滑り覚呈示による把持力調整反射の誘発

最後に，装着型触感ディスプレイの応用として，3次元オブジェクトの手触りを呈示するアプリケーション[13]を紹介する。タオルやボアなどのテクスチャ感呈示に加えて，低周波振動を用いた圧覚呈示を利用して，凹凸感を呈示することで，3次元オブジェクトの形状を表現する。図5にCGのぬいぐるみに触れるアプリケーションの例を示す。被験者はぬいぐるみの凹凸形状とそれを撫でた際のテクスチャ感を感じることが可能である。

5　局所滑り覚呈示による把持力調整反射の誘発

IPMCアクチュエータを用いた他の触覚ディスプレイの研究例として，局所滑り覚呈示による把持力調整反射の誘発[14]について紹介する。

ヒトは質量と摩擦係数が未知の状態であっても触覚受容器からの情報に基づいて適切な力を把持できることが知られており，このメカニズムは，接触面外周に起こる局所滑りの検出に基づくという仮説が提案されている。本研究では，IPMCアクチュエータを用いた振動刺激により，接触面外周に起こる局所滑り時の触覚受容器活動を陽に作り出し，実際に把持力調整反射が起こるという証拠を初めて得た。

具体的には，図6に示すように，IPMCアクチュエータを用いて高密度の分布を実現し，接触面内の中央部と外周部に2種類の振動刺激を加えることで，振動周波数と分布パターンの影響を評価した。この結果，外周部に30Hzの振動を加えることで，ヒトの把持力が無意識のうちに50％程度増大されることを確認した。この結果により，30Hzの振動刺激に最も感度が高い触覚受容器であるマイスナー小体の関与が示唆された。また，接触面全面ではなく，外周部のみに振動を加えたときに把持力増加が見られることも確認された。

このようなヒトの把持力調整反射を自在に操る手法の確立により，マスタ・スレーブなどの遠

隔操作において，操作者により直感的な滑り情報の呈示ができると期待される。

6 おわりに

本章では，イオン導電性高分子（IPMC）アクチュエータを用いた触覚ディスプレイの研究について紹介した。IPMCアクチュエータは高速応答性，小型軽量性，安全性などの点で優れた特徴を有する。筆者は圧電素子[15]やボイスコイル[16]などを用いた触覚ディスプレイの開発も進めているが，剛性の高いアクチュエータに比べてIPMCのようなソフトアクチュエータの方が，皮膚との親和性が高く，自然な触感を与えられることを実感している。また，IPMCアクチュエータと同様に，誘電型エラストマーアクチュエータを用いた装着型触覚ディスプレイ[5]も開発されており，高分子アクチュエータの特長を活かすことで，小型軽量な触覚ディスプレイが実現できると期待される。

文　献

1) V. Hayward and K. E. Maclean, Do it yourself haptics: part I, *Robotics & Automation Magazine*, **14** (4), pp. 88-104 (2007)
2) 山本晃生, アクチュエータ技術と触覚インタフェース, 計測と制御, **47** (7), pp. 578-581 (2008)
3) 安積欣志, 高分子アクチュエータ, 日本ロボット学会誌, **21** (7), pp.708-712 (2003)
4) R.E Pelrine *et al.*, Electrostriction of polymer dielectrics with compliant electrodes as a means of actuation, *Sensors and Actuators, A: Physical* **64** (1) pp. 77-85 (1998)
5) I. M. Koo *et al.*, "Development of Soft-Actuator-Based Wearable Tactile Display", *IEEE Trans. on Robotics*, **24** (3), 2008, 549-558.
6) 田所諭, 柔らかいアクチュエータ, 日本ロボット学会誌, **15** (3), pp.6-10 (1997)
7) S. Saito *et al.*, "Development of a soft actuator using a photocurable ionic gel", *J. of Micromechanics and Microengineering*, **19** (3), pp.35005-35009 (2009)
8) 前野隆司, ヒト指腹部と触覚受容器の構造と機能, 日本ロボット学会誌, **18** (6), pp. 772-775 (2000)
9) 前野隆司ら, ヒト指腹部構造と触覚受容器位置の力学的関係, 日本機械学会論文集C編, **63** (607), pp. 881-888 (1997)
10) 昆陽雅司ら, 高分子ゲルアクチュエータを用いた布の手触り感覚を呈示する触感ディスプレイ, 日本バーチャルリアリティ学会論文誌, **6** (4), pp. 323-328 (2001)
11) M. Konyo *et al.*, Wearable Haptic Interface Using ICPF Actuators for Tactile Feel

Display in Response to Hand Movements, *J. of Robotics and Mechatronics*, **15** (2), pp. 219-226 (2003)
12) M. Konyo *et al.*, A tactile synthesis method using multiple frequency vibration for representing virtual touch, *IEEE/RSJ International Conference on Intelligent Robots and Systems (IROS2005)*, pp. 1121-1127 (2005)
13) 昆陽雅司ら, 高分子ゲルアクチュエータを用いた皮膚表面刺激による3次元オブジェクトの手触りの呈示, 第11回ロボティクスシンポジア講演論文集, pp. 301-307 (2006)
14) 昆陽雅司ら, ICPFアクチュエータを用いたヒト指腹部への分布振動刺激に基づく把持力調整反射の誘発, 日本バーチャルリアリティ学会論文誌, **11** (1), pp. 3-10 (2006)
15) S. Tsuchiya *et al.*, "Vib-Touch: Virtual Active Touch Interface for Handheld Devices", *The 18th IEEE International Symposium on Robot and Human Interactive Communication (RO-MAN'09)*, pp. 12-17 (2009)
16) T. Yamauchi *et al.*, "Real-Time Remote Transmission of Multiple Tactile Properties through Master-Slave Robot System", *Proc. of the 2010 IEEE Intl. Conf. on Robotics and Automation*, pp. 1753-1760 (2010)

第28章 誘電エラストマートランスデューサーの様々な応用

和氣美紀夫[*1], 千葉正毅[*2]

1 はじめに

人類は石器，銅器，そして鉄器を開発し，その度時代を大きく変革してきた。21世紀は，ポリマーを素材としたアクチュエーター，センサー，発電素子等が幅広い分野で使用される「EAP（Electro Active Polymer）時代」になると思われる。

EAPは，電気制御等により生体筋肉と似た動きを実現したアクチュエーターで，"人工筋肉"と呼ばれている。またEAPは，柔軟な素材を使用し，かつ柔軟な動きをすることから，"ソフトアクチュエーター"とも呼ばれている[1]。

本章では，誘電エラストマーを用いた人工筋肉の様々な応用事例を紹介すると共に，将来の展望についても解説する。

2 開発背景

1991年後半に，SRI International（米国）の千葉正毅とRon Pelrineが中心となり人工筋肉開発プロジェクトが開始された[2]。この人工筋肉は，EPAM（Electroactive polymer artificial muscle）と呼ばれ，90年代後半に幾つかのブレークスルーを実現し，誘電型人工筋肉の可能性がかなり広がった[3]。現在EPAMは，実用化レベルに達している人工筋肉として注目を集めている。

EPAMの構造は非常にシンプルで，エラストマーとその上下に位置する二枚の柔軟な電極で構成される。電極に電位差を与えると，静電力（クーロン力）によって両方の電極が引き合い，その結果フィルムが厚さ方向に収縮し，面方向に伸張する（動作原理の詳細は，第11章を参照）。EPAMはこのように非常にシンプルな構造であることから，加工性にも優れており，マイクロ〜数メータ規模のデバイスまで用途に対応した形状設計が可能である。

[*1] Mikio Waki ㈱HYPER DRIVE 取締役副社長 技術開発本部長
[*2] Seiki Chiba SRIインターナショナル 先端研究開発プロジェクト担当本部長

第28章 誘電エラストマートランスデューサーの様々な応用

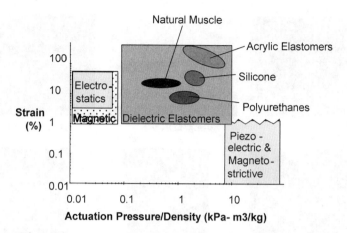

図1 既存の高速アクチュエーター技術と天然の筋肉およびEPAMとの性能比較

既存の高速アクチュエーター技術との性能比較を図1に示す[4]。歪と圧力/密度との両方において，EPAMアクチュエーターの作動圧力は，静電アクチュエーターや電磁アクチュエーターを使用する場合の圧力より大きく，圧電材料や磁歪材料より歪が大きい。また，歪と駆動圧力/密度の両方において，実際の筋肉と同等か，それ以上の性能を有し，応答速度や理論効率も実際の筋肉より優れている。

アクリルを用いたEPAMでは，ラボレベルで380％の歪みと約8MPaの圧力を得た[3]。また，使用する高分子によるが，音響用としては50kHz以上，非音響分野では1kHz以上の高速駆動が可能である[5～7]。

3 アクチュエーター，センサーとしての誘電エラストマー

エラストマーを主材料としたEPAMは，高効率で柔軟かつ静かな動作が可能で，モーター等を用いたシステムでは真似ができない「柔らかく，自然な感触」を実現した[5～7]。そのためギアやカム等が必要なく，また突然動作スピードや方向を変えても，安全でスムースな駆動が可能になる。

3.1 ロボット，介護，リハビリ用アクチュエーター，センサー

SRIでは，脚型ロボット，遊泳型ロボット，蛇形ロボット，小型検査ロボット，天井や垂直の壁を簡単に登れる人工筋肉性吸盤を有した電子ヤモリロボット，飛翔型ロボット，ロボットアーム等の多数の原理確認用デバイスを製作し（写真1），生体との適合性にチャレンジしている[5～7]。近い将来，医療用，救助用，介護用，パーソナルロボットや産業用ロボット等に応用されると思

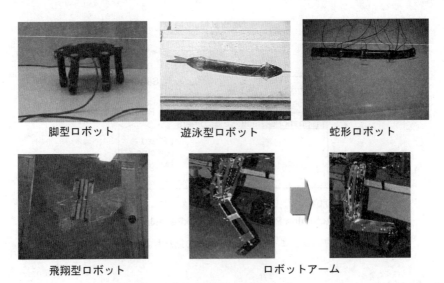

| 脚型ロボット | 遊泳型ロボット | 蛇形ロボット |

| 飛翔型ロボット | ロボットアーム |

写真1　EPAMを用いた原理確認用デバイス

われる。

　EPAMのもう一つの優れた点は，アクチュエーターがセンサーとして使用可能である。即ちEPAMは，コンデンサーと同じ構造を有しており外力によりEPAMを変形させることで，静電容量が変化するため，圧力センサーや位置センサーとしても利用可能である。第11章でも述べたが，アクチュエーターの出力とその伸びは，反比例の関係にあり，またアクチュエーターの静電容量変化とその伸びは正比例関係にある（第11章4節を参照）。この特性を利用することで，アクチュエーターとセンサーが一体化したデバイスを作ることが可能となり，近い将来SF映画に出てくるようなスマートなロボットや介護機器等が実現出来ると思われる。

　その他興味あるアクチュエーター・センサーアプリケーションとして，リハビリ用機器への応用が考えられる。人工筋肉センサーとアクチュエーターを組み合わせ，指，手，足等の動きを補助するリハビリ・アクチュエーターとして利用し，またそのリハビリ状況を的確に評価する人工筋肉センサーの可能性を検討している[8]（写真2）。

3.2　音響機器等への応用

　EPAMの応答性能は，数Hz以下の限りなく低速動作から可聴範囲を遥かに超えるような高速動作（50,000Hz）まで，非常に広いダイナミックレンジを有している[5]。広範囲な応答性を利用したアプリケーションとして，楽器や音響機器，それらに使用する振動素子等が考えられる。動作原理は簡単で，予めEPAMを動作させ，電極間に直流バイアス電圧をかけ，音声や音楽などの可聴信号を重畳させる。EPAMの変位量と変位スピードは，その信号に追従して変化する

第28章　誘電エラストマートランスデューサーの様々な応用

写真2　リハビリ用センサーグローブ

　　a)　ダイポールスピーカー　　　b)　ダイポールスピーカー動作イメージ
図2　ダイポールスピーカーと動作イメージ

ことから音として再現される。EPAMスピーカーを製作する方法として，幾つか考えられるが，構造が簡単で特性の面でも有効なダイポールスピーカーを図2に示す。2枚のダイヤフラム型EPAMの中心部を接続し，前後対称なダイポールスピーカーとした[9]。

　HYPER DRIVEでは，固定部外形が100mm，EPAMの外形80mm，中央固定部の外形が50mmのダイアフラム型EPAMを用いたプロトタイプデバイスを作成した。特性実験では，バイアス電圧を2kV，入力信号を最大1kVp-pとし，無響音室（NHK放送技術研究所）で各周波数における動作実験を実施した（写真3）。その結果，0.5～5kHz（15dB Down）までの良好な周波数特性を示し，10kHzまで再生能力を確認した[10]。また指向性についても前後と左右の音圧差が顕著に現れ，ダイポールスピーカー特有の性能を確認できた。

　また発生する駆動力が約4N程度と大きいことから，防振・防音などへのアプリケーション研究も進められている。原理は単純で，始めに振動や騒音などをマイクや振動ピックアップで検出した後，電気信号に変換し，それを打ち消すために位相制御された信号を作り出し，EPAM振動素子に供給する仕組みで，建物外壁や機器の筐体・車体等を振動させることにより，防振・防音を実現する[9]。弊社の軽自動車を用いた簡単実験では，天井部に小型EPAM振動子を一つ設置するだけで，低域（100～300Hz）で50dB以上の音圧低減が確認された。

a) EPAMスピーカーシステム　　b) EPAMスピーカーの音響評価風景

写真3　EPAMスピーカーシステムとその音響評価風景

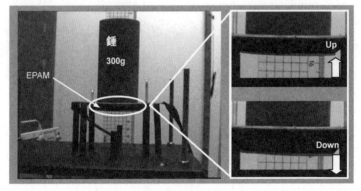

写真4　高出力人工筋肉の進捗例
（ダイアフラム型EPAMが300gの円筒形プラスチックを持ち上げている写真）

　EPAMは，その主要部分がゴム状の膜であり，軽量で形状も柔軟に変更可能なため，住宅や自動車をはじめ産業機械や家電製品など，幅広い分野への応用が期待される。

3.3　その他のアプリケーション

　現在研究・開発中のアプリケーションとして，流体・流量制御やフィルタレーション[11]，インクジェット，ディスプレーや表面構造を瞬時に変化させるデバイス[12,13]，マイクロ・ナノデバイス（目に見えない工場の実現[11]）などがある。

　また最近HYPER DRIVEで行われた，研究開発の進捗例を挙げると，わずか0.05gのEPAMを枠に固定しただけの簡単な構造で，300gの錘を5mm程度持ち上げることに成功した（写真4参照）。更に，このEPAM膜は，透明にすることも可能で，変形可能なレンズ（人工眼）等への展開も期待されている。

4 EPAM発電デバイスへの応用

EPAMのもう一つの動作モードに，発電モードが上げられる。これは，アクチュエーターとは逆の動作で，外力によりEPAMの形状を変化させ，静電エネルギーが増加する現象を利用したデバイスである（図3）。この動作は，機械的エネルギーにより静電容量が変化する一種の可変容量コンデンサーと考えられ，これは，EPAMに何らかの機械的エネルギーを加え伸張させると，厚さ方向が薄くなり面積が拡大し，結果として，静電容量が大きく増加する。このとき静電エネルギーがポリマー上に発生し電荷として蓄えられる。機械的エネルギーが減少すると，EPAM自体の弾性力により厚さ方向が厚くなり面積が縮小する。このとき電荷は，電極方向へ押し出される。このような電荷の変化は電圧差を増加させ，その結果静電エネルギーが増す[14,15]（詳細は，第11章を参照）。

このようにEPAM発電デバイスは，外力によりEPAMを変形させて静電容量を増加させるので，一回の変形で得られる電気エネルギーは，動作スピードと余り関係がない。そのためEPAMデバイスは，既存の発電手法では発電が難しい領域（低周波数帯，高圧力，高負荷，高ストローク等）でも，低コスト発電が可能である。既存の発電装置は，低周波数領域においてギヤ等の変速装置が必要で，構造も複雑になり，効率も低下する。しかしEPAM発電は，シンプル・ダイレクト駆動が可能で，効率的な発電が実現できるため，そのような領域（即ち波力，水力，構造物の揺らぎや動物等の動き）での発電に最適である。

4.1 EPAM波力発電

SRIインターナショナルでは，原理確認用のEPAMブイ発電装置を製作し，小型造波水槽にて世界で初めて実証した。本実験で使用されたEPAMの総量はわずか40gであったが，波高値

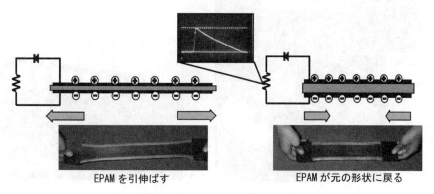

図3　EPAM発電の原理（外力による帯状EPAMの変形）

6cmで周期3秒の波で5.4J/波の電気エネルギーを発電することに成功した[15, 16]。その後，SRIインターナショナルとHYPER DRIVEは，2007年8月に米国フロリダ州タンパにて，300gのEPAMを用いた発電モジュールを気象観測用ブイに搭載し，自然波の動きによりEPAMを伸張させ発電する世界初の海洋実験を行った[14]（写真5）。使用した発電モジュールは，最大で40Jのエネルギーを得られるように設計されたが，タンパ湾で発生する波は常時小さく，十センチの波で最大1.2Wの電気エネルギーを得た。この時のバイアス電圧は約1,800Vであったが，同一条件下で5,000V程度に昇圧すると，最大で11W程度の電気エネルギーを得ることが可能である[14]。

更に2008年12月，カリフォルニア・サンタバーバラで行った海洋実験では，発電した電気エネルギーの64％が常時バッテリーに充電できることが確認された[17]。

上記実験データを基にシミュレーションを行った結果，波の高さが年間を通して1m程度の海域（日本近海）でも，EPAMを40kg程度用いることで1-2kW位の発電が可能と思われる。この発電モジュールを長さ500m，幅10m位の範囲に設置することで，3-6MWクラスの海上発電所を構築することが可能と思われる[18]。

2007年や2008年等の実証実験データを基に発電効率を算出すると，20円弱/kWh位になる[18]。近い将来，シート1m²当りの発電できる量を2倍，寿命も2倍にすることが可能と思われ，その予想効率は，5-7.5円弱位になる[18]。この値は，火力発電所よりやや大きな値である。安価なEPAM発電装置を各地域に導入することにより，必要に応じた分散型発電が実現し地域活性化が促進され，かつかなりのCO_2が削減可能と思われる。また上記システムと平行して，沿岸部に設置する発電システムの開発も進められている（図4）。

写真5　気象用ブイを用いたEPAM波力発電装置

図4　近将来の波力発電システム[17]

第28章　誘電エラストマートランスデューサーの様々な応用

4.2　EPAM水車発電

水資源を使ったアプリケーションの一つに，内陸部でも行える水車を使った発電装置が上げられる[9]。従来の発電機では，水車の回転を高速回転に変換して発電機を回す必要があり，川などに多少の落差を設けたり，川底などの構造を変え流速を加速する必要があり，どこにでも気軽に設置することができなかった。この点，EPAMを使った水車発電装置は，変速機などにより高速回転を得る必要がなく，簡単なカムなどの構造によりEPAMを変形させることで発電できるため，どこでも設置が可能である。写真6は，実証用に製作したデバイスで，水車の大きさが30cm，EPAM重量1g，水の流量280ml/秒の時，約35mWの電力が得られた[9]。

上記のデバイスは，水中または海中に沈めても，水流や海流で容易に，かつ効率的に発電することが可能である。現在，ダリウス型を含めた幾つかのタイプの研究を進めている[19]。

4.3　持ち運び可能な小型発電機の開発

現在，人工筋肉センサーを駆動させるために，小型の人工筋肉発電機を用いることを検討している。写真7は，小型のダイアフラム型人工筋肉（EPAM振動体）を外力（人間を含む動物の動きやロボット等の動き）で変形させることにより発電し，その電気エネルギーを利用してワイヤレスシステムを駆動させ，離れたところにあるLED装置のON/OFF制御した実験の写真である[9]。EPAMは，機械的エネルギーを得た時のみ電力を供給するので，電源と動作を検出するスイッチの役割を同時に果たすことが可能になり，簡単な構成で容易に，ワイヤレスネットワークを構築できる。

4.4　ウエアラブル発電

SRIでは，靴の踵に小型EPAM発電機をはめ込み，片足で一歩当り約0.8〜1Jを得た[5, 7]。しかし靴底では使い勝手が悪く，人の体に付けるタイプが切望された。最近，HYPER DRIVEでは，図3に示す帯形のEPAM発電機を開発し，人の体に付けたところ，1gのEPAMで約150mJの電力を得た。近い将来，この電力量を倍にすることが可能なため，各種のデバイスが駆動可能となる。またそれらを床や橋等に設置すれば，人や自動車等が通過する度にかなりの電力が得られる。第11章6節でも述べたが，ピエゾ等でも発電するが，その発電量はEPAMと比べかなり小さく，また素材が硬いため，耐久性等に難があり，かつ価格の面でも問題がある[5, 14]。

4.5　人工筋肉発電の将来

このように，誘電エラストマー型人工筋肉を用いた発電は，メガオーダーの商用発電システムを構築することが可能な新しい発電方式である。一方EPAMは，構造が簡単で加工性にも優れ

未来を動かすソフトアクチュエータ

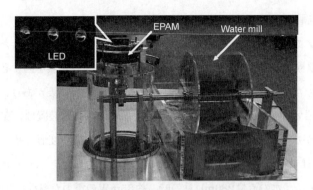

写真6　EPAMを用いた水車発電装置

写真7　EPAM発電を利用したワイヤレスセンサーシステム

ているので，小型・簡易発電機器にも有効な発電方式である。また緩やかで不規則な動きからも効率良く電気エネルギーを得られるため，今まで実現することが難しいと考えられていた，人間や動物，構造物・機械の振動等を利用した，新しいタイプの発電システムも実現可能である。例を挙げると，携帯型医療用センサーを含む各種携帯型医療機器，工業・家庭内センサーや携帯電話を始め各種携帯機器への電力供給が可能なウエアラブル発電システム，災害時や非常時に活用できるポータブル発電装置，マイクロロボットやMEMS等に組み込めるマイクロ・ナノ発電装置など，電気エネルギーを必要とする各分野での活用が大いに期待される。

5　今後の展開

誘電エラストマーを用いた人工筋肉は，モードを変えるのみで，アクチュエーター，センサー，発電等の機能を一つのデバイスで賄うことが可能なデバイスである。更に，大規模からマイクロオーダーのシステムまで，多種多様なシステムを構築することも可能なデバイスである。

現在，基本的な研究段階を終え，各種分野で具体的なアプリケーション開発が進められている。

第28章　誘電エラストマートランスデューサーの様々な応用

しかし，その機能や性能を最大限に利用するアプリケーションでは，まだ幾つかの課題を解決する必要があるが，それらを解決することに因り，更により多くの可能性を生む技術で，新しい産業の「核」と成りえる。

筆者は，近い将来，人工筋肉が各所で活用されることにより，より安全・安心で，より快適な社会を構築するシステムの要であると確信している。

文　　献

1) 千葉正毅，「人工筋肉アクチュエータの応用展開」電子材料，2010年，7月号，pp.34-41.
2) R. Pelrine, and S. Chiba, "Review of Artificial Muscle Approaches", (Invited) Proc. Third International Symposium on Micromachine and Human Science, Nagoya, Japan, pp 1-9, October 1992.
3) R. Pelrine et al., "High Speed Electrically Actuated Elastomers with Over 100% Strain", *Science*, **287**: 5454, pp 836-839 (2000).
4) 千葉正毅，"マイクロマシン技術―応用編，第2章　マイクロデバイス，17節 高分子アクチュエータ", pp. 213-217, CMC出版, 2002.
5) S. Chiba et al., "Artificial Muscle and Their Next Generation", Proc. International Symposium on Organic and Inorganic Electnic Matrials and Related Nanotechnologies, Nagano, Japan, June 21, 2007.
6) S. Chiba et al., "Electroactive Polymer Artificial Muscle", JRSJ, Vol. 24, No.4, pp 38-42.
7) 千葉正毅，和氣美紀夫，最新導電性材料 技術大全集 下巻，第17章アクチュエータ，pp397-416，技術情報協会，2007.
8) 千葉正毅，和氣美紀夫，「進化する人工筋肉―さらに広がる応用技術」，第27回日本ロボット学会学術講演会，横浜国立大学，2009年9月15日―17日
9) S. Chiba et al., " Extending Applications of Dielectric Elastomer Artificial Muscle", Proc., SPIE, San Diego, March 18-22, 2007.
10) T. Sugimoto et al., "Acoustic Characteristics of Acrylic Elastomer and Its Application to Loudspeakers" Audio Engineering Society Japan Section, 13th Regional Convention, Tokyo, July, 20, 2007.
11) R. Pelrine et al., "Micro and Nano Fluidic Devices Using Electroactive Polymer Artificial Muscle", Proc., 10th International Conference on Miniaturized System for Chemistry and Life Sciences, Tokyo, Japan, November 5-9, 2006.
12) R. Kornbluh et al., "Silicon to Silicon: Stretching the Capabilities of Micromachines with Electroactive Polymers", IEEJ Trans., SM, Vol.124, No. 8, 2004.
13) R. Pelrine et al., "Artificial Muscle for Small Robots and Other Micromechanical Devices", T. IEEJ, Vol.122-E, No.2, 2002.

14) S. Chiba *et al.*, "Innovative Power Generators for Energy Harvesting Using Electroactive Polymer Artificial Muscles", Proc. of SPIE. Vol. 6927, 692715 (1-9), 2008.
15) 千葉正毅他, "電場応答人工筋肉アクチュエータ (EPAM) を用いた発電", 日本エネルギー学会, 第86巻, 第9号, pp743-747, 2007.
16) S. Chiba *et al.*, "Electro Power Generation Using Electroactive Polymers (EPAM)", Proc. of 15th Japan Institute of Energy Conference, JIE, Kogakuuin University, Tokyo, Japan, August 4-5, 2006.
17) S. Chiba *et al.*, "Innovative Wave Power Generation System Using EPAM", Proc. of Oceans' 09, Bremen, Germany, May 11-15, 2009.
18) S. Chiba *et al.*, "Low-cost Hydrogen Production From Electroactive Polymer Artificial Muscle Wave Power Generators", Proc. of World Hydrogen Energy Conference 2008, Brisbane, Australia, June 16-20, 2008.
19) S. Chiba *et al.*, "Current and Status and Future Prospects of High Efficient Electric Generators Using EPAM", Proc. of World Hydrogen Technologies Convention 2009, New Delhi, India 2009.

第5編
次世代のソフトアクチュエータ
ーバイオアクチュエータ—

第29章 3次元細胞ビルドアップ型バイオアクチュエータの創製

森島圭祐*

1 はじめに

　近年，省エネルギ，省資源，省スペースといった特徴をもつマイクロマシンが注目されており，化学や生物に関わる実験システムをMEMS（Micro Electro Mechanical System）技術を利用し集積化するμTAS（micro total analysis system）やLab on a chipと呼ばれる研究が注目を集めている。これらを実現するためにはアクチュエータやバルブなどの流体駆動デバイスのマイクロ化と集積化が必要である。既存の人工マイクロアクチュエータは，熱，形状記憶合金，圧電材料，静電気力を用いたものが多いが，これらは電気エネルギを駆動源としている[1]。そのため，外部電源供給装置が必要となるため，システム全体の小型化が困難である。これに対し，アクチンやミオシンのような筋肉の分子モータをボトムアップ方式でビルドアップ，集積化し，化学エネルギのみで駆動するナノ分子モータアクチュエータが提案されている[2]。このアクチュエータは，アデノシン三リン酸（ATP）の化学エネルギを力学エネルギに変換する高効率な素子であるが，発生力は数ピコニュートンと小さく，マイクロ駆動源として利用するには不十分である。そこで，2つのアプローチと異なる新たなマイクロアクチュエータとして生体の筋肉を直接駆動源として用いる筋細胞アクチュエータに着目した。人工的なミクロ空間において，細胞の機能を人工的な材料で実現しようとした研究例はあるが，生物の最小単位である細胞そのものを用いたデバイスやシステムの研究は未開拓の分野である。筆者らはこれまで，生体組織や細胞を再構築することにより，従来のトップダウン方式ではない，新たなアプローチによる細胞ビルドアップ型の微小生命機械システムを提案してきた[3〜16]。ミクロ空間において細胞を高効率で大量培養でき，細胞シート工学等のマルチスケールでの細胞操作技術の発展によりデバイスの大量生産が可能になれば，細胞自体を用いた新原理のアクチュエータや生物の持つ超感覚を用いたセンサが実現できる可能性がある。そこで，心筋細胞を駆動源として，細胞を用いた柔らかいマイクロアクチュエータを実現できると考え，筆者らはこれまでデバイスの設計及び基礎実験，原理検証を行ってきた[3〜16]。細胞そのものを材料とする，力学的機能と化学的機能を持ち合わせた新規なバイオア

---

*　Keisuke Morishima　東京農工大学　大学院工学研究院　先端機械システム部門　准教授

クチュエータであり，基礎実験により，化学エネルギ（グルコース・酸素供給）だけで動作するメカノバイオニックシステムの開発に成功している。また，長期間動作可能な心筋細胞駆動型のマイクロポンプを世界に先駆けて試作し，生体組織と融合した生命機械システムの機能創製を実証してきた。筋細胞アクチュエータは，機械的アクチュエータと比較して，微小かつ柔軟であり，自己再生能力，自己増殖機能をもち，また，ナノ分子モータアクチュエータの長所を残しつつ，機械的アクチュエータにはない特性を持っている。筋細胞の中でも心筋細胞はグルコースなどの化学エネルギのみで自律的に収縮する特性がある。しかし，心筋細胞1個あたりの発生力が小さいといった問題がある[17]。また，細胞を1個ずつ操作し，マイクロ構造体へアセンブリすることは困難である。これまでにこれらの課題を克服するために自律収縮能を持った心筋細胞をシート状に再構築した心筋細胞シートを駆動源としたマイクロポンプが報告されている[5]。このマイクロポンプは，心筋細胞をシート状に再構築することにより発生力を強化し，組織化することで複数の細胞を一度にマイクロ構造体へのアセンブリを可能にした。しかし，シート状の駆動源では，駆動できるマイクロ構造体が限られるといった問題がある。したがって，さまざまな3次元形状をもつバイオアクチュエータへの応用には，マイクロ構造体の形状に応じた心筋細胞の任意の3次元形状再構築が必要となる。本研究では，まず，図1に示すように細胞外基質を用いて3次元構築した心筋細胞ゲルの作製を行った。心筋細胞ゲルは注入した細胞とゲル溶液を鋳型内でゲル化させて形状を得る。そのため，鋳型の形状により任意形状のゲル構造体の作製が可能となる。本研究では，輪ゴムのようにものに引っ掛ける，巻きつけるなどの操作によりマイクロ構造体へアセンブリするためにリング状の心筋細胞ゲルの作製を行った。次に，マイクロ心筋細胞ゲルの微小化を行い，収縮による変位，周波数，収縮力また寿命などの性能評価を行った。さらに，バイオアクチュエータの制御として，電気パルス刺激と化学刺激に着目し，それぞれの刺激に対する応答を評価した。最後にバイオアクチュエータへの応用として，ピンセットによる機械的アセンブリとマイクロ心筋細胞ゲルの脱水縮合機能を利用したマイクロ構造体へのセルフアセンブリの2種類の方法について検討するため，マイクロピラーアレイに心筋細胞ゲルをアセンブリしたマイクロピラーアクチュエータと，マイクロチューブの周囲に培養したチューブ型マイクロポンプの試作，評価を行い，マイクロ心筋細胞ゲルのバイオアクチュエータ応用への可能性について検討を行った。

2　細胞外基質を用いた心筋細胞の3次元培養方法の確立

再生医療分野において，細胞外基質を用いて心筋細胞を3次元培養し，臓器移植した研究例が数多く報告されている[18,19]。その中でも本研究では，通常，細胞の接着，分化や増殖因子とし

第29章 3次元細胞ビルドアップ型バイオアクチュエータの創製

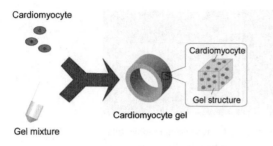

図1 A schematic view of cardiomyocyte gel

図2 Motions of the ring-shaped cardiomyocyte gel structure

て，また特異的形態発現および特異的機能発現を促進させるコラーゲンゲル，マトリゲルといった細胞外基質を用いた心筋細胞の3次元培養に着目した[20]。3次元構築したリング状の心筋細胞ゲルの駆動原理を図2に示す。3次元ゲル内部の心筋細胞が収縮・弛緩を繰り返すことにより，足場となっている3次元ゲル構造体全体が心筋細胞と同期して収縮・弛緩する。この心筋細胞ゲルは外部電源供給装置を必要とせず，培地中の化学エネルギ供給により，37℃，5%CO_2の環境下で自律収縮することができる。作製方法はまず，3次元ゲルを構成するコラーゲンⅠ，マトリゲル，水酸化ナトリウム，培地，心筋細胞をピペットで遠沈管に入れて混合する。次に，細胞懸濁液をϕ16.0mmの溝にϕ8.0mmのフッ素樹脂棒を立てたモールド内に注入する。注入後，37℃，5%CO_2の環境下であるインキュベータにモールドを静置し，細胞懸濁液をゲル化させる。最後に，ゲル化したモールド内を培地で満たし，細胞培養を行った。培地交換は1日おきに行い，培養5日後に，ゲルはモールド内でテフロン棒周囲に凝集し，自律収縮した。培養5日後，モールド内とテフロン棒を取り除いた心筋細胞ゲルを図3に示す。凝集後の心筋細胞ゲルの厚みは当初の4.0mmから約2.0mm凝集した。また，モールド内での心筋細胞ゲル収縮による変位，周波数を画像解析により導出した結果，最大変位3.48μm，周波数0.4Hzであった（図4）。

3 心筋細胞ゲルのマイクロ化

本節ではマイクロアクチュエータの駆動源として利用するために，前項で作製した心筋細胞ゲルのマイクロ化について記述する。心筋細胞ゲルはゲル溶液と細胞を混合した混合液をモールド内に注入し，ゲル化させることにより形状を決定する。したがって，モールドの形状をマイクロ化することで，心筋細胞ゲルのマイクロ化が実現できると考えられる。そこで，ソフトリソグラフィ法により生体適合性に優れたPDMS（Polydimethylsiloxane）に転写して微小モールドを作製した（図5）。微小モールドを用いたマイクロ心筋細胞ゲルの培養方法は，まずPDMSモールドへのプラズマ照射により親水処理を行い，溶液注入を可能にする。次に，生後1日のWister

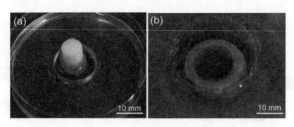

図3 Photo images of micro cardiomyocyte gel 5 days after the starting of cell culture within the PDMS mold (a) and without the PDMS mold (b)

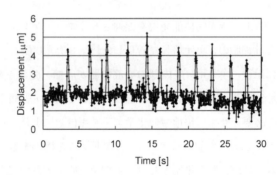

図4 Measurement of the displacement of cardiomyocyte gel by image analysis

ratから摘出した心筋細胞とゲル溶液との混合液をディッシュ内に設置したモールド内に注入した。30分間，37℃，5％CO_2の環境であるインキュベータにモールドを静置し，細胞懸濁液をゲル化させた後に，培地でディッシュ内を満たし培養を行った。なお，ウェル一個当たりの体積は16μl，細胞数は4.5×10^4cells注入した。微小モールド内で培養したマイクロ心筋細胞ゲルを位相差顕微鏡で観察した画像を図6に示す。培地交換は1日おきに行い，培養1日目にはゲルの内部で一部の心筋細胞の拍動を確認し，培養5日目にはゲル構造体の厚みは2mmから232±24μmに凝集し，画像から約14μmゲル構造体全体が収縮した。

4 マイクロ心筋細胞ゲルの性能評価

4.1 変位，周波数測定

微小モールド内から摘出したマイクロ心筋細胞ゲル収縮を正立顕微鏡に取り付けたCCDカメラからPCに取り込み，画像解析から変位，周波数測定を行った。取得した画像から，収縮による変位および周波数を導出した。画像解析の結果を図7に示す。解析の結果，最大変位15.5μm，最大周波数1Hzで収縮し，マイクロ化することにより収縮変位量が増加した。

第29章　3次元細胞ビルドアップ型バイオアクチュエータの創製

図5　Photo images of the micro casting mold
　　　The white bar is 2.0mm

図6　Photo images of the micro cardiomyocyte gel

4.2　収縮力測定

　Force Transducerを用いてマイクロ心筋細胞ゲルの収縮力測定を行った．ゲルの一端をφ150μmのワイヤに引っ掛けて固定し，もう一端をForce transducerの先端に取り付けたφ100μmのワイヤに引っ掛けて，マイクロ心筋細胞ゲル収縮力の測定を行った．なお，測定には0.1μNの分解能のForce transducerを用いた．測定結果を図8に示す．マイクロ心筋細胞ゲル収縮はゲル内の細胞数4.5×10^4cellsに対し，収縮力$1.5 \pm 0.2\mu N$，周波数は0.6Hzであった．ダイアフラム型マイクロポンプの駆動源となった心筋細胞シートはサイズ24mm×24mm×0.1mm，細胞数1.0×10^6cellsに対して78μNという収縮力という結果が報告されている．単位体積あたり単位細胞数あたりの収縮力においてほぼ同等の出力が得られた．

4.3　寿命評価

　マイクロ心筋細胞ゲルの駆動源としての寿命を評価するために，モールド内とモールドから外した2種類について長期培養を行った．まず，モールド内でマイクロ心筋細胞ゲルを長期培養した結果，培養日数が経過するにつれて中央軸周囲からの細胞壊死を確認した．それに伴い，ゲル全体の収縮がゲル一部の収縮へと移行していった．寿命は約1ヶ月であった．次に，モールドから摘出し長期培養したマイクロ心筋細胞ゲルの顕微鏡画像を図9に示す．モールドからマイクロ心筋細胞ゲル摘出後，再びゲルは脱水縮合した．時間の経過につれて，ゲル厚みが増えるだけでなく中央の空洞が塞がった．摘出後，約3日間の収縮を確認した．細胞の3次元培養において直径500μmになると細胞が壊死するという結果が報告されている[21]．本実験のゲルは摘出後24時間後に厚みが500μm以上になっているため，その時点から細胞の壊死が始まったと考えられる．

4.4　ゲル組織切片の構造観察

　3次元培養の課題として，ゲル内部に栄養が浸潤しないために細胞が十分な新陳代謝を行えずに壊死してしまうといった問題がある．そこで，培養開始5日後のマイクロ心筋細胞ゲルの組織を4％パラホルムアルデヒドにより固定し，組織切片を作製し，ヘマトキシン＆エオジン染色す

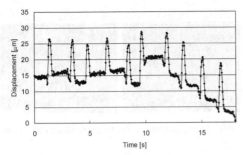
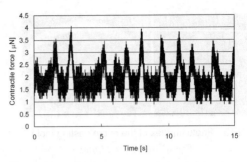

図7 Image analysis results of displacement of the micro cardiomyocyte gel

図8 Force measurement result of the micro cardiomyocyte gel

ることでゲル組織内部の細胞の観察および評価を行い，高さ248μmのゲル内部で細胞の生存を確認した（図10）。

4.5 まとめ

本節ではマイクロ心筋細胞ゲルの性能評価を行った。まず画像解析から収縮による最大変位15.5μm，最大周波数1.0Hz，Force transducerによる力測定から収縮力$1.5 \pm 0.2 \mu N$と測定に成功した。次に寿命評価を行い，モールド内で約1ヶ月，モールドから摘出後約3日間の拍動を確認した。最後にゲル内部の細胞状態を観察し，組織内での細胞の生存状態を確認した。以上のことから，本項で作製したマイクロ心筋細胞ゲルは，バイオアクチュエータの駆動源として活用できる可能性を示せた。しかし，微弱な収縮力を高出力化するためには，ゲル内部で無秩序に配向している心筋細胞の同一方向への配向やゲル内部の細胞数について検討を行っていく必要がある。

5 マイクロ心筋細胞ゲルの制御方法の検討

5.1 電気パルス刺激に対する応答性の評価

筋細胞は人為的に電気パルス刺激を与えると短縮と呼ばれる収縮を引き起こすことが報告されている。そこで，マイクロ心筋細胞ゲルの電気刺激に対する応答性を画像解析により評価した。電気刺激方法は電気刺激装置を用いて電気パルスを発生させ，カーボン電極を用いてフィールドスティミュレーション法により刺激を行った。刺激条件は，電圧：15V，パルス幅：30msで行った。画像解析は前節同様，ImageJを用いて重心位置を測定して解析を行った。解析結果を表1に示す。0.5Hzの周波数で刺激した場合，刺激パルスに追従するように0.5Hzで収縮し，1～5Hzの周波数で刺激した場合は1.2～1.4Hzで収縮し，10Hz以上では強縮した。また，周波数

第29章　3次元細胞ビルドアップ型バイオアクチュエータの創製

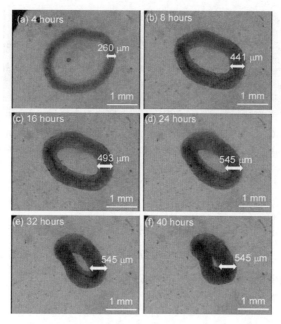

図9　Micrograph of the condensed cardiomyocyte gel without the casting mold 4hours(a)，8hours(b)，16hours(c)，24hours(d)，32hours(e)，40hours(f) after detaching the micro cardiomyocyte

変化による変位量に差は見られなかった。

5.2　化学刺激に対する応答性の評価

　心臓機能停止の際に，強心剤として投与されるエピネフリンは，心筋および心筋細胞の収縮力や心拍数を増加させる効果を持っている。そこで，エピネフリンによるマイクロアクチュエータの高出力化を視野に入れ，エピネフリン投与に対するマイクロ心筋細胞ゲルの応答性を画像解析，収縮力測定により評価した。マイクロ心筋細胞ゲルへの化学刺激は培地に対してエピネフリン濃度が10^{-9}M〜10^{-4}Mになるように投与した。化学刺激による変位および周波数の濃度依存性について図11，図12に示す。化学刺激の結果，Controlから10^{-8}Mまでの区間では，エピネフリンにより収縮変位の増加，周波数の減少を促すことがわかった。10^{-7}Mの濃度では，収縮変位は変化せず，周波数増加を促すことがわかった。10^{-7}M以上の濃度では，収縮変位をわずかに減少させ，周波数をわずかに増加させる効果があった。次に，Force transducerによるマイクロ心筋細胞ゲル収縮力の濃度依存性について評価を行った。マイクロ心筋細胞ゲルの収縮力，周波数の濃度依存性をまとめた表を表2に示す。エピネフリン投与によりマイクロ心筋細胞ゲル収縮の周波数は右肩上がりに増加した。収縮力については，高濃度にすると，減少するという結果が

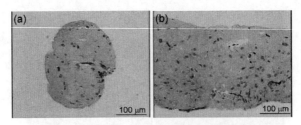

図10 Cross-sectional view of the ring-shaped cardiomyocyte gel sustained with hematoxin and eosin after epinephrine administration
(a): Lateral cross-section. (b): Longitudinal cross-section.

得られた。これは，測定に用いられたForce transducer測定対象の変位量から張力を導出するシステムになっているが，測定対象のマイクロ心筋細胞ゲルの周波数が増加したことにより強縮状態になり，収縮量が減少したためだと考えられる。

6 バイオアクチュエータへの応用

マイクロ心筋細胞ゲルのバイオアクチュエータへの応用としてマイクロ構造体へのアセンブリ方法の違いから2種類のバイオアクチュエータを試作し，性能評価を行った。

6.1 マイクロピラーアクチュエータ

マイクロ心筋細胞ゲルを駆動源としてパーツ化してから物理的にアセンブリする方法として，単純な構造体であるマイクロピラーアレイにアセンブリしたマイクロピラーアクチュエータの試作を行った。マイクロピラーアクチュエータの概念図を図13に示す。マイクロピラーアレイはPTFEシートに直径$150\mu m$の貫通穴を加工したものを鋳型とし，PDMSに転写して直径$150\mu m$，高さ$1000\mu m$の構造体を得た。そのマイクロピラーアレイに引っ掛けるようにピンセットでマイクロ心筋細胞ゲルをアセンブリした。アセンブリ後のマイクロピラーアクチュエータを図14に示す。エピネフリンを$10^{-4}M$になるように投与して，マイクロピラーアレイの変形を観察した。取得した画像解析により，マイクロピラーアレイの変形量の解析を行った。画像解析方法はマイクロピラーアレイの頂点を2値化し，マイクロピラーの重心位置の測定からマイクロピラーアレイの変位量を導出した。解析結果を図15に示す。解析の結果，マイクロピラーアクチュエータは周波数$1.2Hz$，最大変位$0.38\mu m$で駆動した。

第29章 3次元細胞ビルドアップ型バイオアクチュエータの創製

表1 Response of a micro cardiomyocyte gel to EPS at various frequencies

EPS Frequency [Hz]	No EPS	0.5	1	2	3	4	5	10
Contracting Frequency[Hz]	—	0.5	1.4	1.23	1.3	1.36	1.38	—
Displacement [μm]	44.4	39.1	48	42.9	36	44.5	42.6	41.7

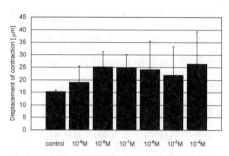

図11 Contractile displacement as a function of epinephrine concentration

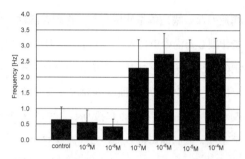

図12 Frequency as a function of epinephrine concentration

6.2 チューブ型マイクロポンプ

　マイクロ心筋細胞ゲルの脱水縮合機能を利用し，マイクロ構造体のアセンブリおよびマイクロ心筋細胞培養を一体化したセルフアセンブリとして，マイクロチューブの周りにマイクロ心筋細胞ゲルを培養したチューブ型マイクロポンプの試作を行った．チューブ型マイクロポンプの原理を図16に示す．流体を一方向に送り出す逆止弁機構の付いたマイクロチューブを作製し，そのマイクロチューブの周囲にマイクロ心筋細胞ゲルを脱水縮合させることで，マイクロ心筋細胞ゲルの収縮により流体を送り出すことの出来るチューブ型マイクロポンプが出来ると考えた．そこで，本研究ではマイクロチューブの造形方法として微細立体構造作製可能な光硬化性樹脂を用いた光造形に着目し，造形およびアセンブリを試みた．

6.2.1 光硬化性樹脂と細胞との生体親和性の検証

　光造形によるマイクロ構造体を用いるには，光硬化性樹脂が心筋細胞にとって生体親和性をもつ材料であるかを検証する必要がある．そこで，カバーガラス上に光硬化性樹脂をコートした表面に心筋細胞を播種し，細胞状態の観察を行った．観察結果を図17に示す．光硬化性樹脂上に培養した心筋細胞は自律収縮している様子を確認し，光硬化性樹脂の生体親和性を検証できた．

6.2.2 マイクロチューブとのアセンブリおよび駆動評価

　マイクロ心筋細胞ゲルと構造体とのアセンブリおよび収縮によるマイクロチューブ変形について観察を行った．使用したマイクロチューブは，膜厚30μm，直径2mm，全長7mmで，逆止弁

表2 Response of micro cardiomyocyte gel to Epinephrine at various concentrations

Epinephrine concentration	Control	10^{-9}M	10^{-8}M	10^{-7}M	10^{-6}M	10^{-5}M	10^{-4}M
Frequency [Hz]	0.6	0.67	1.6	3.4	3.4	3.6	4.2
Contractile force [μN]	1.65	2.03	2.03	1.53	1.4	1.14	1.39

構造のない構造体を使用した。作製方法は，光造形により作製したマイクロチューブをPDMSで作製した溝の中に入れ，チューブの周りに細胞とゲルの混合液を注入し，脱水縮合させる。上記の方法でアセンブリしたチューブ型マイクロポンプの顕微鏡画像を図18に示す。今回の実験では，マイクロ心筋細胞ゲルはマイクロチューブの底面周囲にアセンブリした。エピネフリン濃度が10^{-4}Mになるように投与し，マイクロチューブの膜を倒立位相差顕微鏡で観察した結果，ディッシュ底面に接しているマイクロチューブ膜はマイクロ心筋細胞ゲル収縮により40秒間で0.42μm変位した。マイクロチューブ底面は，ディッシュ底面に接地しているため，摩擦によりチューブ膜を一方向に移動させたと考えられる。したがって，ディッシュ底面の摩擦の影響を受けないマイクロチューブの中央にマイクロ心筋細胞ゲルをアセンブリすることでマイクロチューブ膜を変位させる可能性を示せた。

6.2.3 逆止弁付チューブ型マイクロポンプの作製

逆止弁構造として生体の血管の弁を模倣した逆止弁の付いたマイクロチューブの作製を行い，前節と同様の方法により培養を行った。アセンブリ後のチューブ型マイクロポンプを図19に示す。作製したチューブ型マイクロポンプにエピネフリン濃度10^{-4}Mになるように投与後，蛍光ビーズを用いてマイクロチューブの流体の観察を行った。流入口近傍では，画像解析の結果，蛍光ビーズを6秒間で16μm移動させることに成功した。

7 結言と今後の展望

本稿では，従来の機械的アクチュエータに代えて，自律収縮機能を持った心筋細胞をバイオアクチュエータへ適用するために，まず心筋細胞の3次元構築を行った。次に，3次元構築した心筋細胞ゲルのマイクロ化を行い，収縮力，周波数，変位，寿命などの性能評価を行った。さらに，電気刺激や化学刺激などの外部刺激に対するマイクロ心筋細胞ゲルの応答性の評価を行い，マイクロ心筋細胞ゲルの制御，性能向上の可能性を示した。最後に，バイオアクチュエータへの応用として，組織構築後にピンセットなどによるマイクロ構造体へのマニュアルアセンブリと組織構築とマイクロ構造体へのアセンブリを一体化したセルフアセンブリの2種類のアセンブリの観点

第29章　3次元細胞ビルドアップ型バイオアクチュエータの創製

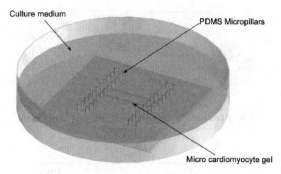

図13　Schematic illustration of the micropillar actuator driven by the micro cardiomyocyte gel

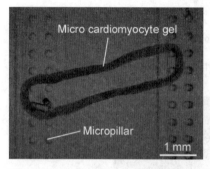

図14　Micrograph of the micropillar actuator

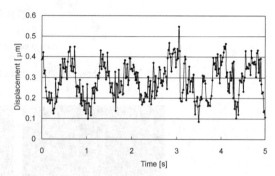

図15　Image analysis result of the displacement of the micropillar

から，マイクロピラーアクチュエータとチューブ型マイクロポンプの試作を行い，微動ながら駆動させることに成功した．本実験から，新たなアセンブリを提案し，任意形状のマイクロバイオアクチュエータの可能性を示せた．今後は，マイクロ心筋細胞ゲル内部の心筋細胞ゲルを同一方向に配向させた収縮力の向上と細胞培養，出力向上，アセンブリの一体化が必要と考えられる．

　本研究は，生物の最小単位である細胞というパーツを用いて，微小機械及び細胞組織を結びつけ，生体組織や細胞の機能を持ったRegenerativeな微小機械システムを再構築するという全く新しい概念に基づいて，デバイス設計を行う斬新な試みである．人工物で模倣する迂回路をとるのではなく，生物や細胞の機能を直接的に人工システムに取り込むことで，生体の持つ自己修復機能を備えた集積化デバイスや生体親和性の高い生命機械システムを実現することを着想した[3〜16]．本研究により生物と人工物の新しいハイブリッド化技術が確立すれば，従来の「バイオミメティック」から「細胞そのものを用いたものづくり」へのパラダイムシフトを起こすことが可能になってくる．今後，生物と機械，生物と電子間のインターフェース技術を実現すれば，原理的には様々な生物機能を人工システムに取り込むことが可能となる．また，様々な細胞培養

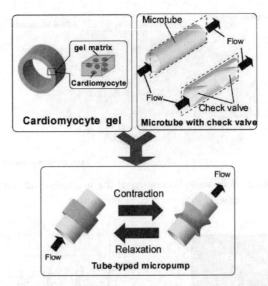

図16 Schematic illustration of tube-typed micropump

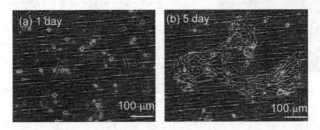

図17 Micrograph of the cardiomyocytes on the light curing resin

の技術革新により，今回提案する生命機械システム，すなわち，細胞からビルドアップしたメカノバイオニックシステムも，現在の人工的なデバイスと同等レベルに大量生産でき，遺伝子操作等のバイオテクノロジーの発展によって，システム自体の高機能化も見込める．将来的には，医療機器市場における生体組織の再生医療技術への応用やユビキタスデバイスへの応用等，これまで機械的なものに頼っていたシステムの根本原理を覆す新たな産業及び学問分野を創出する可能性がある．これらは，ロボティクス・メカトロニクスに関する最先端の技術，生体機械，超微細加工技術と再生医療・ティッシュエンジニアリング分野の技術に関する知見を密接かつ有機的に組み合わせることにより，それぞれの研究分野単独では決してなしえなかった新たな研究が実現できると大いに期待できる．それにより，生体と同様に柔らかい生命機械システムの分野を開拓でき，筋細胞を用いたバイオアクチュエータ，生命機械システムの構築や，応用面では，医療用・環境適応マイクロマシン，人工細胞，臓器，ソフトアクチュエータ等の研究テーマに活用できる．

第29章　3次元細胞ビルドアップ型バイオアクチュエータの創製

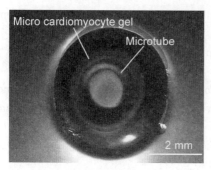

図18　Micrograph of the tube-typed micropump

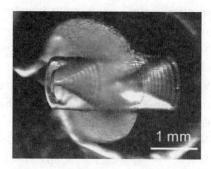

図19　Micrograph of the tube-typed micropump with check valve

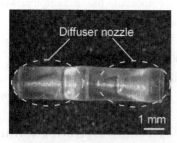

図20　Photo image of the tube-typed micropump with diffuser nozzle

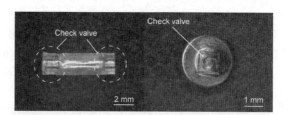

図21　Photo images of the tube-typed micropump with check valve

【謝辞】

　本研究の一部は，NEDO若手研究助成，文部科学省の科学研究費補助金（No.19016008, 20034017, 20686018, 21676002）の助成により行なわれた。第6.2節の実験では，横浜国立大学 准教授 丸尾昭二先生に光造形によるマイクロ構造体を作製していただくとともに有益なご助言をいただいた。ここに同研究室に対して感謝の意を表する。

文　　献

1) H. T. G. Van Lintel, F. C. M. Van De Pol, S. Bouwstra, *Sensors & Actuators*, **15**, 153-167（1988）
2) 平塚祐一, 上田太郎, 生物物理, **45**（3）, 134-139（2005）
3) Y. Tanaka *et al.*, "Demonstration of a PDMS-based bio-microactuator using cultured cardiomyocytes to drive polymer micropillars", *Lab on a Chip*, vol.6, pp.230-235（2006）
4) K. Morishima *et al.*, "Demonstration of a bio-microactuator powered by cultured

cardiomyocytes coupled to hydrogel micropillars", *Sensors and Actuators B*, Chemical, vol.119, pp.345-350 (2006)

5) Y. Tanaka et al., "An actuated pump on-chip powered by cultured cardiomyocytes", Lab on a Chip, vol.6, pp.362-368 (2006)

6) Y. Akiyama et al., "Culture of insect cells contracting spontaneously; research moving toward an environmentally robust hybrid robotic system", *Journal of Biotechnology*, vol.133, pp.261-266 (2008)

7) 秋山佳丈ほか, "昆虫背脈管を用いた長期間室温で駆動するバイオアクチュエータの創製", 日本ロボット学会誌, vol.26, pp.667-673 (2008)

8) 星野隆行ほか, "メカノバイオニックツールの構築―骨格筋細胞による人工微小骨格の駆動実験―", 日本ロボット学会誌, vol.26, pp.651-657 (2008)

9) Y. Akiyama et al., "Long-term and room temperature operable bio-actuator powered by insect dorsal vessel tissue", *Lab on a Chip*, vol.9, pp.140-144 (2009)

10) T. Hoshino et al., "Live-Cell-driven Insertion of a Nanoneedle", *Japanese Journal of Applied Physics*, vol.48, pp.107002-1-107002-6 (2009)

11) H. Horiguchi et al., "Fabrication and Evaluation of Reconstructed Cardiac Tissue and Application to Bio-actuated Microdevices", *IEEE Transaction on Nano Bioscience*, vol.8, pp.349-355 (2009)

12) K. Iwami et al., "Bio rapid prototyping by extruding/aspirating/refilling thermoreversible hydrogel", *Biofabrication*, vol.2, pp.014108-014112 (2010)

13) Y. Akiyama et al., "Rod-shaped Tissue Engineered Skeletal Muscle with Artificial Anchors to Utilize as a Bio-Actuator", *Journal of Biomechanical Science and Engineering*, vol.5, pp.236-244 (2010)

14) T. Hoshino et al., "Muscle-powered Cantilever for Microtweezers with an Artificial Micro Skeleton and Rat Primary Myotubes", *Journal of Biomechanical Science and Engineering*, vol.5, pp.245-251 (2010)

15) T. Hoshino et al., "Cell-driven Three-dimensional Manipulation of Micro-parts for a Micro-assembly", *Japanese Journal of Applied Physics*, vol.49, p.06GM03-1-06GM03-4 (2010)

16) Y. Akiyama et al., "Electrical stimulation of cultured lepidopteran dorsal vessel tissue: an experiment for development of bioactuators", *In Vitro Cellular & Developmental Biology-Animal* vol.46, pp.411-415 (2010)

17) S. Nishimura, S. Yasuda, M. Katoh, K. P. Yamada, H. Yamashita, Y.Saeki, K. Sunagawa, R. Nagai, T. Hisada, S. Sugiura, *Am. J. Physiol. Heart Circulatory Physiol.*, **287**, 196-202 (2004)

18) Y. C. Huang, L. Khait, R. K. Birla, *J Biomed Mater Res A.*, **80** (3), 719-31 (2007)

19) N. R. Blan, R. K. Birla, *J Biomed Mater Res A*, **86** (1), 195-208 (2008)

20) W.H Zimmermann, K Schneiderbanger, P Schubert, M Didié, F Münzel, J. F Heubach, S Kostin, W.L Neuhuber, T Eschenhagen, *Circ. Res*, **90**, 223-230 (2002)

21) T. Okano and T. Matsuda, *Cell Transplant*, **6**, 109-118 (1997)

第30章　組織工学技術を用いたバイオアクチュエータの開発

藤里俊哉*

1　はじめに

　生体筋組織は，アデノシン三リン酸をエネルギー源として駆動する柔軟，軽量，かつ高効率なアクチュエータであり，人工のメカニカルなアクチュエータでは得ることのできない優れた特性を有している。この生体筋組織を生体外のアクチュエータとして利用する試み，すなわちバイオアクチュエータの開発は，他章でも記されているように，筋組織の構成タンパク質を利用したものから，筋細胞，そして筋組織を直接利用したものまで，既に幅広いレベルで行われている[1,2]。しかしながら，合成高分子材料や形状記憶合金などの人工物とは異なった生物素材特有の取り扱いの難しさもあって，これまで広く研究されてきたとは言い難かった。

　他方，心筋梗塞などの虚血性心疾患の治療という観点から見ると，増殖しない心筋細胞の代用として骨格筋細胞や骨格筋組織を利用する研究は古くから数多く行われてきた。一時期，心臓周囲に巻き付けた骨格筋を電気刺激によって心臓と同期収縮させるCardiomyoplastyや，心臓外に骨格筋を用いた補助ポンプを形成するNeoventricleなどが盛んに研究されたが，これらは体内で骨格筋組織をアクチュエータとして利用する試みであったと言えよう[3]。現在では，患者から採取した骨格筋芽細胞をシート状に培養し，心筋梗塞部位に貼り付ける治療方法が臨床応用されている[4]。さらに，このような組織工学技術，いわゆる再生医療技術が注目されることで，細胞から生体組織を構築したり，バイオリアクターと呼ばれる装置を用いて細胞や生体組織を生体外で長期間培養する研究が広く行われるようになり，それらの知見や技術が急速に蓄積されつつある。

　本章では，バイオアクチュエータの開発における，組織工学技術を用いた細胞・組織レベルでの試みについて，我々の研究を中心に紹介したい。

2　筋細胞を用いたバイオアクチュエータ

　ご存じの通り，筋組織は骨格筋，心筋，および平滑筋に分けられ，それぞれ骨格筋細胞（骨格

---

*　Toshia Fujisato　大阪工業大学　工学部　生命工学科　教授

筋繊維），心筋細胞，および平滑筋細胞がその運動を担っている。平滑筋は収縮速度が遅いなど，運動様式が前二者とは異なっているため，特定の用途を除き，バイオアクチュエータの細胞ソースとしては自己拍動する心筋細胞と自己拍動しない骨格筋細胞が考えられよう。たとえば前者では，シート状に培養した心筋細胞をポンプとして利用する試みなどが報告されている[5]。しかし現在のところ，両細胞とも直接増殖させることはできず，心筋細胞においては，人工多能性幹細胞（iPS細胞）も含めて，前駆となる細胞から得る方法も完全には確立されていない。また，自己拍動する心筋細胞を得るためには，通常，動物の胎児や新生児の心臓から酵素などによって細胞を単離する必要があり，成熟動物からは得ることができない。一方，骨格筋細胞においては，前駆となる骨格筋芽細胞（筋衛星細胞）を骨格筋繊維周囲から容易に単離することができ，増殖・分化させることによって筋管細胞や骨格筋細胞を得ることができる。Dennisらは筋芽細胞と線維芽細胞の共培養による自己組織化（自然に細胞塊が形成されて組織化すること）によって培養骨格筋を作製し，その収縮力は単収縮で約215μN，強縮で約440μNであったと報告している[6]。Huangらはその方法を改良し，単収縮で約330μN，強縮で約805μNの収縮力を有する培養骨格筋を作製したと報告している[7]。また，Yanらは配向させたコラーゲン上でラット由来の筋芽細胞を培養し，それを積層化することによって単収縮で約300μN，強縮で約500μNの収縮力を有する培養骨格筋を得ている[8]。

培養骨格筋を作製するためには，前述のように，骨格筋芽細胞を増殖させ，さらに分化させることによって，筋管細胞を経て成熟した筋繊維を得る必要がある。また，アクチュエータとして有効に機能させるためには，成熟した筋繊維を一方向に配向させる必要もある。このため，自己組織化による方法では培養骨格筋の作製に1ヶ月以上の長時間を要することや，十分に成熟・配向しないなどの問題点があった。さらに，培養骨格筋の等尺性収縮力や収縮弛緩動態の変化など，筋組織として重要な機能の定量的評価はほとんどなされておらず，その理由として培養骨格筋の測定装置への取り付けが難しいという問題点もあった。

そこで我々の培養骨格筋では，コラーゲンゲルをベースとしつつ，非付着性基材の上で張力を加えて培養することによって筋芽細胞の成熟性および配向性を高め，さらに両端には生体組織を用いた腱様組織を複合化することによって収縮力測定装置への取り付けを容易にした[9]。これによって，アクチュエータとして応用し易く，かつ収縮弛緩動態の定量的評価を可能とした培養骨格筋を作製することが可能となった。また，実際にアクチュエータとして利用し，光造形装置で作製した構造体の駆動実験を行った。

第30章 組織工学技術を用いたバイオアクチュエータの開発

3 我々の骨格筋細胞を用いたバイオアクチュエータ

生体筋は腱組織を介して骨と接合している。未だ実用に耐えうる人工腱が開発されていないことからもわかるように，生体軟組織と硬組織とを強固に接合することは容易でない。我々は，動物組織から細胞成分やエラスチン繊維を除去し，主としてコラーゲン線維のみを残存させた脱細胞化組織を人工腱組織として利用している。今回用いた脱細胞化組織は，購入したブタ下行大動脈を凍結乾燥後に真空熱架橋し，エラスターゼ溶液にて処理したものであり[10]，直径3mm，厚さ約1.5mmのディスク状に加工した後，測定装置への取り付け用として，中心に直径1mmの穴が設けてある。筋部にはコラーゲンゲルを用いているため，この人工腱組織とは高い親和性を有している。なお，細胞には株化したマウス由来の骨格筋芽細胞であるC2C12細胞を使用しており[11]，動物からの採取は行っていない。

まず，人工腱組織を，シリコーンシートを敷いたポリカーボネート基材上に配置された2本のピン（13mm間隔で設置）に挿入した。次に，C2C12細胞を1.0×10^7cells/ml包含するコラーゲンゲル溶液を，2つの人工腱組織周囲およびそれらの間に滴下した（図1左）。インキュベータ内でゲル化後，当初の2日間は，増殖培地として通常のウシ胎児血清を含むHigh-glucose Dulbecco's modified Eagle's medium（HG-DMEM）で培養し，続く期間は，分化培地としてウマ血清を含むHG-DMEMで培養した[12]。分化培地で培養することによって筋芽細胞どうしが融合し，筋管細胞へと分化する。その際，徐々にゲルの体積は収縮するが，両端の人工腱をピンで固定しているため，ピン間は収縮することなくピン間と垂直方向のみが異方的に収縮する。さらに，ゲルは基材のシリコーンシートには付着せず，培養開始後数日を経ると自然に剥離してくるため，長さ約15mm，直径約0.5mmの小さなダンベル状となる（図1中）。このようにして得られた培養骨格筋は，ピンセットで把持できる強度を有しており，2本のピンから人工腱を外してもハンドリングは比較的容易である（図1右）。

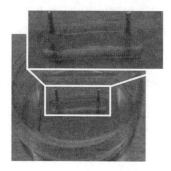 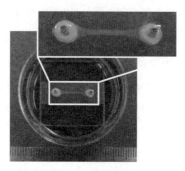 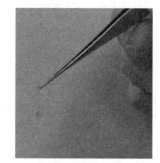

図1　我々の培養骨格筋（左：作製時，中：培養2週間後，右：ピンから外したところ）

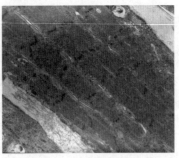

図2 培養3週間後の培養骨格筋（左：HE染色像，右：TEM像（1万倍））

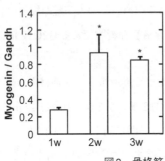
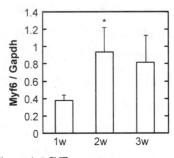

図3 骨格筋分化マーカの発現
（＊は1wと有意差があるもの（$p<0.05$））

4 組織学および分子生物学的評価

作製した培養骨格筋を，細胞核を青く細胞質を赤く染め分けるヘマトキシリン・エオシン（HE）染色した結果，播種した筋芽細胞が多核の筋管細胞へと分化している様子が見られた。これらの分化した筋管細胞は，培養筋の長軸と平行に配向していた（図2左）。通常の培養ディッシュ上にて平面培養した場合では，筋芽細胞が筋管細胞へと分化してもその走向はランダムで，一方向に揃うことはない。しかしながら我々の方法では，両端の人工腱がピンによって固定されているため，ゲルが収縮する際に長軸方向に張力が生じ，結果として筋管細胞が配向したと考えられる。また，透過型電子顕微鏡（TEM）によって微細構造を観察した結果，培養3週間後の培養骨格筋内部にはサルコメア構造を有することも確認した（図2右）。さらに，筋芽細胞から骨格筋細胞への分化マーカであるMyogeninやMyoD, Myf6（MRF4）をリアルタイムPCRによって確認したところ，培養2週間目には，それらが活発に発現していることを認めた（図3）。同様に，骨格筋組織で代表的なタンパク質であるミオシン重鎖と軽鎖をウエスタンブロットによって確認したところ，ともに培養2週間以降，強く発現していることを認めた。これらのことは，分化培地で培養することによって筋芽細胞は筋管細胞へと融合し始め，遅くとも培養3週間後に

第30章　組織工学技術を用いたバイオアクチュエータの開発

図4　等尺性収縮力の測定

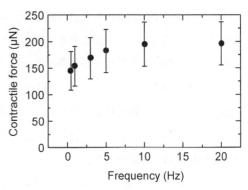
図5　培養骨格筋の収縮力（培養2週間後）

は成熟した筋細胞が出現していることを示している。

5　収縮力

作製した培養骨格筋に培養液を介して単極性電気パルス刺激を与えたところ，肉眼で容易に確認しうる収縮弛緩運動が観察できた。そこで，電気パルスの電圧やパルス幅，周波数を変え，収縮力を測定することで培養骨格筋の収縮弛緩特性を評価した。自作した収縮力測定装置は，培養液中の培養骨格筋両端の人工腱を荷重センサに取り付けることのできる構造としており，等尺性収縮力が測定できる（図4）。その結果，等尺性収縮力は印加電圧が高くなるにつれて，パルス幅が長くなるにつれて，そして周波数が高くなるにつれて大きくなった。印加電圧およびパルス幅を大きくすることで等尺性収縮力が大きくなることは，Dennisらも報告している[6]。筋芽細胞が融合して形成された筋管細胞は，その分化状態によって電気パルス刺激に応答する閾値が異なっていると考えられる[13]。そのため，印加電圧およびパルス幅が大きくなると，収縮弛緩運動に参加する筋管細胞数が増加し，それにともなって等尺性収縮力が大きくなったと考えている。

さて，培養2週間の時点における周波数の影響について少し詳しく述べると，印加電圧を50V，パルス幅を2msとしたとき，周波数が0.5Hzから10Hzの範囲では培養骨格筋が同期して収縮弛緩したが，20Hzでは刺激の間ほぼ一定の値を示していた。また，0.5Hzでの等尺性収縮力は約130μNであったが，周波数の増加とともに徐々に増大し，20Hzでは約180μNであった（図5）。生体骨格筋では，完全に弛緩する前に刺激が与えられると最初の収縮力よりも強くなるが，これは収縮により張力が発生しているときに刺激を受けるためであり，筋小胞体からカルシウムイオンがさらに放出されることによって生じるとされる（単収縮の加重という）。さらに刺激の頻度が多くなると周期的な収縮は起こらず，完全強縮の状態になる。我々の培養骨格筋においても，

生体筋と同様に不完全強縮あるいは強縮が生じたと考えている[14]。なお，ここでの収縮力の値は，最初に述べた各グループの値よりも小さかったが，その理由として，各グループよりも培養期間が短いことの他，細胞数などの条件が異なっており，より最適化した条件では，ほぼ同等ではないかと考えている。

以上のように，生体骨格筋の収縮力は，収縮に参加する筋繊維の数および神経からの刺激の頻度に依存しているが，我々の培養骨格筋においても同様であった。したがって，我々の培養骨格筋の収縮特性は，生体筋に類似しているといえよう。ただし，培養筋では培養液を介して電気パルス刺激を与えているため，生体筋とは駆動メカニズムが異なっていると考えられ，収縮弛緩を誘発するには最低でも数Vの印加電圧が必要である。いずれは，神経インパルスのような微小信号のみで駆動する方法について検討したい。

6 バイオアクチュエータによる物体の駆動

作製した培養骨格筋のアクチュエータとしての有用性を実証するために，マイクロ光造形装置を用いて作製した造形物を駆動させる実験を行った。培養骨格筋両端の人工腱部位を，縦，横，および厚みがそれぞれ$2.1×2.8×1.2$mmおよび$2.1×14.8×1.2$mmの2つの造形物上に配置し，さらに人工腱部位を$2.1×2.8×1.3$mmの造形物で上部から挟みこんだ（図6）。挟み込み部には円錐状の突起が設けられており，人工腱のすべりを防止するように工夫してある。なお，小型の造形物は培養ディッシュに固定してあり，大型の造形物は中央やや培養筋よりを中心として回転できるようになっている。周波数3Hzの電気パルス刺激を培養液を介して与えたところ，電圧に同期した培養筋の収縮にともなって造形物が駆動することを確認した。しかし，培養筋は弛緩する際に元の状態には戻らず，時間の経過とともに動きは次第に小さくなり，刺激開始から数秒後には肉眼で造形物の動きを観察することができなくなった。また，周波数10Hzでは，刺激開始時に造形物は一旦大きく駆動したが，刺激を終了しても元の位置に戻らなかった。このとき，造形物は約10°回転しており，これは培養筋が約1.5mm，すなわち収縮前の筋部の約15％が収縮していることを示している（図7）。

生体骨格筋でも自ら弛緩して伸びることはなく，収縮すると関節が曲がる屈筋と，収縮すると関節が伸びる伸筋とが拮抗的に働くことで，関節が曲げ伸ばしされる。したがって，培養骨格筋1本では収縮運動のみが可能で，2本を互い違いに駆動することで，効果的なアクチュエータ駆動を行うことができると考えられる。しかし，現在のシステムでは，培養筋の駆動には培養液を介して電気パルスを印加していることから，2本を交互に駆動するためには，直接電気刺激を与えるなどの工夫が必要である。培養骨格筋1本とゴム弾性体1本とを組み合わせたアクチュエー

第30章　組織工学技術を用いたバイオアクチュエータの開発

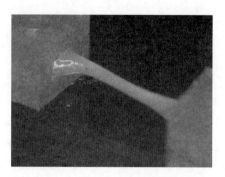

図6　バイオアクチュエータ

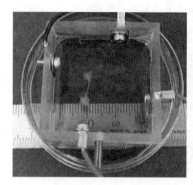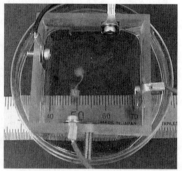

図7　バイオアクチュエータによる物体の駆動（左：刺激前，右：10Hzの刺激後）

タについても検討を行ったが，電気パルス刺激の周波数に呼応した振幅運動を得たものの，大きな運動量を得ることは容易でなかった[15]。アクチュエータでは駆動力だけでなく運動量も大切であることから，等尺性収縮だけでなく，等張性収縮による培養筋の変位量なども定量的に評価する必要があると考えている。

7　おわりに

コラーゲンゲル両端に類似成分からなる人工腱を複合化させることで，硬い構造物との機械的な接合を容易にすることができた。これは，生体における筋腱骨と類似の階層構造を生体外で実現しているといえる。また，アクチュエータとして応用し，肉眼で観察できるほど大きく構造物を駆動することができた。しかし，実用化に至るには，まだ幾つかの課題がある。これまでに述べたことのほか，重要なことは，より太く強い培養筋組織を構築し，それを長期間維持することである。培養筋の作製は，生体外で筋組織を構築するという点で組織工学の手法と一致する。組織工学で未だ解決されていない最も大きな問題に，細胞を栄養する毛細血管網を構築できないこ

未来を動かすソフトアクチュエータ

図8 十姉妹

とがある[16]。このため，生体外では長期間生存できる大組織を作製することができない。これは我々の培養筋にも当てはまっている。現在，作製している培養筋の直径は約0.5mmであるが，それでも筋管細胞は表層には多いものの内部には少なく，内部は低栄養状態にあることが推測される（図2左）。これより太くすることも可能であるが，内部に栄養や酸素が行き渡らず，かえって細胞は壊死してしまう。しかし幸いなことに，バイオアクチュエータでは生体組織と同じ構造である必要はない。より太く，より長く，より力強い培養骨格筋を得るべく，細胞を長期間培養するためのより良い方策を求めて，その構造や作製方法，そしてバイオリアクターを用いた培養方法などを改良しているところである。

我々の培養骨格筋の最大収縮力は，残念ながらラット生体筋の10分の1以下である。飼育しているメダカや金魚の遊泳，そして十姉妹の飛翔などを眺めていると，小さいながらすばらしいパフォーマンスを発揮する生体筋に驚嘆せざるを得ない（図8）。バイオアクチュエータという単語はまだまだ一般的ではないようで，PubMedやGoogleで検索してもヒットする件数は意外と少ない。今後，多くの研究者の参加によってますますバイオアクチュエータの研究が進むことを期待するとともに，私も工学者として，広く実用化を目指した研究を推し進めて行きたいと思っている。

【謝辞】

本研究の一部は，文部科学省学術フロンティア推進事業，厚生労働科学研究費，およびヒューマンサイエンス振興財団政策創薬総合研究費の交付を受けて行われました。また，得られた成果は，私の研究室の寺田堂彦ポスドク，山﨑健一，近藤英雄，林 宏行大学院生，4年生諸君，および大阪工業大学ロボット工学科マイクロデバイス研究室の筒井博司教授，中尾 誠，赤土和也大学院生などとの共同研究の賜です。この場をお借りしてお礼申し上げます。

第30章　組織工学技術を用いたバイオアクチュエータの開発

文　　献

1) Kakugo A *et al*., Integration of motor proteins-towards an ATP fueled soft actuator., *Int J Mol Sci*., 2008; **9**（9）: 1685-703.
2) Akiyama Y *et al.,* Long-term and room temperature operable bioactuator powered by insect dorsal vessel tissue, *Lab Chip*, 2009; **9**（1）: 140-4.
3) Chiu RC *et al.,* Biochemical and functional correlates of myocardium-like transformed skeletal muscle as a power source for cardiac assist devices, *J Card Surg*, 1989; **4**（2）: 171-9.
4) Miyagawa S *et al*., Impaired myocardium regeneration with skeletal cell sheets-a preclinical trial for tissue-engineered regeneration therapy, *Transplantation*, 2010; **90**（4）: 364-72.
5) Tanaka Y *et al.,* A micro-spherical heart pump powered by cultured cardiomyocytes, *Lab Chip*, 2007; **7**（2）: 207-12.
6) Dennis RG, Kosnik PE 2nd. Excitability and isometric contractile properties of mammalian skeletal muscle constructs engineered in vitro, *In Vitro Cell Dev Biol Anim*, 2000; **36**（5）: 327-35.
7) Huang YC *et al,* Rapid formation of functional muscle in vitro using fibrin gels., *J Appl Physiol*, 2005; **98**（2）: 706-13.
8) Yan W *et al*., Tissue engineering of skeletal muscle, *Tissue Eng*, 2007; **13**（11）: 2781-90.
9) 山﨑健一ほか, 無細胞生体由来組織とコラーゲンゲルとを足場とした培養骨格筋を用いたバイオアクチュエータの開発, 生体医工学, 2008; **46**（6）: 690-7.
10) 寺田堂彦ほか, バイオスキャフォールド, バイオマテリアル, 2008; **26**（4）: 309-19.
11) Yaffe D, Saxel O. Serial passaging and differentiation of myogenic cells isolated from dystrophic mouse muscle, *Nature*, 1977; **270**（5639）: 725-7.
12) Kubo Y. Comparison of initial stages of muscle differentiation in rat and mouse myoblastic and mouse mesodermal stem cell lines, *J Physiol*, 1991; **442**: 743-59.
13) 大西優貴ほか, 筋芽細胞の分化と細胞膜電位の変化, 生体医工学, 2008; **46**（1）: 64-8.
14) Yamasaki K *et al*., Control of myotube contraction by electrical pulse stimulation for bio-actuator, *J Artif Organs*, 2009; **12**（2）: 131-7.
15) 中尾　誠ほか, 培養骨格筋のバイオアクチュエータへの応用, 生体医工学, 2009; **47**（6）: 560-5.
16) Bian W, Bursac N. Tissue engineering of functional skeletal muscle: challenges and recent advances, *IEEE Eng Med Biol Mag*, 2008; **27**（5）: 109-13.

第31章　ATP駆動型ソフトバイオマシンの創製

角五　彰[*1]，JianPing Gong[*2]

1　はじめに

　私たちの身の回りには実に様々な人工の動力システムが存在している。しかし，金属などのハードでドライな材料で構成されるシステムは柔軟性に乏しくまた閉じた系でもあることから物質（情報）の交換ができない。柔軟性さらに物質の出入りに伴い自ら対応できるような自律応答型の人工動力システムを実現できないものだろうか。その手掛かりとなるのが生物のシステムである。生物は"滑らか"かつ"ダイナミック"な運動を実現するだけでなく外界からの情報に対しても柔軟に対応することができる。それを可能にしている生体のシステムは水という溶媒を含んだ柔軟な構造体であり，かつ秩序構造を有している。このソフトでウエットな物質状態をハイドロゲルという物質系に写し取ることで生体様の機能が模倣されてきた。ハイドロゲルを構成する高分子鎖は浸透圧変化などの外部刺激に対して可逆的にその構造を変化させることができる。個々の分子をみるとその変化が微小であっても三次元的に絡まった高分子網目の中でそれは巨視的なものへと変換される。ハイドロゲルは生体様運動システムとして注目された[1]。その後，更なる機能性を求め液晶性や結晶性高分子などによる秩序構造が導入された。しかし，それらは一次元的な秩序を有するのみで生体組織に見られる階層性とはかけ離れたものであった。高次に渡る階層構造にこそ生体らしいダイナミックな運動の起源がある。例えば骨格筋はアクチン/ミオシンという分子モーターを主要構成要素とするがその機能は個々の要素の総和とは明らかに異なる。このような非線形的（創発的）な機能発現が生体システムの大きな特徴であり，生体の秩序構造がいかに組み上げられていくのか，その理解がより生体らしい動力システムの創製につながると考えている。本稿では生体動力システムの構成要素（アクチン/ミオシン，チューブリン/キネシンなどの分子モーター）を人工的に再構築していく過程から生体の自己組織化原理を探っていく。①分子モーターの受動的自己組織化法―エネルギー供給のない平衡系における要素集積（自己組織化の過程でエネルギーが消費されるが定常状態では自由エネルギーが最小となりこの

[*1] Akira Kakugo　北海道大学　先端生命科学研究院　先端融合科学研究部門　助教／JST　PRESTO

[*2] JianPing Gong　北海道大学　先端生命科学研究院　先端融合科学研究部門　教授

第31章 ATP駆動型ソフトバイオマシンの創製

時点でエネルギーの移動はない（図1. I）），②分子モーターの能動的自己組織化法－エネルギー（ATP）供給がある系での要素集積（定常状態がエネルギー散逸系の中で保たれている（図4.I）），③分子モーター自己組織化の時空間制御に向けた取り組み，について紹介したい．

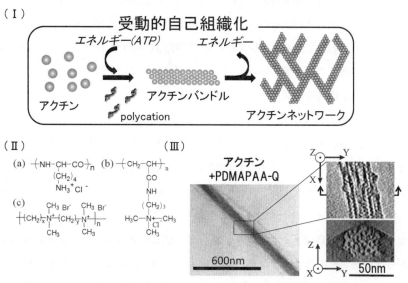

図1　I. 受動的自己組織化の概念図。アクチン結合タンパク質を模したポリカチオンでアクチン集合体の多形構造をin vitroで再現する。II. p-Lysine(a)，PDMAPAA-Q(b) 及びx,y-ionene(c) の化学構造。III. PDMAPAA-Qとの相互作用により形成するアクチンバンドルの透過電顕像。強拡大像は電子線トモグラフィーにより得られた断面像。

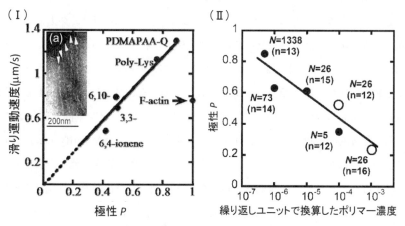

図2　I. アクチンバンドルの矢じりパターン（写真中の白い三角形は矢じりの向きを示す）。極性Pは上向き，下向きのF-アクチン数の差を構成する全本数で割り算して出している。II. アクチンバンドルの極性制御。P-Lysの分子量が上がると極性が増加し（●），同じ分子量でも濃度が増加すると極性が減少する（○）。NはLysの重合度，nはサンプル数。

2 分子モーターの受動的自己組織化

　球状の分子"アクチン"は生体組織内に存在する最もユビキタスなタンパク質である。アクチンは細胞内では実に様々な機能発現に関わる分子として知られている。ミオシン繊維とともに収縮性の繊維束を形成したり，細胞運動，細胞分裂また細胞の骨格としても働く。この多機能性はアクチンの変幻自在な構造体形成能によるものである。その様々な構造体形成には多くのアクチン結合タンパク質が関わっており，その両者間では静電的な相互作用の重要性が指摘されている。ここではアクチン結合タンパク質等を単純な高分子で模倣することでアクチン集合体の多形構造を再現するとともにその構造形成メカニズムを探っていく。

　酸性側に等電点をもつアクチンは，生理的条件下では負に帯電していることが知られており，線電荷密度は〜4e/nm程度となる。このアクチン溶液中へカチオン性の合成高分子を混合すると特徴的なサイズを持つ束（バンドル状）のアクチン集合体が形成される[2]。用いたカチオン性高分子（ポリカチオン）を図1.IIに示した。また電子線トモグラフィー像からはアクチンフィラメント（F-アクチン）がヘキサゴナル状に束ねられている様子が観察される（図1.III)[3]。電荷を持たない非イオン性高分子やアニオン性高分子ではこのようなアクチン集合体形成がみられないことからアクチン−ポリカチオン間の静電的相互作用に由来していることがわかる。

　またF-アクチンにはその分子の非対称性に基づく極性をもっており，その極性はアクチン分子の重合速度だけでなくミオシン（アクチン関連タンパク質）の運動方向も支配する。F-アクチンにミオシン頭部が結合すると矢じり状の構造が電子顕微鏡等で観察することができる。極性はこの矢じりの指す方向から評価できる。図2.I(a)に示すようにF-アクチン単位でみると単一の極性をもっており途中で極性が反転することはない。しかし，F-アクチンが束になったバンドル単位でみると極性は必ずしも揃っておらず，例えば挿入図のバンドルでは上向きの矢じり3本，下に2本ならんでいることがわかる。バンドル内の極性は混合するポリカチオンの種類に依存することもわかった。ここで，水溶性縮合剤（Water Soluble Carbodiimide）や架橋触媒酵素（Transglutaminase）などを用いてアクチンバンドルのフィラメント間あるいはアクチン-ポリカチオン間に部分的に架橋を入れ集合体構造を安定化させた後，Motility assayと呼ばれる手法を用いて4mMのATP存在下でミオシン基盤上における運動活性を評価した。自長を超えて滑り運動を発現するものを対象に3.3s間隔の重心変化から速度を算出した。運動速度を極性に対してプロットするとそれらの間の強い相関性が見られる（図2.I)[4]。このように運動という機能を発現させるためにはバンドル内の極性が重要であることが実験的にも証明された。さらに，この実験から一部のアクチンバンドル（Poly-LysやPDMAPAA-Qにより形成）はバンドル化していないF-アクチンよりも高い運動活性を有していることもわかる。この結果は非常に不思議

第31章 ATP駆動型ソフトバイオマシンの創製

である。というのもミオシンと相互作用できるアクチンはバンドル表面のみで，内部のF-アクチンは運動に関与しないだけでなく，バンドルの質量増をももたらしているからである。バンドル内のF-アクチンの長周期構造（らせんピッチ）を矢じり構造から調べるとPoly-LysやPDMAPAA-QではF-アクチンのそれよりも伸長していることがわかった。例えばミオシンの一歩が大きくなることでその運動性にも影響してくるのかもしれない。

　アクチンバンドルの構造（太さ，長さ）や極性は何によって支配されているのか。ポリカチオンの種類をPoly-Lysに固定しその形成過程をさらに詳しく調べていくと以下のような結果が得られる。①バンドルの太さ成長は初期段階で完了しその後に長さ成長がはじまる。②長さはアクチン濃度にのみ影響される。③静電的な相互作用の減少とともに太さが増す。これらの結果からアクチンバンドルの成長は核形成過程と成長過程という二つのプロセスから成り，核形成過程では太さ成長が，成長過程では長さ成長が主導的であるという異方的核形成及び成長モデルを提案している[5]。ここでバンドル形成における全系の自由エネルギー変化（ΔG）は以下のように書き記すことができる。

$$\Delta G(D, L) = -\Delta g D^2 L + \gamma (D^2 + DL)$$
$$\Delta G \approx -\Delta g D^2 L + \gamma DL \quad (D \ll L)$$

Δgはバルク自由エネルギーの利得，γは表面エネルギー不利，Dはアクチンバンドルの直径，Lはアクチンバンドルの長さである。ここでは一般的な核形成成長モデルと同様，凝集相，分散相の2つの相に分けてモデル化している。ここで成長核が臨界核サイズD^*が$D^* < \gamma/\Delta g$の場合にはΔgはLとともに増加し続ける。そのためDがD^*まで成長しその後Lが優先的に成長し始めると考えられる。実験事実より$Di \ll D^* \ll Li$（Di, Li：F-actinの直径および長さ）と仮定している。このことよりΔg（バンドル形成の駆動力）が大きくなるとD^*（臨界核サイズ）が減少することもわかる。このモデルよりアクチンバンドルの構造をデザインすることが可能である。アクチンバンドルの極性に関しては以下のような結果が得られている[6]。①静電的な相互作用はアクチンバンドルの太さには影響を与えるが極性には影響しない。②混合するポリカチオン濃度の増加とともにバンドル内の極性が低下する。③ポリカチオンの重合度を増すとバンドル内の極性も増加していく。これらの要素はアクチンバンドルの成長様式に関わっており，成長の速度が遅いものほど極性の揃ったバンドルが得られる。これらの知見をもとに極性制御が可能である（図2.Ⅱ）。ミオシンを剪断応力下で自己組織化させ適当な架橋剤で架橋すると，数十ミリの長さにもなる配向ミオシンゲルが得られる（図3.Ⅰ）。このように得られる配向ミオシンゲル上にアクチンバンドルを乗せATP水溶液（1mM）を滴下すると，アクチンバンドルが配向ミオシンゲル上でその配向軸に沿った運動を発現する（図3.Ⅱ）。運動直進性をその移動距離と観測時間

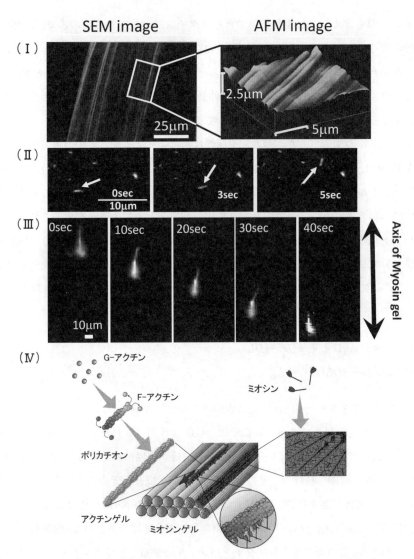

図3 Ⅰ．受動的自己組織化により得られる配向ミオシンゲル。走査電顕像（写真左）と原子間力顕微鏡像（写真右）よりミオシンフィラメントが階層構造を作っている様子が分かる。Ⅱ．F-アクチンのネイティブミオシン上での運動発現。数秒ごとに方向を変化させながら運動している。Ⅲ．アクチンバンドルの配向ミオシンゲル上での運動発現。ミオシンの配向軸に沿ってアクチンバンドルが直線性の高い運動をしている。Ⅳ．配向ミオシンゲル上でのアクチンバンドル滑り運動イメージ。

を対数プロットした傾きβから評価すると，F-アクチンのβは0.69であるのに対し，アクチンゲルのβは0.81という値を示す（完全なランダム運動は$\beta=0.5$，完全な並進運動は$\beta=1.0$）。このようにアクチンバンドルの運動制御も可能である。

第31章 ATP駆動型ソフトバイオマシンの創製

ここまでポリカチオンとの静電的な相互作用を利用した分子モーターの組み上げについて述べてきた。しかし，この場合集合体の形やサイズは与えられた系にのみ依存し（自由エネルギーが最も低いところで落ち着く）新たに物質の出入りや熱などのエネルギーを加えない限りその構造体を変化させることはできない。より柔軟でより多様な構造を作り上げるためには生体システムと同様にエネルギー散逸的な組み上げ法の確立が必要である。次にエネルギー供給のある非平衡系で自己組織化される分子モーター組み上げ法について述べていく。

3 分子モーターの能動的自己組織化[7]

ここでは微小管・キネシン系をモデル材料としており，ATPの化学エネルギーを利用した能動的自己組織化法により微小管を組み上げていく。まず微小管表面にビオチン（Bt）を介してストレプトアビジン（St）を修飾する。それらをキネシン固定基板上でATP依存的にランダムに運動させる。その結果，微小管同士が確率的に衝突することになる。その際，Bt-St相互作用によって微小管同士が架橋され自己組織化が達成される（図4.Ⅰ）。得られる集合体構造は微小管濃度，St濃度に依存し，バンドル状，ネットワーク状さらにリング状などの集合体が形成される。これらバンドル状，リング状の微小管集合体の並進あるいは回転速度（約30nm/s）を求めてみると，集積化する前のビオチン修飾微小管1本の速度（約27nm/s）とほぼ同程度であり，速度と極性の間に相関があることから，集合体が単一極性を有するものと推測される。これは，相反した極性を持つフィラメントは，ATPのエネルギーを使った能動自己組織化過程で排除されていくためであると思われる。リング状集合体を詳しく調べていくとそのサイズは直径1μmから40μmで分布することがわかる（図4.Ⅱ）。リングの速度はサイズに依存せず直径1μmのものでは約0.6rpmという回転速度となる。またリングは2次元平面内で回転しているため回転方向に対してキラリティが生じる。観察されたリングでは左回転（93％, n＝222）：右回転（7％, n＝16）と大きな差が生じている（図4.Ⅲ）。微小管はチューブリンからなるプロトフィラメントが円筒状の構造を形成している。回転方向に対する非対称性は主に左巻きの螺旋構造をとる14本のプロトフィラメント系で観察された。プロトフィラメントの本数を*in vitro*で制御することもでき，螺旋構造を取らない軸方向に平行な13本のプロトフィラメントを主とした微小管系では回転の非対称性は観察されていない。このようにフィラメントレベルの構造がリング状集合体の回転方向に影響を与えるというのは大変興味深い。生体系においても多くの非対称性が見られる。なんらかのヒントが隠されているかもしれない。また微小管は条件により曲げ剛性を変化させる。それが集合体構造にも大きく影響していることがわかった（図4.Ⅳ）。このように非平衡系でエネルギー散逸的に組織化される構造体は環境の変化に自律的に応答し新たな秩序構

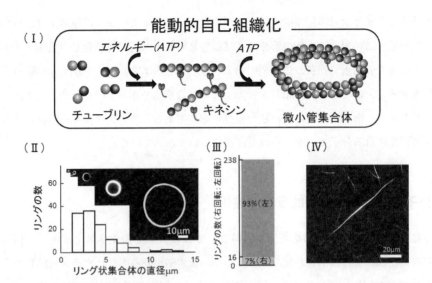

図4 Ⅰ.能動的自己組織化の概念図。Ⅱ.リングのサイズ分布。Ⅲ.リングの右左回転の割合。Ⅳ.剛直なバンドル状集合体。

造を形成していくことが可能である。

4 自己組織化の時空間制御[8]

　生体のシステムは，常に非平衡かつ非対称な環境に置かれてその中で空間的な制約を受けている。例えばマイクロチャネル中でポリカチオンの濃度勾配をつくると，単純に混合した場合には見られない，三次元的に非常に発達したネットワーク状の集合体を形成する。高分子ゲルを用いることでネットワークパターンの制御も可能である（図5. Ⅰ）。このような非対称的な核形成条件を適用することで極性の揃った配向微小管集合体（MTゲル）を作製することもできる。高濃度のチューブリンが入ったキャピラリーに温度勾配をかけるとその長軸に沿って強い複屈折を示すようになり，蛍光顕微鏡では微小管集合体の配向が確認できる。さらにキネシンの運動する方向から微小管の極性も90％近く揃うことがわかっている（キネシンは微小管の＋端方向へと運動する）。これは微小管の重合が下側（高温側）から成長してくることを示唆している。成長核の空間的配置がいかに構造形成に重要な役割を担っているのかがこれらの結果からも伺える。

　次に，光を用いた自己組織化の時空間制御について紹介したい。光異性化でカチオン化する色素4-vinyl-triarylmethane leucohydroxideをポリカチオン（DMAPAA-Q）と共重合することで光応答性ポリカチオンを作成した。図6. Ⅰはガラスキャピラリーにより発生される近接場光を利用したアクチン自己組織化の時空間制御の例である。アクチン溶液に光応答性ポリカチオン

第31章 ATP駆動型ソフトバイオマシンの創製

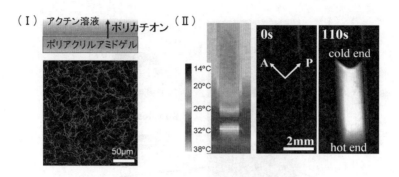

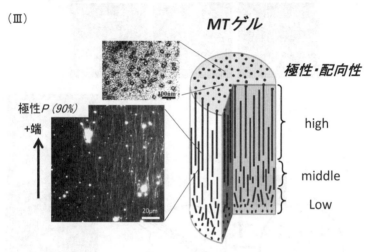

図5 Ⅰ．ゲルから拡散してくるポリカチオンで形成するアクチンネットワーク。Ⅱ．温度勾配下で作成される配向微小管集合体。Ⅲ．MTゲルの模式図。写真はMTゲルの断面（TEM）および側面（蛍光）イメージ。

を混合し～300 nmの光を30 min照射させると浸み出した光の近くでアクチンのバンドル形成が観察される[9]。これは光異性化によるカチオン密度の増加に起因する。このシステムを利用することで脂質二重膜中に内包されたアクチンバンドル形成の光制御も可能であり自己組織化に伴う膜変形を観察することができる（図6.Ⅱ）[10]。

5 分子モーター集合体における自発的秩序構造形成[11]

分子モーターの運動機能は生体組織の秩序構造形成にも重要な役割を果たしていると考えられている[12]。最後に分子モーターの収縮―伸張による自発的な秩序構造形成について紹介したい。ここではアクチン―ミオシンをモデルシステムとして取り扱う。まずこれらの分子モーターをフィラメント化し，その後，せん断応力下で適当な架橋剤を用い架橋することで，配向性を有した

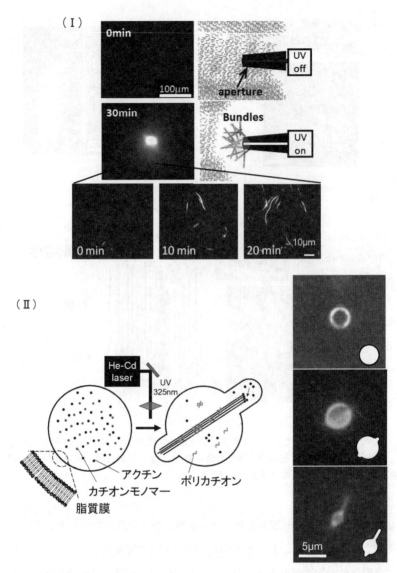

図6 Ⅰ．光誘起により形成されるアクチンバンドル。Ⅱ．脂質二重膜中で光刺激より形成されるアクチンバンドル。

アクトミオシンゲル（AMゲル）を得ることができる。この様に作成したAMゲルはATP存在下で異方的に収縮する。収縮したAMゲルを弛緩させた後，もとの長さまで伸張し再度収縮させる。するとAMゲルの配向性が著しく向上する（図7．Ⅰ）。これを繰返すことで配向性が増加し，それとともに収縮速度も向上するということがわかった。このように分子モーターの運動機能とカップリングして自発的に秩序構造を形成するゲルが創製可能である。

第31章 ATP駆動型ソフトバイオマシンの創製

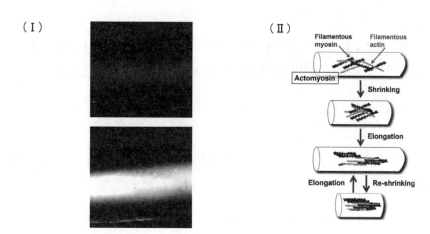

図7 Ⅰ. 1st（上図），2nd（下図）収縮前のAMゲルの偏光イメージ。Ⅱ. 収縮-伸張により誘起されるAMゲルの秩序構造形成イメージ。

6 おわりに

ここで紹介した分子モーターの集合体はATPをエネルギー源とすることから生体環境に近い条件で駆動する高効率な運動素子としても期待される。構造と機能との相関をさらに詳しく調べていくことで生体システムの階層構造の役割や機能創発現象についても新たな見解を与えると期待している。

文　献

1) 長田義仁編, "ソフトアクチュエーター開発の最前線 人工筋肉の実現をめざして", NTS, 2004
2) A. Kakugo et al., *Bioconjugate Chem*, 2003, **14**（6），1185.
3) K. Shikinaka et al., *Biomacromol*, 2008, **9**（2），537.
4) A. Kakugo et al., *Adv. Mater*, 2002, **14**, 1124. *Biomacromol.*, 2005, **6**, 845.
5) H. J. Kwon et al., *Biochemistry*, 2006, **45**（34），10313.
6) K. Shikinaka et al., *Langmuir*, 2009, **25**（3），1554.
7) R. Kawamura et al., *Biomacromol*, 2008, **9**, 2277. *Langmuir*, 2010, **26**（1）533-537.
8) Kwon et al., *Langmuir*, 2007, **23**, 6257 and A. Kakugo et al., JACS, 2009 **131**,18089.
9) M. Misu et al., *JBMR-A*, 2008, **89A**（2），424-431
10) H. Maemich et al., *Langmuir*, 2008, **24**（20），11975-11981.
11) JW Sanger et al., *JMRCM*, 2005, **26**, 343-354.
12) K. Shikinaka et al., *J. Appl. Polym. Sci.*, 2009, **114**, 2087-2092.

第32章 バイオアクチュエータとしての細胞骨格トレッドミルマシン

佐野健一[*1], 川村隆三[*2], 長田義仁[*3]

1 はじめに

　生物のように，しなやかで効率的な優れた運動システムを創製するためには，生体組織から，個々の運動素子を取り出し，それらを試験管内で再構築し，運動機能を抽出することで，運動システムの持つ特異な階層構造の意味とそれに伴う機能発現のメカニズムを理解することが必要不可欠である。生体内で，運動機能を直接に担っているのはモータータンパク質と呼ばれる一群のタンパク質であり，これらモータータンパク質の再構成は，バイオアクチュエータ研究の中核を為している。

　一般に，モータータンパク質と呼ばれるものは[1]，①ミオシンやキネシン・ダイニンといった，レールタンパク質の上をATP（アデノシン三リン酸）の加水分解エネルギーを使って滑り運動するリニアモーターと呼ばれるもの，②F_1F_0 ATPaseや細菌のベン毛モーターなど，ATPやプロトンの濃度勾配などのエネルギーを使って回転運動する回転モーター，そして③細胞骨格タンパク質であるアクチンや微小管の重合・脱重合によるトレッドミルマシンの3つに区分することができる。モータータンパク質を用いてアクチュエータを創るには，個々のモーターの出力が非常に小さいため，動物の筋肉組織に見られるように並列化する等して，協調的な力発生を促してやる必要がある。実際に，リニアモータータンパク質の並列化の試みがなされ[2]，回転モーターでは細菌のベン毛ではベン毛モーターそのものが並列化して機能しているが，いずれもその出力は小さく[3]，サイズも顕微鏡レベルに留まる。一方，我々は細胞骨格タンパク質を基本材料にしたトレッドミルによって振動子として機能するハイドロゲルの創製に成功している[4]。このハイ

 [*1] Ken-Ichi Sano ㈱理化学研究所　基幹研究所　分子情報生命科学特別研究ユニット　副ユニットリーダー

 [*2] Ryuzo Kawamura ㈱理化学研究所　基幹研究所　分子情報生命科学特別研究ユニット　特別研究員

 [*3] Yoshihito Osada ㈱理化学研究所　基幹研究所　副所長／分子情報生命科学特別研究ユニット　ユニットリーダー

第32章 バイオアクチュエータとしての細胞骨格トレッドミルマシン

ドロゲルは，実際に手で触ることのできるcmスケールで容易に作製できることから，使えるアクチュエータ素材としての大きな可能性を秘めている．本稿では，バイオトレッドミルマシン研究について，我々のトレッドミル振動子の研究と併せて解説する．

2 トレッドミルとは？

トレッドミル（treadmill）とは，一般的にはルームランナーなど屋内で，一カ所で走ったり歩いたりといった運動をするためのマシンのことをいう．では生物運動に於けるトレッドミルとは何か？ アクチン[5]を例に解説したい．アクチンは，低イオン強度の溶液中では，G-アクチンと呼ばれる球状のモノマー状態になっている．このG-アクチン溶液に，塩を加えるとG-アクチンの重合が始まり，二重らせん状の安定な繊維構造（F-アクチン）を形成する．またアクチンは，ATP加水分解酵素のひとつであり，アクチンの重合に際してATPの分解が促進される．F-アクチン形成後，定常状態に達しても（平衡状態ではない），アクチン濃度やイオン強度に依存する一定濃度のG-アクチンが共存している．すなわち，単量体状態のG-アクチンと繊維構造を取るF-アクチンとの間を行ったり来たりしているのだ．さらにF-アクチンの構造には極性があり，一方の端では重合が，もう一方の端では脱重合が優先的におこることから，定常状態ではF-アクチンの長さは基本的に変わらないが，フィラメントが移動するということが起こる（図1）[6]．この現象を，ルームランナーといったトレーニングマシンのイメージと重ねてトレッドミルと呼んでいる．

アクチンのトレッドミル運動は，生体組織から抽出・精製した試験管内の系だけでなく，広く細胞内でも一般的に見られる生物運動システムである[7]．動物細胞では，細胞が移動したり，形態変化をする際，細胞表面の構造がダイナミックに変化し，突起状の仮足を伸ばす．仮足の形態からフィロポディア（糸状仮足）やラメリポデリア（葉状仮足）という名が付けられ，これらの

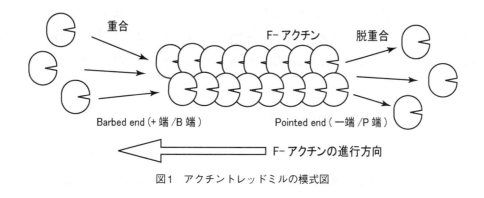

図1 アクチントレッドミルの模式図

表1 生物運動素子の性能比較（文献8を改変・増補）

	速度（μm/s）	出力（pN）	出力密度（J/sg）
ミオシンⅡ－アクチン滑り運動	1～10，maxは50	10	20
キネシン－微小管滑り運動	1	6	7
アクチントレッドミル	1	10	100
微小管トレッドミル	0.02	4	50
自動車エンジン			0.3

現象の解明は進んでいるが，これらは共にアクチントレッドミルを駆動力としている．もちろん，これらのトレッドミル運動には，アクチン以外にも多くのタンパク質が機能していることが知られている．なかでもアクチン脱重合タンパク質は，F-アクチンの切断や一方の端（P端）からのG-アクチンの解離を促進し，その結果として，アクチントレッドミルを促進する．

次に，トレッドミルのマシンとしての出力特性について考えてみたい．従来のバイオアクチュエータ研究における主な対象は，筋肉を構成するミオシンやキネシンなどのいわゆるリニアモータータンパク質による滑り運動の利用であった．これらのリニアモータータンパク質の特性は，速度において通常のミオシン（骨格筋ミオシン）で4μm/秒，キネシンで1μm/秒程度であり，その出力はミオシンで10pN，キネシンでは6pNに達する（表1）[8]．一方のアクチントレッドミルでも，リニアモータータンパク質と同等の出力特性，すなわち1μm/秒の速度と10pNの出力を誇る．さらに出力密度はリニアモータータンパク質を大きく凌駕する．このようにトレッドミルマシンは，バイオアクチュエータへの応用に供するのに充分な出力特性を有することが分かる．

トレッドミル運動は，アクチンだけでなく微小管においても見られる．宝谷らは，微小管が伸び縮みする様子の一分子直接観察に成功している[9]．この微小管が伸び縮みする現象は，単純な化学平衡では説明がつかない．この現象は，ダイナミックインスタビリティ（動的不安定性）と呼ばれ，生物運動システム特有の「やわらかさ」を体現することから，バイオアクチュエータの素材として，非常に興味深い研究対象としても知られている．しかしながら，微小管トレッドミルの出力はアクチンと大きく変わらないが，速度は0.02μm/秒と極めて遅く，細胞内で見られる微小管のトレッドミル運動における最高速でも0.2μm/秒とアクチンの1/5程度でしかない．

3 トレッドミルマシン研究の現状

細胞生物学の分野において，アクチントレッドミル運動の制御機構の解明を目指して，遺伝学や分子イメージングによる解析がおこなわれてきた結果，アクチントレッドミル運動には，極め

第32章 バイオアクチュエータとしての細胞骨格トレッドミルマシン

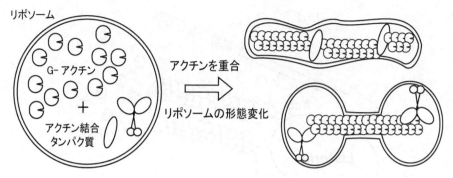

図2 トレッドミルを駆動力にしたリポソームの形態変化

て多くのアクチン結合タンパク質や低分子Gタンパク質等の調節タンパク質が関わっていることが明らかになってきた[10]。そのため，トレッドミル運動の再構成は，必要な成分からなるモデルシステムの構築が進められてきた。宝谷らのグループは，リポソーム（脂質二重膜の小胞）の内部にアクチン細胞骨格を再構築させ，リポソームに多様な形態変化を惹起することに成功している（図2)[11, 12]。予めG-アクチンとアクチン結合タンパク質等のアクチン制御因子，ATP等の補因子をリポソーム内に取り込ませて，その後，アクチンの繊維化を促進するように外部環境を変えると，リポソームの形態変化が見られる。このとき，系に加えるアクチン結合タンパク質の種類に依存して，細胞で見られるような多様かつ複雑な形態へと変化する。さらに，微小管でも同様にリポソームの形態変化をおこすことに成功している。近年，トレッドミル運動について，システム生物学的な解析も数多くおこなわれるようになってきたが，トレッドミル運動を試験管内で再構成し，アクチュエータとして利用する研究例はまだまだ少ない。

そこで，細胞破砕液といったトレッドミル運動に必要なコンポーネントを丸ごと含んだ，未精製の溶液を用いた研究もおこなわれている。食中毒の原因となる*Listeria*と呼ばれる細菌は，自身の細胞表面にあるタンパク質ActAが，アクチンの重合核として機能し，アクチントレッドミルを駆動力として，宿主細胞内を所狭しと泳ぎ回り，隣の細胞に感染するにまで至る（図3)[6]。この*Listeria*のトレッドミル運動は，人工系でも再現できる。すなわちActAタンパク質をコートしたポリスチレンビーズを，アクチンやアクチン制御因子を含むアフリカツメガエル卵抽出液にATP合成系を加えた溶液に入れると，ポリスチレンビーズがあたかも細菌と同じように，アクチンのトレッドミルを駆動力として動きまわる[13]。

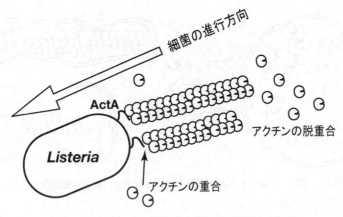

図3 アクチントレッドミルを利用して運動する細菌

4 細胞骨格タンパク質で創る超高分子階層性ゲルとトレッドミルアクチュエータの可能性

我々は、アクチンや微小管・トロポミオシンといった細胞骨格タンパク質を素材にした機能性ハイドロゲルの創製に成功している[4, 14]。これらのハイドロゲルは、アクリルアミドの様な一般的な合成高分子ハイドロゲルと異なって、高次の構造次元を有している。一般のハイドロゲルは、0次元のモノマーユニット、その重合体である1次元のポリマー分子、2次元のフィルムやシート状構造、そして3次元の膨潤体であるハイドロゲルといったように3次の構造次元を持つ。それに対して、我々の作製した細胞骨格タンパク質のハイドロゲルは、その基本ユニットとなるタンパク質そのものが生得的に3次の構造次元を持つ。タンパク質は、0次元のモノマーユニットであるアミノ酸、そのランダム共重合体である1次元のポリペプチド鎖、アミノ酸配列情報に基づいて形成される2次構造であるαヘリックス構造・βシート構造、さらに2次構造間の相互作用によってタンパク質全体としての3次構造を取るためだ。そして3次構造を取るタンパク質の繊維状重合体は、4次の構造次元を、さらに4次の繊維状重合体間に架橋を導入したハイドロゲルは少なく見積もっても5次の構造次元を持つことになる（図4）。我々は、このように高次の構造次元を持つ細胞骨格タンパク質のハイドロゲルを、超高分子階層性ゲルと名付け、高次構造によって発現する機能特性について研究をおこなっている。

超高分子階層性ゲルは、高い構造次元に由来する剛直な分子鎖に基づいて優れた機械強度を示す。一般の高分子ハイドロゲルでは、骨格となる主鎖構造が柔軟であり、その持続長は長くても電解質分子のデバイ長相当、すなわち100nm前後程度に留まるのに対して、アクチンでは10μm程度、微小管に至ってはなんとmmオーダーにまで達する。そのため、ハイドロゲルの骨

第32章　バイオアクチュエータとしての細胞骨格トレッドミルマシン

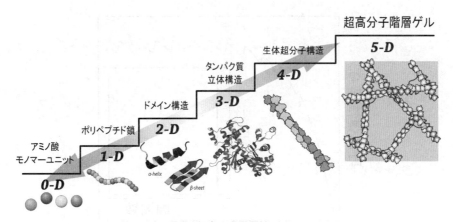

図4　超高分子階層性ゲル

格鎖長あたりで，その弾性率を比較すると超高分子階層性ゲルは，一般的な高分子ハイドロゲルに対して極めて高い値を示す。さらに，この超高分子階層性ゲルは，骨格構造が非共有結合性重合分子によって，小さな外部環境の変化に対応した可逆的なゾル-ゲル転移，すなわち物質循環能を有する。またこのゲルは，剪断ひずみに対して協調的な脱重合がおこる結果，速やかにゾル化する。しかし，剪断ひずみを取り除くと直ちに重合が再開され，速やかにその機械強度が回復しゲル化する，すなわち自己修復能も発現する。

　さらに興味深いことに，アクチンで作製した超高分子階層性ゲルは，その機械強度が一定周期で振動する（図5)[4]。この振動現象は，F-アクチン間を化学架橋しないと現れない。またこのアクチンゲルを，トレッドミルを抑制する薬剤で処理すると同じように振動は見られなくなる。これらの知見から，超高分子階層性ゲルの振動現象は，繊維状重合体間の化学架橋，すなわちゲル化によって誘起されるトレッドミル運動に基づくものであることが判った。つまりこのアクチンゲルは，トレッドミルマシンとして機能する振動子と考えることができる。先に紹介したリポソームの形態変化やListeriaの系におけるトレッドミルアクチュエータのサイズは，数μm～100μm程度でしかない。また，他の生体分子モーターを用いて作製したバイオアクチュエータでも同様のスケールに留まるのに対して，我々はこのアクチンゲル振動子を数cmスケールで作製している。このスケールという点でアクチンゲルは，これまでに実現しなかった"使える"バイオアクチュエータ材料の実現の可能性を強く示唆する。しかし，残念ながら現在のところ，アクチンゲルの振動から仕事を取り出すことには成功していない。これは，アクチンゲルの振動現象の分子メカニズムに基づく知見が欠如していることに起因する。上述したように，細胞内では，アクチンのネットワークの振動は，細胞運動に重要な役割を果たしており，低分子Gタンパク質に代表される数多くの細胞内シグナル伝達系の関与が振動に必須である。だが，一方で現在の生

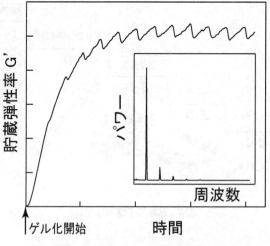

図5　アクチンゲルの弾性率の振動

物学の諸分野では，そもそもアクチンそのもののトレッドミルの動的挙動を系に加えた解析は，実験的にも計算科学的にもおこなわれておらず，いわばブラックボックスになっている。その結果，我々のアクチンゲルの振動現象の分子メカニズムについても，参考となるような知見はなく，個々のアクチン分子の動的な挙動に立脚した振動メカニズムの描像を欠く。そういった点からも，アクチンゲルの振動現象を利用したトレッドミルマシンの創製は，バイオアクチュエータの開発研究のみならず，細胞生物学・生物物理学においても極めて重要で本質的な課題である。

5　おわりに

本稿では，バイオアクチュエータとしてのトレッドミルマシンの可能性について，いくつかの実例を交えながら簡単に紹介した。バイオアクチュエータ研究のみならず生物学諸分野の発展に，本稿で紹介した超高分子階層性ゲル研究が貢献できることを願ってやまない。

文　献

1) D. Bray, "Cell movements : from molecules to motility. 2nd ed.", Garland (2001)
2) A. Kakugo, *et al., Bioconjug. Chem.*, **14**, 1185 (2003)
3) H. C. Berg, *Annu. Rev. Biochem.*, **72**, 19 (2003)
4) K. Sano, *et al., in preparation.*

第32章　バイオアクチュエータとしての細胞骨格トレッドミルマシン

5) P. Sheterline, *et al.*, "Actin, 4th ed.", Oxford University Press (1998)
6) D. Pantaloni, *et al.*, *Science*, **292**, 1502 (2001)
7) B. Alberts, *et al.*, "Molecular Biology of the Cell, 4th ed.", Garland (2002)
8) L. Mahadevan, and P. Matsudaira, *Science*, **288**, 95 (2000)
9) T. Horio, and H. Hotani, *Nature*, **321**, 605 (1986)
10) T. D. Pollard, and G. G. Borisy, *Cell*, **112**, 453 (2003)
11) H. Miyata, and H. Hotani, *Proc. Natl. Acad. Sci. U. S. A.*, **89**, 11547 (1992)
12) Y. Tanaka-Takiguchi, *et al.*, *J. Mol. Biol.*, **341**, 467 (2004)
13) L. A. Cameron, *et al.*, *Curr. Biol.*, **11**, 130 (2001)
14) R. Kawamura, *et al.*, *submitted*.

未来を動かすソフトアクチュエータ《普及版》(B1186)
－高分子・生体材料を中心とした研究開発－

2010年12月27日	初 版 第1刷発行
2016年12月 8日	普及版 第1刷発行

監　修　　長田義仁・田口隆久　　　　　　Printed in Japan
発行者　　辻　賢司
発行所　　株式会社シーエムシー出版
　　　　　東京都千代田区神田錦町1-17-1
　　　　　電話 03(3293)7066
　　　　　大阪市中央区内平野町1-3-12
　　　　　電話 06(4794)8234
　　　　　http://www.cmcbooks.co.jp/

〔印刷　あさひ高速印刷株式会社〕　　　© Y.Osada, T.Taguchi, 2016

落丁・乱丁本はお取替えいたします。

本書の内容の一部あるいは全部を無断で複写（コピー）することは，法律で認められた場合を除き，著作権および出版社の権利の侵害になります。

ISBN978-4-7813-1128-9　C3043　¥6800E